中等职业学校"十四五"规划土建类专业系列教材

3ds Max
三维建模教程

余伟军 冯艳春 龙海平 谢华云 主编

任国强 潘永成 唐健聪 张国平 吴坤鹏 副主编

華中科技大學出版社
http://www.hustp.com
中国·武汉

内容提要

本书以 3ds Max 2016 作为设计软件，详细介绍了 3ds Max 的常用命令、基本绘图工具、图形设计辅助工具等，并结合深圳市攻玉坊数码影像有限公司数十年的内部培训教程和项目案例，考虑到学生的特点，选择有趣、可行的小品案例作为教学内容，既可让学生学到技能，又可提高其学习兴趣。

本书以用人单位岗前培训所必须掌握的技能为主线，以速成、有效为要求，以就业为目的进行编写，可作为大、中专院校数字媒体艺术设计专业或工程技术专业的教材，也可作为初学者的自学用书。本书是学习 3ds Max 的入门书籍，其内容并未涉及专业方向，有基础知识的学生或在职人员均可选择本书进行学习。

图书在版编目（CIP）数据

3ds Max 三维建模教程 / 余伟军等主编 . — 武汉：华中科技大学出版社，2022.6

ISBN 978-7-5680-8415-4

Ⅰ. ① 3… Ⅱ. ①余… Ⅲ. ①三维 – 动画 – 图形软件 – 教材 Ⅳ. ① TP391.41

中国版本图书馆 CIP 数据核字 (2022) 第 103137 号

3ds Max 三维建模教程

3ds Max Sanwei Jianmo Jiaocheng

余伟军 冯艳春 龙海平 谢华云 主编

策划编辑：金 紫

责任编辑：梁 任

装帧设计：金 金

责任监印：朱 玢

出版发行：华中科技大学出版社（中国·武汉） 电 话：（027）81321913

武汉市东湖新技术开发区华工科技园 邮 编：430223

录 排：天津清格印象文化传播有限公司

印 刷：湖北新华印务有限公司

开 本：889mm × 1194mm 1/16

印 张：10

字 数：306 千字

版 次：2022 年 6 月第 1 版第 1 次印刷

定 价：59.80 元

前言

随着信息技术的飞速发展和广泛应用，全国各地都开始了数字化建设。特别是“十二五”以来，围绕“加快推进信息化、建设数字中国”的决策部署，国家大力推进“数字建筑”“数字校园”“数字景区”“数字装备”等试点示范项目建设。

2016 年 4 月 19 日上午，习总书记在北京主持召开网络安全和信息化工作座谈会并发表重要讲话，再次勾勒“数字中国”工作大战略。“一个民族、一个国家的兴亡关键，在于每一次技术革命之时能不能站在前沿，把握机遇。”这不仅是个人的历史机遇，也是整个国家和民族的历史机遇。

“数字中国”不只是指数据中国，更不仅仅是指“大数据之国”，而是中国的国家信息化。“宽带中国”“互联网 +”“大数据”“3D 打印”“云计算”等应该都是“数字中国”的内容，为我们展现了“数字中国”的美好前景。

数字建设首先要做的事情，就是用应用软件把各种可视、可听、可想的事物数字化。这些应用软件包括 3ds Max、AutoCAD、VRay、Photoshop、Adobe After Effects、Adobe Premiere 、Revit、 Maya、SketchUp 等数不胜数。

现在，深圳市攻玉坊数码影像有限公司与合作多年的多所大中专院校，在“实践 + 理论”“工作 + 教学”双双融合的基础上，联合出版系列教材，包括 3ds Max、AutoCAD、Photoshop、Revit 等软件的基础应用，及其在产品设计、环境艺术设计、数字媒体等方向上的专业应用。本系列教材是在深圳市攻玉坊数码影像有限公司数十年内部培训经验及项目制作的基础上，以实际项目为案例，结合合作院校在职教师的教学经验编写而成的。

本书的相关案例均为真实的培训案例和实际项目案例，全面系统地介绍了 3ds Max 在实践中的具体使用方法和技巧。为了使学生尽快掌握 3ds Max 的使用方法，本书从初学者的角度出发，以通俗的语言，采用单元教学和案例驱动教学的模式，合理安排知识点，由浅入深，详细地讲解了 3ds Max 的强大功能，让学生在较短的时间内掌握以后工作中必需的知识和技能。

本书在编写上以实用、速效为原则，以强化学生的动手能力为目的，重视基本技能的培养和职业素养的提高。本书有三大特点：①针对性强，切合职业教育的培养目标，侧重技能传授，弱化理论讲解，强化实践内容；②采用模块化结构组织教学内容，以解决实际项目为引导，采用案例驱动教学的模式编写；③注重提升学生自主探索学习的兴趣与能力，注重培养学生的创造性思维。

本书由凯里市第一中等职业学校杨昌富、吴希煜负责策划；深圳市攻玉坊数码影像有限公司余伟军、凯里市第一中等职业学校冯艳春、凯里市第一中等职业学校龙海平、四川省仪陇县职业高级中学谢华云担任主编；凯里市第一中等职业学校任国强、潘永成、唐健聪，深圳市攻玉坊数码影像有限公司张国平、吴坤鹏担任副主编；凯里市第一中等职业学校文桃、李雪梅、石开勇、刘英、杨远志、吴京霖、吴彤璨，深圳市攻玉坊数码影像有限公司龙永东、杨伟明担任成员。与此书配套的数字资源由凯里市第一中等职业学校“3ds Max 三维效果图设计”精品开放课程团队精心录制。特别感谢河源职业技术学院、襄阳汽车职业技术学院、河源理工学校、湖北省工业建筑学校、贵州省中等职业教育杨昌富大师工作室等兄弟院校和大师工作室给予的宝贵意见。

数字资源列表

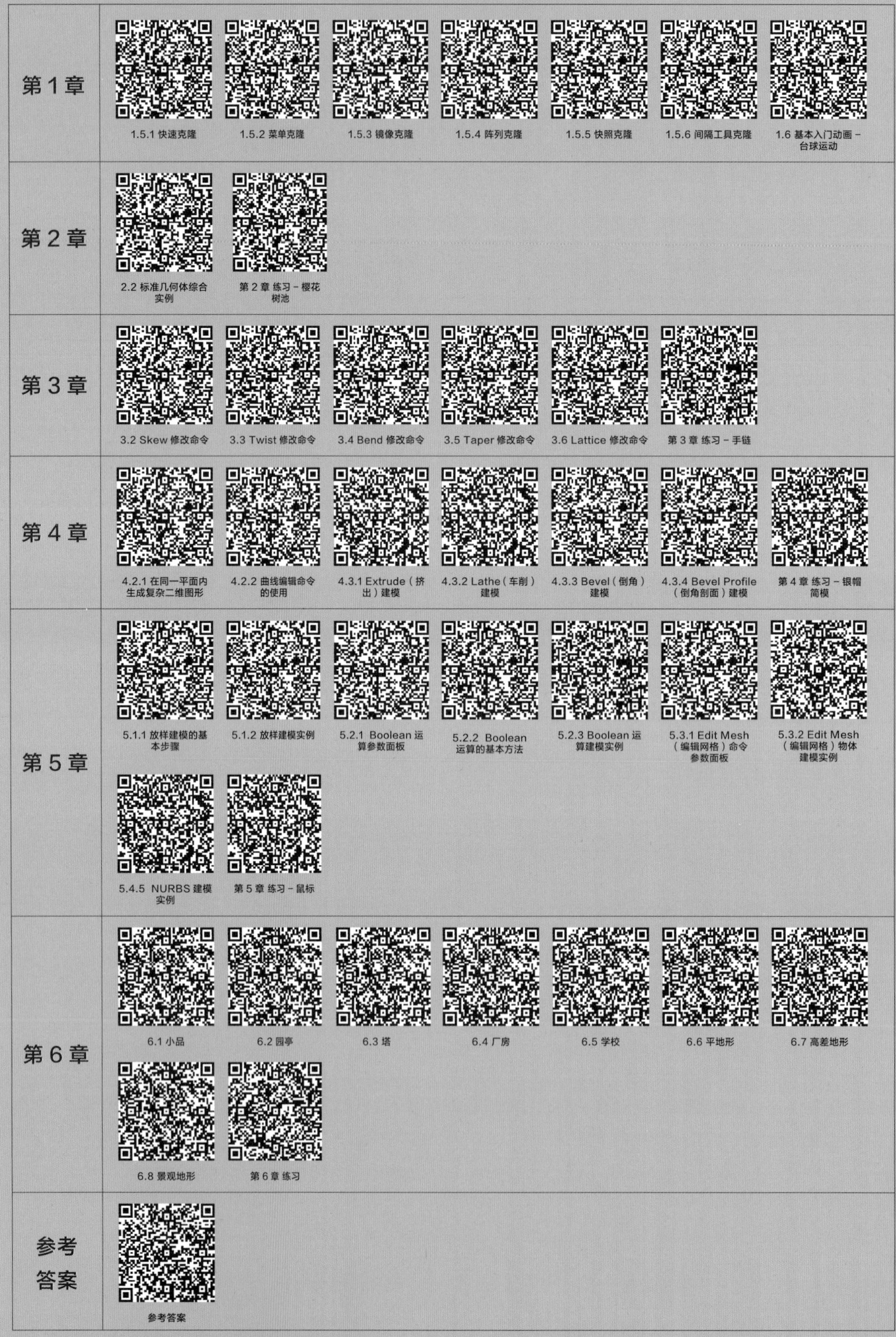

章节	数字资源
第 1 章	1.5.1 快速克隆；1.5.2 菜单克隆；1.5.3 镜像克隆；1.5.4 阵列克隆；1.5.5 快照克隆；1.5.6 间隔工具克隆；1.6 基本入门动画－台球运动
第 2 章	2.2 标准几何体综合实例；第 2 章 练习－樱花树池
第 3 章	3.2 Skew 修改命令；3.3 Twist 修改命令；3.4 Bend 修改命令；3.5 Taper 修改命令；3.6 Lattice 修改命令；第 3 章 练习－手链
第 4 章	4.2.1 在同一平面内生成复杂二维图形；4.2.2 曲线编辑命令的使用；4.3.1 Extrude（挤出）建模；4.3.2 Lathe（车削）建模；4.3.3 Bevel（倒角）建模；4.3.4 Bevel Profile（倒角剖面）建模；第 4 章 练习－银帽简模
第 5 章	5.1.1 放样建模的基本步骤；5.1.2 放样建模实例；5.2.1 Boolean 运算参数面板；5.2.2 Boolean 运算的基本方法；5.2.3 Boolean 运算建模实例；5.3.1 Edit Mesh（编辑网格）命令参数面板；5.3.2 Edit Mesh（编辑网格）物体建模实例；5.4.5 NURBS 建模实例；第 5 章 练习－鼠标
第 6 章	6.1 小品；6.2 园亭；6.3 塔；6.4 厂房；6.5 学校；6.6 平地形；6.7 高差地形；6.8 景观地形；第 6 章 练习
参考答案	参考答案

目录

第1章
3ds Max 概述

1.1 3ds Max 简介
1.2 启动、退出 3ds Max 及界面
1.3 3ds Max 的基本操作按钮
1.4 3ds Max 的基本操作
1.5 3ds Max 的多种克隆方式
1.6 基本入门动画——台球运动

【学习要求】

（1）理解 3ds Max 的运作流程。

（2）了解 3ds Max 的系统要求。

（3）掌握启动、退出 3ds Max 的方法。

（4）熟悉 3ds Max 系统界面。

（5）了解 3ds Max 的基本操作按钮。

（6）掌握 3ds Max 的多种克隆方法。

（7）了解三维动画制作的基本过程。

3ds Max 是应用广泛的计算机三维数码制作软件，随着 CG（computer graphics，计算机动画）行业的发展壮大，被广泛应用于影视广告设计、工业设计、建筑设计、室内设计、多媒体制作、游戏设计等领域，如图 1-1 ~ 图 1-6 所示。

图 1-1　3ds Max 在影视广告设计领域的应用

图 1-2　3ds Max 在工业设计领域的应用

图 1-3　3ds Max 在建筑设计领域的应用

图 1-4　3ds Max 在室内设计领域的应用

图 1-5　3ds Max 在多媒体制作领域的应用

图 1-6　3ds Max 在游戏设计领域的应用

1.1 3ds Max 简介

3ds Max 是基于计算机操作系统的三维动画渲染和制作的软件，是在 3D Studio 的基础上发展起来的一种三维实体造型及动画制作软件。3ds Max 不但可以与 Autodesk 公司开发的软件完美结合，还可以与其他的后期合成软件相互配合，制作出理想的 3D 视觉效果。

1.1.1 3ds Max 的运作流程

1. Modeling（建模）

建模即建立数字模型。在工作中建模人员被称为模型师。建模过程最重要的是构思将要制作的物体，如制作一张桌子，应先考虑形状，再考虑桌腿、边缘等，最后考虑美观性和实用性。在构思好的基础上，利用 3ds Max 软件表现出来。

建模的过程往往不会一蹴而就，总要经过反复的修改才能令人满意，很需要耐心和细心。建模从简单到复杂也是一项重要的技术，如图 1-7 所示。

图 1-7　模型的修改和变形

2. Material & Mapping（材质贴图）

模型建好之后要进行材质贴图。材质贴图过程与现实生活中的装修过程类似，需要考虑使用何种材料，如何体现物体的颜色、透明度、反光度和反光强度等特性（图 1-8）。对于模型师做好的“毛坯”，如果不做贴图处理，就要设置相应的属性。具体的贴图属性后面的教程会涉及，这里不再详细介绍。

图 1-8　材质、灯光效果

3. Lighting（灯光）

利用三维设计软件模拟现实世界，需要考虑灯光、重力、风力等因素。3ds Max 中有很多模拟现实光源的灯光，与真实的灯光一样，可以选择光色、强度，设置衰减等，当然还可以设置一些真实灯光没有的属性。

4. Animation（动画）

动画是把人物的表情、动作、变化等分解后画成许多动作瞬间的画幅，再用摄影机连续拍摄成一系列画面，给视觉造成连续变化的图画。它的基本原理与电影、电视一样，都是视觉暂留原理。医学研究证明人类具有“视觉暂留”的特性，人的眼睛在看到一幅画或一个物体后，在 0.34 秒内不会消失。利用这一原理，在一幅画还没有消失前播放下一幅画，就会给人一种流畅的视觉变化效果。

计算机动画一般使用 Keyframe（关键帧）的概念，即自行设定动画主要画面（一般是动画中动作或场景变化较大的那一瞬间）并设置关键帧，而关键帧之间的过渡由计算机来完成，这个过程称为 Interpolate（插值），如图 1-9 所示。为了形象化动画信息，编辑动画情态，三维设计软件大都将动画信息用 Animation Curve（动画曲线）表示。动画曲线的横轴是时间（帧），竖轴是动画值，可以从动画曲线上看出动画设置的快慢、急缓、上下跳跃。Track View 是 3ds Max 的动画曲线编辑器。

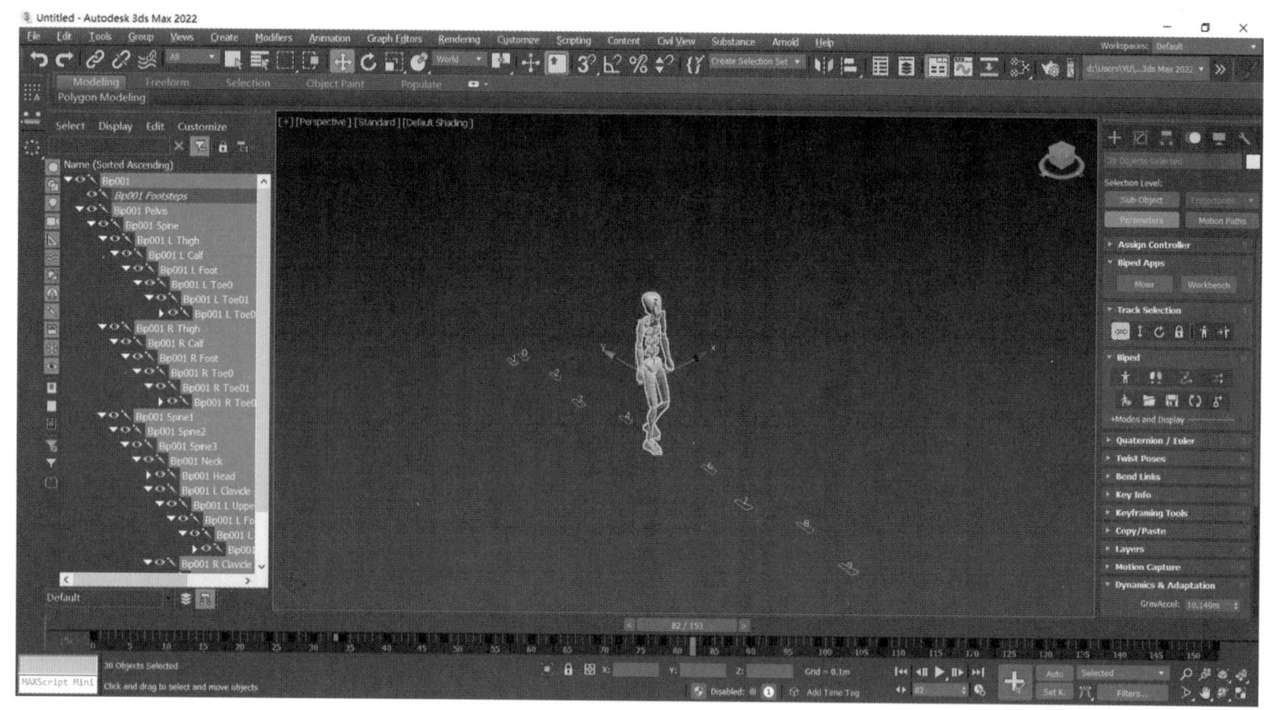

图 1-9　动画效果（其中附有动画页面关键帧）

5. Rendering（渲染）

渲染是计算机动画制作的最后一道工序（当然，除了后期制作），也是最终使图像符合 3D 场景的阶段。

渲染是由渲染器完成的。渲染器有很多种类，如图 1-10 所示，其渲染质量依次递增，但所需时间也相应增加。

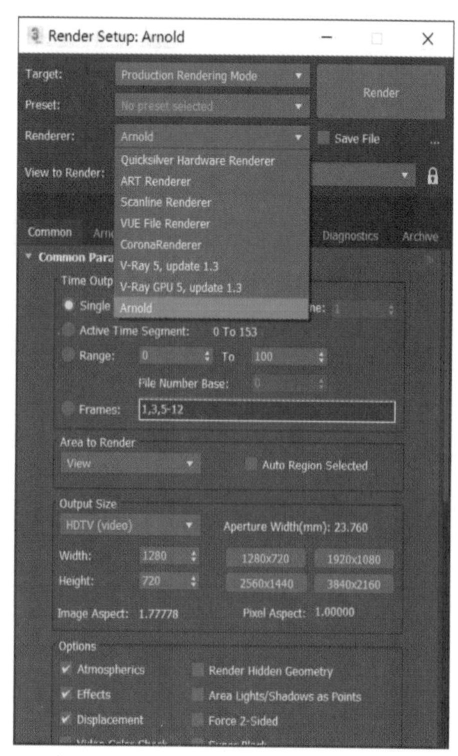

图 1-10　渲染器种类

1.1.2　软件版本说明

（1）操作系统：Windows 2010 专业版。

（2）3ds Max 软件版本：3ds Max 2016 英文版。

1.2　启动、退出 3ds Max 及界面

本节主要学习 3ds Max 的启动和退出，并讲解其系统界面的主要结构及基本功能。

1.2.1 3ds Max 的启动

启动 3ds Max 的方法有很多种，下面将介绍两种常用的方法。

（1）在 Windows 桌面双击 3ds Max 的图标启动，如图 1-11 所示。

（2）执行“开始 \ 所有程序 \Autodesk\Autodesk 3ds Max 2016\3ds Max 2016 - English”命令，即可启动 3ds Max ，启动中和启动后的界面如图 1-12 所示。

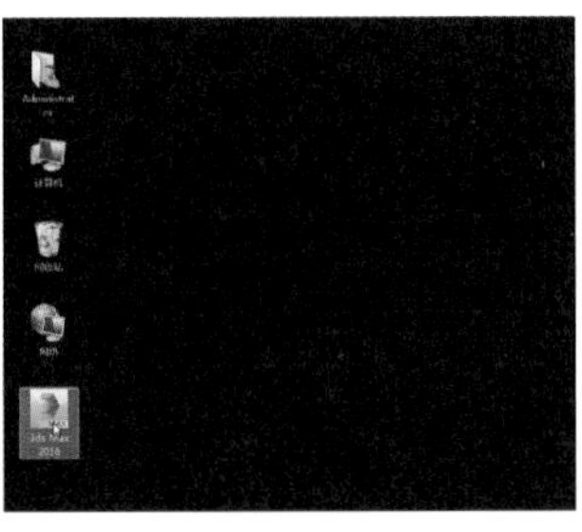

图 1-11 双击桌面图标启动

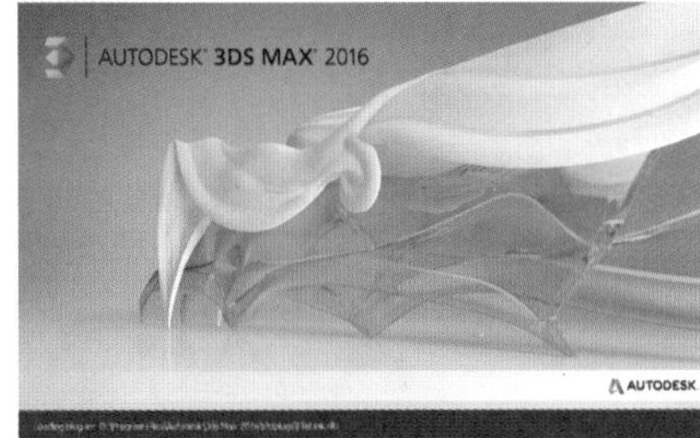

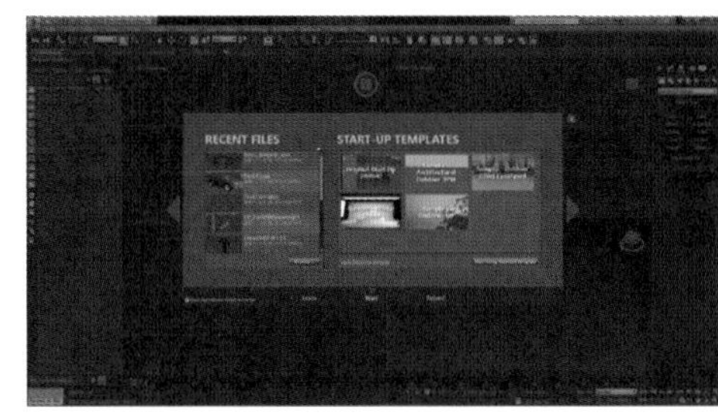

图 1-12 3ds Max 启动中和启动后的界面

1.2.2 3ds Max 的退出

退出 3ds Max 也有多种方式，常见的方式有以下几种。

（1）单击界面右上方的。

（2）执行“应用程序 \Exit 3ds Max ”命令，如图 1-13 所示。

（3）在界面的标题栏点击鼠标右键，在弹出的菜单中执行“关闭”命令，如图 1-14 所示。

（4）按下键盘上的组合快捷键“Alt+F4”。

如果场景还未保存过，退出 3ds Max 时会弹出一个对话框，询问是否保存文件。如果需要保存就单击按钮，不保存则单击按钮，如图 1-15 所示。

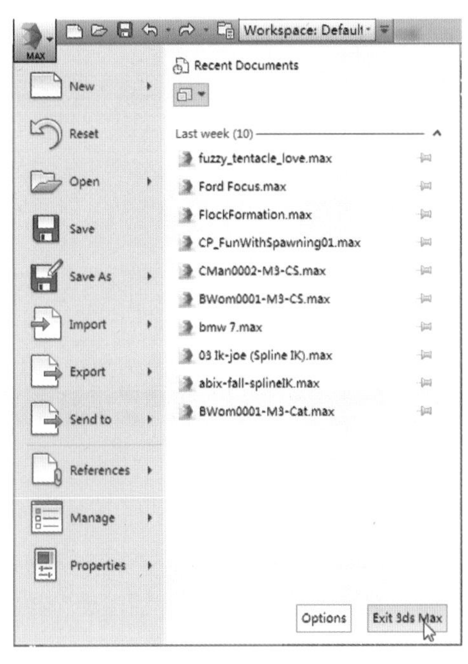

图 1-13 应用程序菜单

图 1-14 标题栏弹出菜单

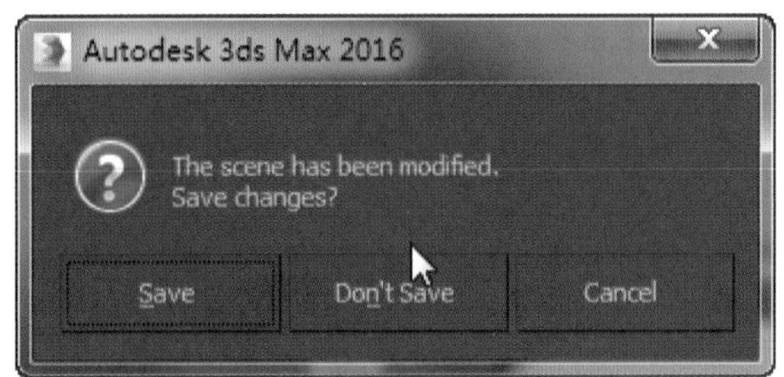

图 1-15 询问是否保存文件菜单

1.2.3 3ds Max 的界面

3ds Max 的默认工作界面由菜单栏、主工具栏、石墨工具栏、工作窗口、命令面板、提示行和状态栏控件、动画记录控制区、视图控制区、动画关键帧等部分组成，如图 1-16 所示。下面分别对这些部分进行简要介绍。

菜单栏
主工具栏
石墨工具栏
工作窗口
命令面板
动画记录控制区
视图控制区
动画关键帧
提示行和状态栏控件

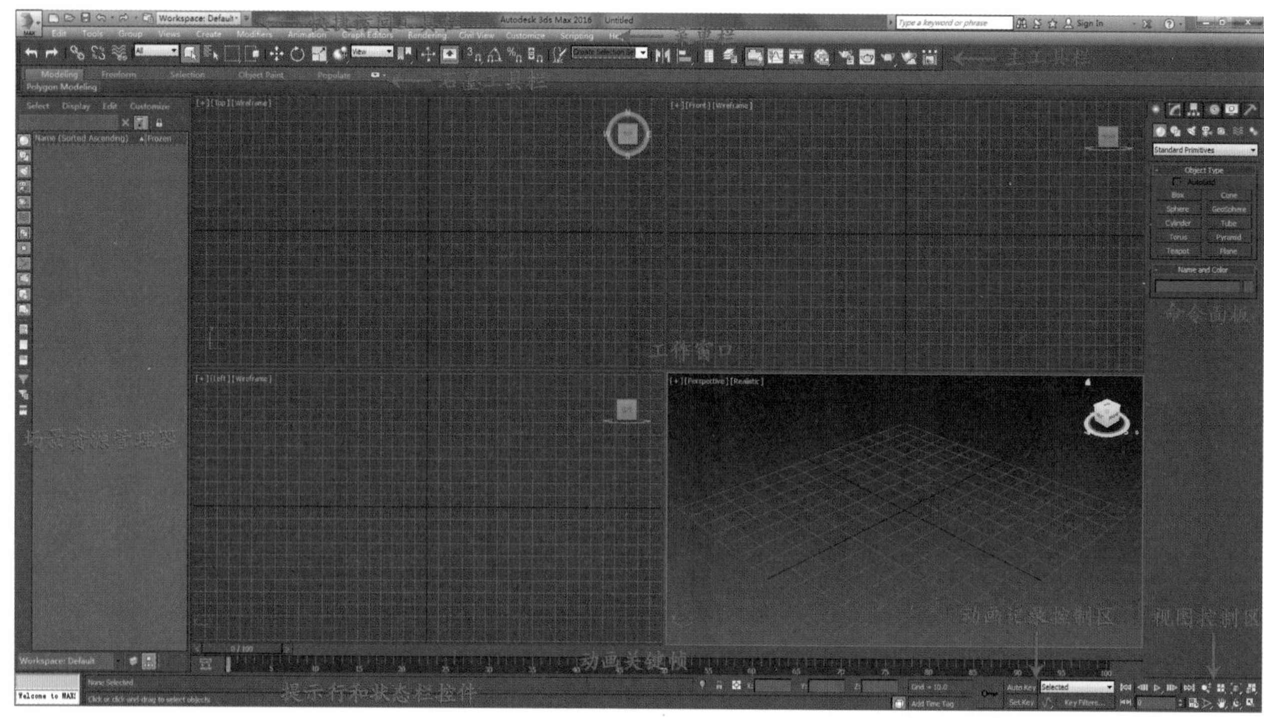

图 1-16　3ds Max 界面

1. 菜单栏

菜单栏位于主窗口的标题栏下方。与其他软件菜单栏功能一样，每个菜单的标题表明该菜单上命令的用途，如图 1-17 所示，依次为：编辑、工具、组、视图、创建、修改器、动画、图形编辑器、渲染、Civil View、自定义、脚本、帮助。

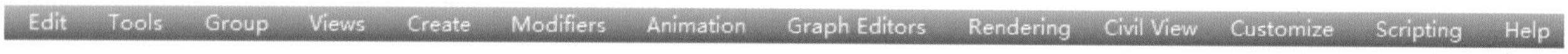

Edit Tools Group Views Create Modifiers Animation Graph Editors Rendering Civil View Customize Scripting Help

图 1-17　菜单栏

2. 主工具栏

主工具栏位于菜单栏的下方，在默认情况下仅显示主工具栏，如图 1-18 所示。用户可以在主工具栏的空白处单击鼠标右键开启关联菜单，打开其他的工具栏标记。

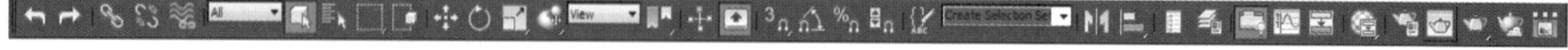

图 1-18　主工具栏

3. 石墨工具栏

3ds Max 提供上百种建模工具，可自由设计和制作复杂的多边形模型。石墨工具栏包括建模、自由形式、选择、对象绘制、填充等模块，如图 1-19 所示。

图 1-19　石墨工具栏

4. 工作窗口

3ds Max 工作窗口是展示物体和创建对象的板块，它占据着整个界面大部分的区域，系统默认划分为四个视图，如图 1-20 所示。根据用户的需求，四个视图可以通过快捷键或者快捷菜单（图 1-21）切换。

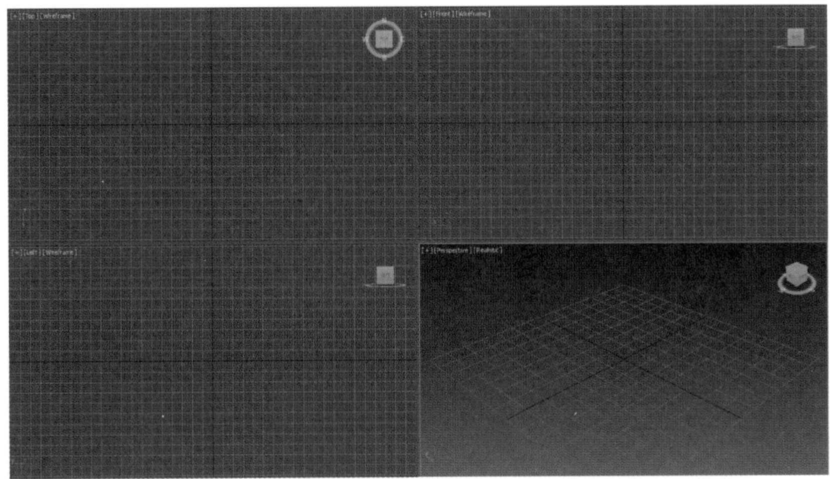

图 1-20　工作窗口

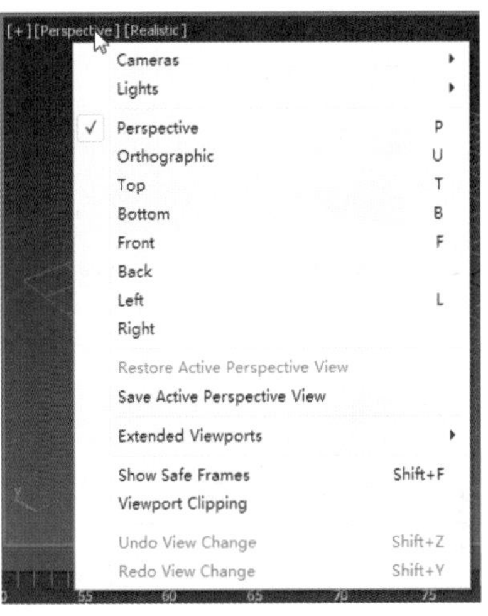

图 1-21　Perspective 子菜单

5. 命令面板

默认状态下，命令面板在屏幕的右侧，3ds Max 大量建立和编辑的命令包含在 6 个标签内，如图 1-22 所示。

命令面板可以方便地调用各种命令。在命令面板的各项命令中有许多的卷展栏，卷展栏是分类显示的，用户可根据个人需求打开或关闭对应栏目。

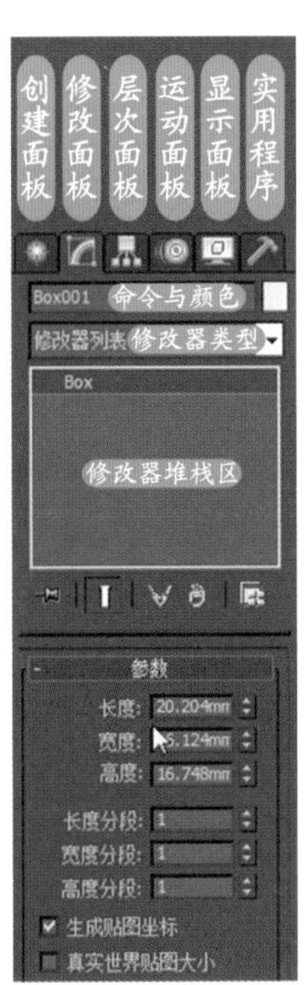

图 1-22　命令面板

6. 提示行和状态栏控件

工作窗口的下面就是提示行，如图 1-23 所示，这里显示物体的基本信息和一些操作信息。

：X、Y 和 Z 显示区显示选择物体的位置，或选择物体被旋转、移动、缩放的数值，可以直接更改数字来改变物体的大小与方位等。

：从左到右各按钮的含义如下。

孤立当前选择切换：孤立显示选择物体和显示全部之间切换。

选择锁定切换：锁定和解锁选择物体之间切换。

绝对模式变换输入：键盘输入按钮的绝对和相对输入模式之间切换。

图 1-23　提示行和状态栏控件

7. 动画记录控制区

动画记录控制区如图 1-24 所示，它像一个视频播放器，用来设置动画记录、动画帧选择、动画播放及动画控制。

图 1-24　动画记录控制区

下面分别介绍各按钮的具体含义。

：设置关键点，用于手动添加关键点。

：自动关键点，打开和关闭自动记录关键点按钮。

：设置关键点，开启状态下要手动添加关键点，无法自动记录关键点。

：选定对象。

：新建关键点的默认入 / 出切线。

：动画播放器，依次为：转至开头、上一帧、播放 / 暂停、下一帧、转至结尾。

：关键点过滤器，设置手动关键点需要记录的物体变化的方式。

：时间配置，可对帧速率、时间显示、播放和动画进行设置。

：显示当前帧数，可输入数字切换到相应帧数。

8. 视图控制区

视图控制区主要是在不改变物体大小及结构的情况下，改变视图中物体的观察效果。如图 1-25 所示为位于界面右下角的 8 个按钮，右下角有小三角的图标可以打开拓展的命令按钮。

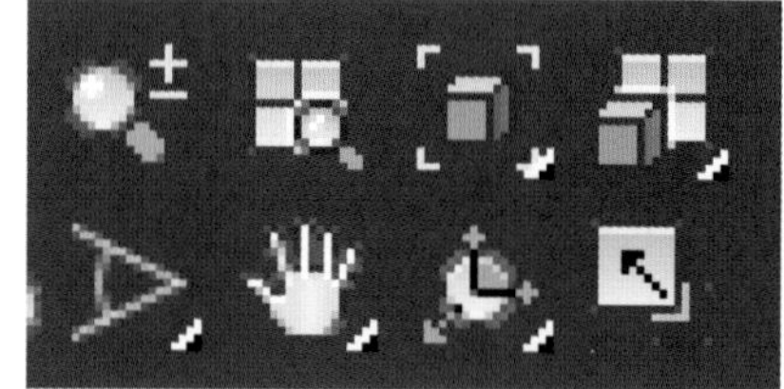

图 1-25　视图控制区

：Zoom（缩放），放大或缩小当前激活的视图区域。

：Zoom All（缩放所有视图），放大 / 缩小所有视图区域。

：Zoom Extents（最大显示），将所有选择的对象缩放到最大范围。

：Zoom Extents Selected（最大显示选定对象），用于将激活视图中的选择对象以最大方式显示。

：Zoom Extents All（所有视图最大化显示），将所有对象充满激活视图。

：Zoom Extents All Selected（所有视图最大化显示选定对象），同时将 4 个视图拉近或推远，只将所有视图中的选择对象以最大化的方式显示。

：Region Zoom（缩放区域），拖动鼠标缩放视图中的指定区域。

：Field-of-View（视野），同时缩放透视图中的指定区域。

：Pan（平移视图），沿着任何方向移动视窗，但不能拉近或推远视图。

：2D Pan Zoom Mode（2D 平移缩放模式），平移或缩放视口，而无须更改渲染帧。

：Walk Through（穿行），模拟行走的形式进行场景浏览。

：Arc Rotate（环绕），围绕视图中心点旋转视图。

：Arc Rotate Selected（选定的环绕），以选定物体的中心点为圆心旋转视图。

：Arc Rotate Subobject（环绕子对象），用于围绕子对象旋转视图。

：Min/Max（最小 / 最大化切换按钮），在原视图和满屏之间切换激活的视图。

9. 动画关键帧

在当前制作的动画场景中，可以通过拖动时间滑块来确定动画时间，可将时间滑块拖动到活动时间段的任何帧。

时间滑块上默认的数值为 0 / 100，表示当前动画场景的时间设置是 100 帧，当前时间滑块所在的位置是第 0 帧，如图 1-26 所示。

图 1-26　动画关键帧

1.3　3ds Max 的基本操作按钮

3ds Max 默认状态下的主工具栏中包含大部分常用功能的快捷使用按钮，如图 1-27 所示。

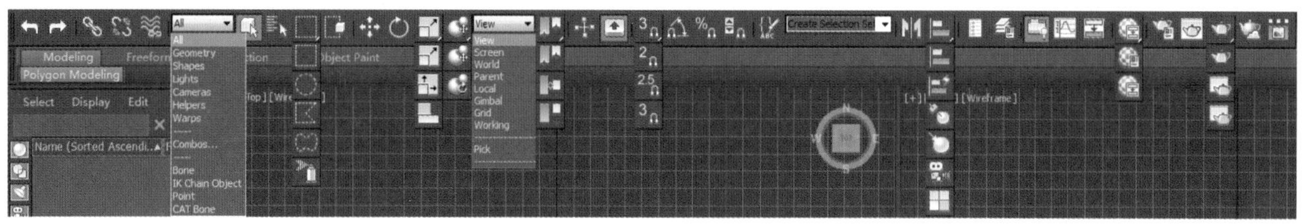

图 1-27　主工具栏

下面分别介绍各按钮的具体含义。

：Undo（撤销），用于撤销前一次的操作，鼠标右键单击该按钮可显示最近撤销过的命令列表，在其中可选择恢复次数，快捷键“Ctrl+Z”。3ds Max 的默认撤销次数是 20 次，但是可通过执行“Customize（自定义）/Preferences…（首选项）”命令设置 Scene Undo（场景撤销）的级别。

：Redo（重做），用于恢复撤销的命令，快捷键“Ctrl+Y”。

☆在操作中，视图显示的改变和一些修改命令面板参数的改变等，Undo（撤销）命令是不能撤销的。操作中视图显示的改变可用“View（视图）/Undo View Change（撤销视图更改）”来撤销，快捷键“Shift+Z”。恢复视图显示可用“View（视图）/Redo View Change（重做视图更改）”来操作，快捷键“Shift+Y”。

：Select and link（选择并链接），具有选择功能，还可以在多个对象之间建立父与子的层级关系链接。

：Unlink Selection（断开当前选择链接），用于断开选择对象之间的链接。选择需要断开链接的子对象，点击该按钮，就断开了它与父对象的链接。

：Bind to Space Wrap（绑定到空间扭曲），将指定的对象绑定到空间扭曲对象。

：Selection Filter（选择过滤器），设置选择对象的类型。在其下拉菜单中用虚线分为 3 级，如图 1-28 所示。第一级是最常用的标准几何体，第二级是组合选项，可打开设置面板进行设置，结果设置放在第三级。第三级是除标准之外的过滤类别。

图 1-28　选择过滤器

：Select Object（选择对象），用于选择一个或多个对象。按住键盘上的“Ctrl”键不放，此时点击鼠标左键可加选未被选择的物体或者减选已被选择的物体，按住键盘上的“Alt”键不放，只能减选已被选择的物体。

：Select by Name（按名称选择），根据物体的名称来选择对象，这种方式在场景较为复杂的情况下很实用，如图 1-29 所示。

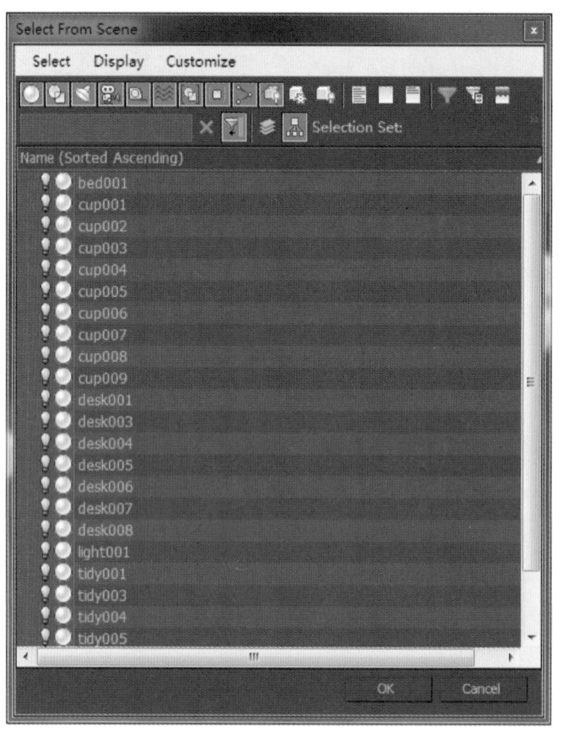

图 1-29　选择对象对话框

：Selection Region（选择区域），拖动鼠标定义一个区域来对物体进行选择，这个区域有矩形、圆形、围栏、套索、绘制 5 种。

：Rectangle Selection Region（矩形选择框），以矩形方式拉出选择框，如图 1-30 所示。

：Circle Selection Region（圆形选择框），以圆形的方式拉出选择框，如图 1-31 所示。

：Fence Selection Region（围栏选择框），以手绘多边形的方式拉出选择框，如图 1-32 所示。

：Lasso Selection Region（套索选择框），以自由手绘的方式围出选择框，如图 1-33 所示。

：Paint Selection Region（绘制选择框），以绘制方式选择，如图 1-34 所示。

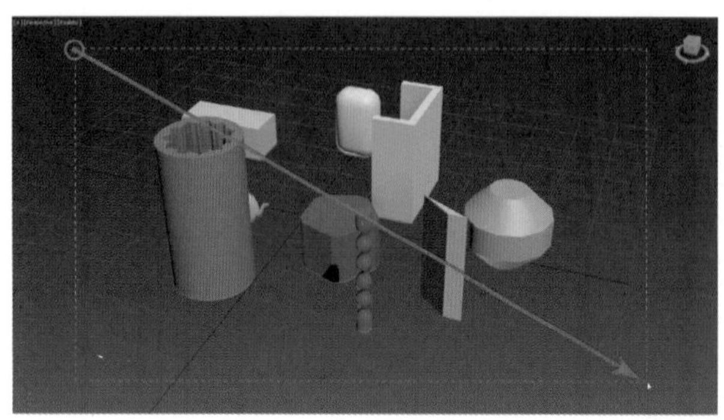

图 1-30　矩形选择框

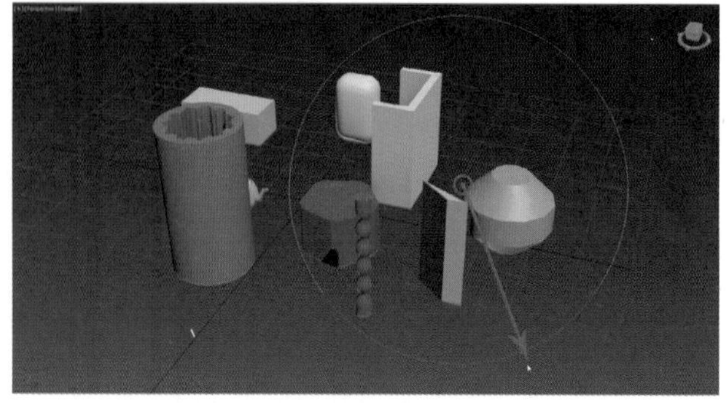

图 1-31　圆形选择框

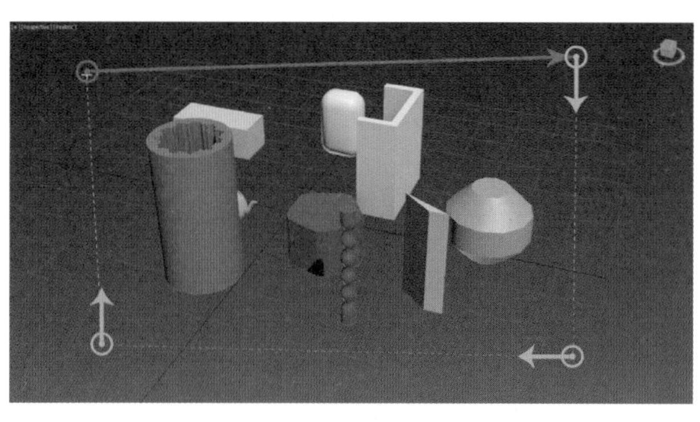
图 1-32　围栏选择框

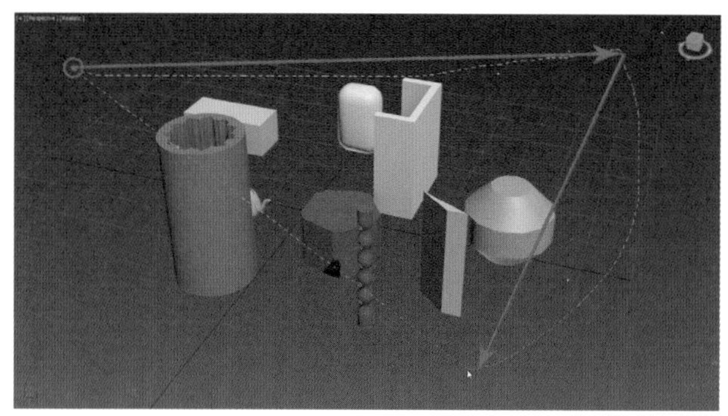
图 1-33　套索选择框

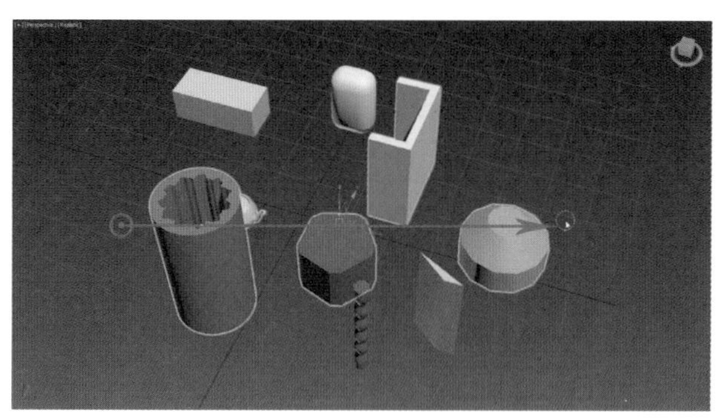
图 1-34　绘制选择框

：Window/Crossing（窗口 / 交叉），使用窗口方式框选时，只有完全在选择框内的物体会被选择，部分在选择框内的物体不被选择，如图 1-35 和图 1-36 所示。使用交叉方式时，部分在选择框内的物体也会被选择，如图 1-37 和 1-38 所示。

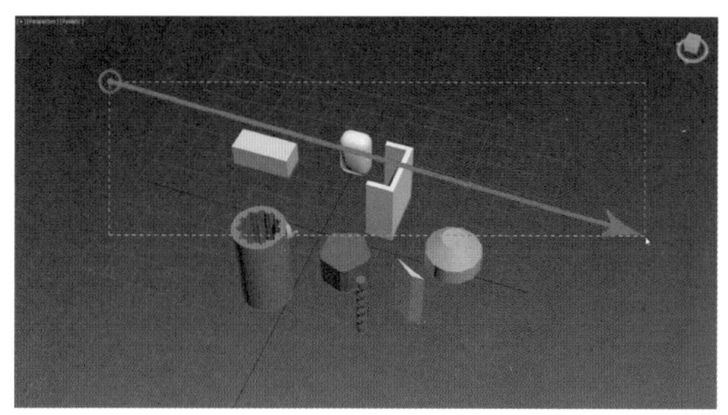
图 1-35　窗口式选择框

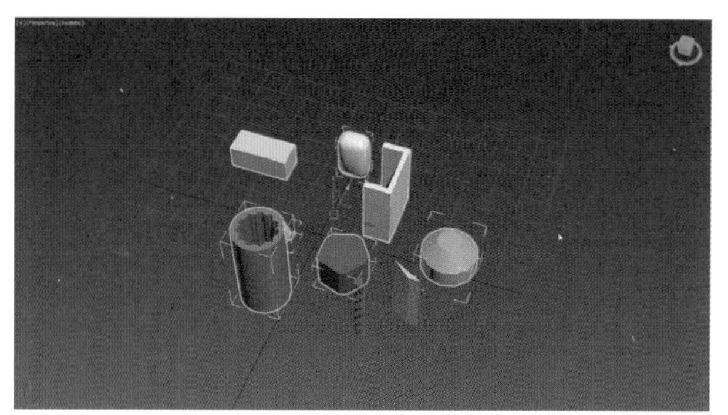
图 1-36　窗口方式选择结果

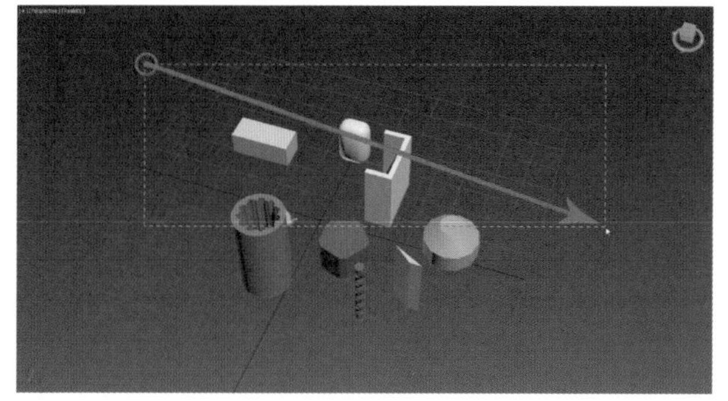
图 1-37　交叉式选择框

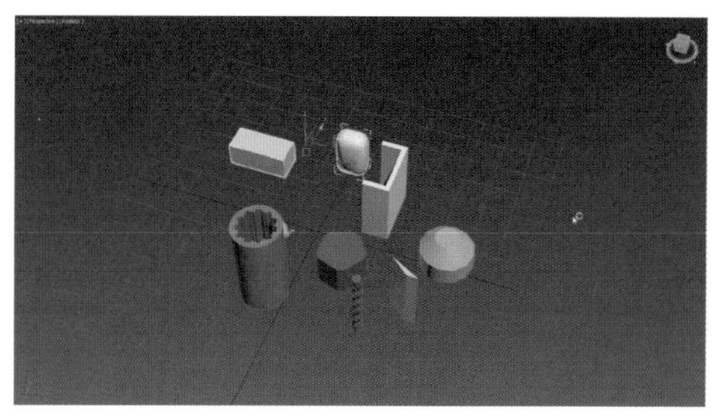
图 1-38　交叉方式选择结果

: Select and Move（选择并移动），选择对象并对它进行移动操作。

: Select and Rotate（选择并旋转），选择对象并对它进行旋转操作。

: Select and Scale（选择并缩放），选择对象并对它进行缩放操作。

: Select and Uniform Scale（选择并均匀缩放），在三个轴向上做等比缩放，只改变体积，形状不变。

: Select and Non-Uniform Scale（选择并非均匀缩放），在指定轴向上做不等比缩放，体积和形状都要改变。

: Select and Squash（选择并挤压），在指定轴向上挤压变形，对象体积不变，形状改变。

: Select and Place（选择并放置）/Select and Rotate（选择并旋转），可以在物体的表面拖动物体，相当于吸附于另外一个物体，可以进行移动、旋转和缩放。

: Reference Coordinate System（参考坐标系），用于设置进行变换的坐标系，可供选择的坐标系有 View（视图）、Screen（屏幕）、World（世界）、Parent（父对象）、Local（局部）、Gimbal（万向）、Grid（栅格）、Working（工作）和 Pick（拾取）。

: 轴心点控制，设置选择对象进行旋转和缩放的中心点。

: Use Pivot Point Center（使用轴中心点），使用被选择物体自身的轴心点作为变换的中心点。

: Use Selection Center（使用选择中心点），使用选择对象集合的公共轴心点作为物体旋转和缩放的中心点。

: Use Transform Coordinate Center（使用变换坐标中心），使用当前坐标系的轴心点作为旋转缩放的中心。

: Select and Manipulate（选择并操纵），通过拖拉操纵器，直接在视图中对某些对象、修改器、控制器等的参数进行编辑，但它不能独立使用，必须与其他工具联用。

: Snaps Toggle（捕捉开关），在对象创建和修改时进行精确定位。

: 2D Snaps，只捕捉当前视图构建平面上的元素，忽略 Z 轴。

: 2.5D Snaps，它是介于二维和三维间的捕捉，可将三维空间的特殊项目捕捉到二维平面上。

: 3D Snaps，可在三维空间中捕捉三维物体。

: Angle Snap Toggle（角度捕捉开关），用于设置进行旋转操作时的角度间隔，使对象按固定增量进行旋转。固定增量默认值为 5°，可在图标上单击鼠标右键，在弹出的 Grid and Snap Settings（栅格和捕捉设置）窗口的 Options（设置）选项中使用“Angle（角度）”命令进行更改。

: Percent Snap（百分比捕捉开关），用于设置缩放和挤压操作的百分比例间隔，使比例缩放按固定的增量进行。固定增量默认值为 10%，同样可以在 Options（设置）选项中更改。

: Spinner Snap Toggle（旋钮捕捉开关），单击微调器箭头，参数会按固定增量增加或减少。

: Named Selection Sets（编辑命名选择集），按下此按钮将打开物体类型选择集合对话框。

: Name Selection Sets List（命名选择集），选择集是新建一个或多个被选择对象的集合，可在方框中给当前选择集指定一个名称。可在命名选择集对话框中查看所有的命名选择集。

: Mirror（镜像），使物体沿设置的坐标轴向移动或克隆操作。点击此按钮会弹出如图 1-39 所示的对话框。

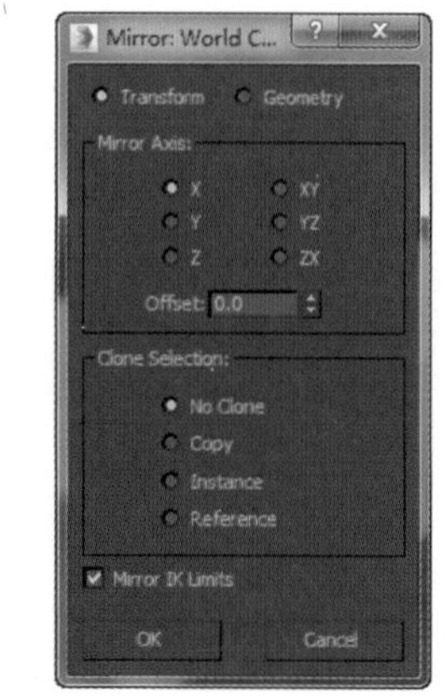

图 1-39　“镜像设置”对话框

在“镜像设置”对话框中可设置以下参数。

① Transform（变换）。

② Geometry（几何体）。

③ Mirror Axis（镜像轴）：用于设置镜像的轴向，共提供了 6 个选项和一个偏移数值输入。

④ Clone Selection（克隆当前选择）：用于设置是否克隆及克隆的方法。该选项组中包括以下选项。

• 不克隆：仅镜像物体，不克隆。

• 复制：原位置克隆对象，并且选中的对象与镜像出来的对象不关联。

• 实例：原位置克隆对象，并且选中的对象与镜像出来的对象具有关联属性。关联属性就是在克隆对象后，对克隆物体和原始物体任何一个进行修改，另一个也会同时产生变化。

• 参数：原位置克隆对象，并且选中的对象与镜像出来的对象具有参考属性。参考属性是单向的关联，对原始物体进行修改会影响克隆物体，对克隆物体进行修改不会影响原始物体。

⑤ 镜像 IK 限制：勾选此项，在镜像几何时，连同它的 IK 约束一同镜像。

现就镜像命令的运用，进行实例演示，如图 1-40~ 图 1-44 所示。

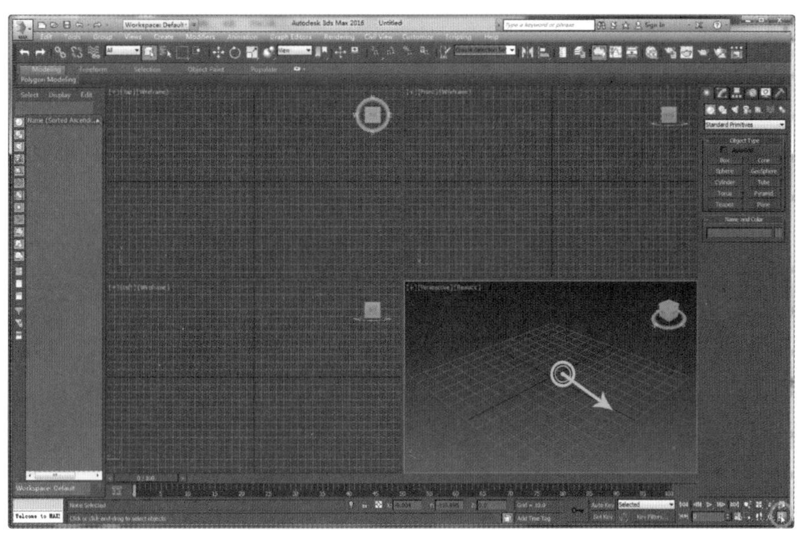

图 1-40　工作视口准备

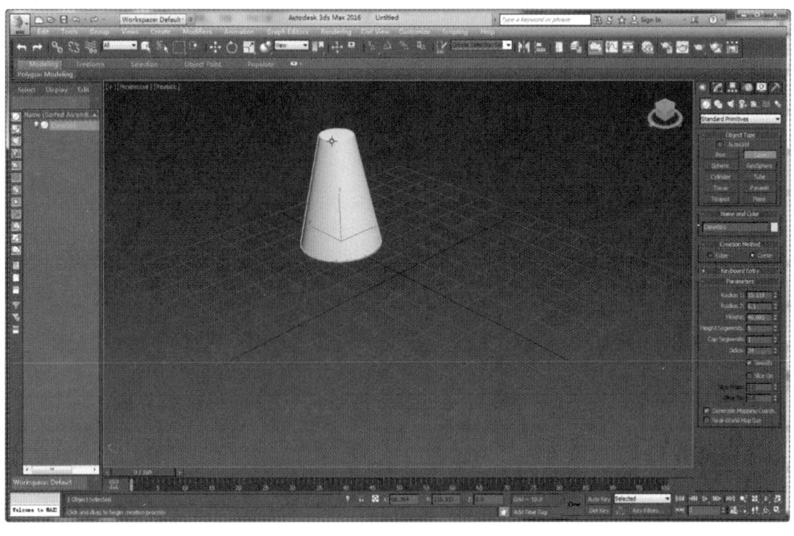

图 1-41　梯形圆柱对象

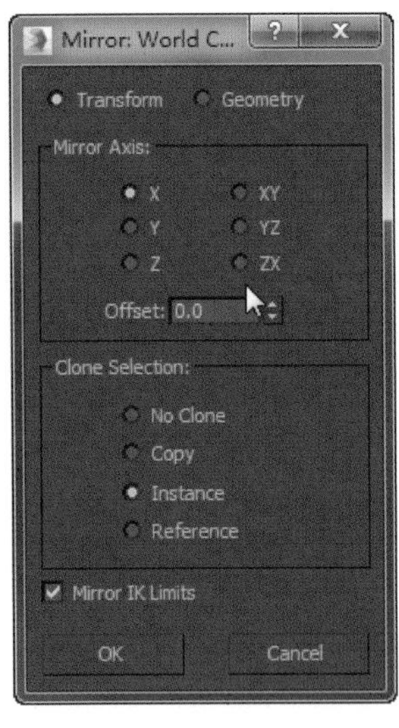

图 1-42 “镜像关联克隆”对话框

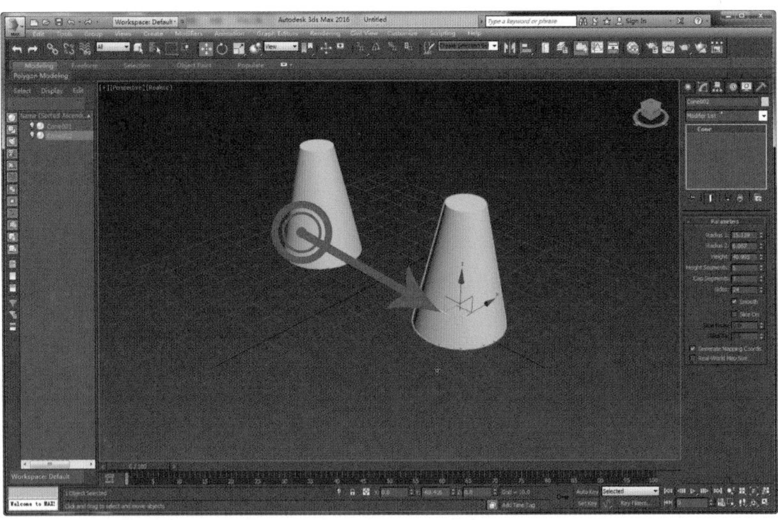
图 1-43 克隆后的效果

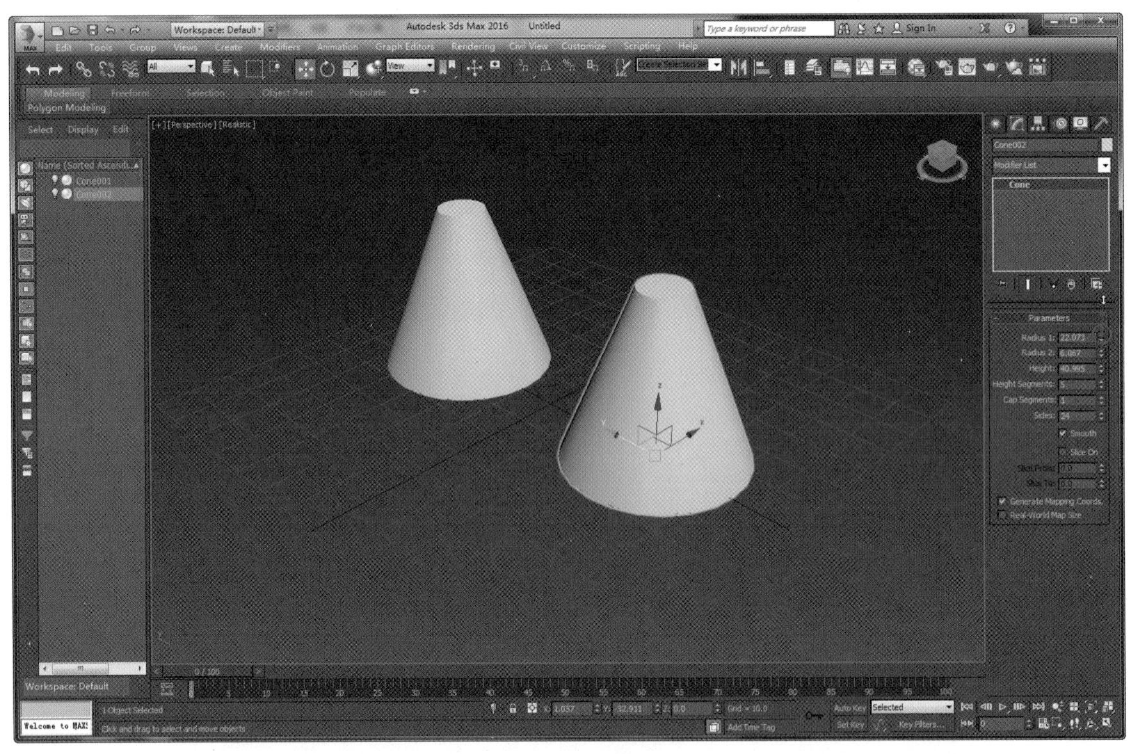
图 1-44 更改克隆对象参数

：Align（对齐工具），可将当前选择对象按指定坐标方向和方式与目标对象对齐。

：Align（对齐），选择一个对象，按下此按钮后点击视图中的目标对象，在弹出的对话框中进行设置，对话框如图 1-45 所示。

在“对齐选择”对话框中可设置以下参数。

① 对齐位置：指定位置对齐的方式。

② 当前物体 / 目标物体：分别设置当前对象与目标对象对齐的设置。

③ 对齐方向：特殊指定方向对齐依据的轴向。

④ 匹配比例：将目标对象的缩放比例沿指定的坐标轴向施加到当前物体上。

图 1-45 “对齐选择”对话框

：Quick Align（快速对齐），选择一个或者多个物体，在不用弹出“对齐选择”对话框的情况下，快速对齐到目标物体的中心。

：Normal Align（法线对齐），将两个对象按各自选择面的法线方向进行对齐。

：Place Highlight（放置高光），通过对高光点的精确定位来进行对齐。

：Align Camera（对齐摄像机），将选择摄像机对齐目标对象所选择表面的法线，它的使用方法与放置高光类似。

：Align to View（对齐到视图），将选择对象自身坐标轴与激活视图对齐。

：Toggle Scene Explorer（切换场景资源管理器），打开或关闭场景资源管理器。

：Toggle Ribbon（切换功能区），打开或关闭石墨建模工具。

：Curve Editor（open）[曲线编辑器（打开）]，按下此按钮将打开曲线编辑器，可对运动曲线进行调整。

：Schematic View（open）[图解视图（打开）]，按下此按钮打开图解视图，场景中所有对象以名称节点方式显示在列表中。

：Material Editor（材质编辑器），打开材质编辑器，可对其中的材质进行编辑。长按该按钮，可以在旧版和新版材质编辑器之间切换，为旧版材质编辑器面板，为新版材质编辑器面板。

：Render Scene（渲染设置），打开“渲染设置”对话框，在其中设置渲染参数。

：Rendered Frame Windows（渲染帧窗口），打开或关闭默认渲染帧窗口，可查看已渲染好的图。

：Render（快速渲染），渲染当前选择视图的场景，或者默认设置为快速渲染。

：Render Production （渲染产品），快速渲染产品。

：Render Iterative（渲染迭代），迭代渲染会忽略文件输出、网络渲染、多帧渲染、导出到 MI 文件和电子邮件通知。在图像上进行快速迭代（通常对各部分迭代）时使用该选项，同时，在迭代模式下进行渲染时，渲染选定区域会使渲染帧窗口的其余部分保留完好。

：Active Shade（实时渲染），可以在渲染帧窗口实时渲染当前选择视图的物体。

：Render in Autodesk 360（在 Autodesk 360 中渲染），使用 Autodesk360 账户进行云渲染。

：Open Autodesk 360 Gallery（打开 Autodesk 360 素材库），连接网络打开 Autodesk 360 素材库。

下面介绍几个默认面板里没有打开的常用浮动工具栏。

在工具栏的空白处单击鼠标右键，在打开的选项卡中选择 Axis Constraints（轴约束）、Layers（层）、Extras（附加），如图 1-46 所示。打开的浮动工具栏如图 1-47 所示。

X Y Z XY：轴约束，用于锁定坐标轴向，进行单方向和平面上的变化。X限制选择对象只能在 X 轴向上移动、旋转、缩放。Y限制选择对象只在 Y 轴向上进行变换。Z限制选择对象只在 Z 轴向上进行变换。XY按钮还包含 YZ、ZX 按钮，使选择对象只能在 XY、YZ、ZX 平面上进行变换操作。在捕捉中启动轴约束切换。在浮动工具栏上单击鼠标右键，在打开的选项中，可以把浮动工具栏固定到工作界面中，如图 1-48 所示。

：Keyboard Shortcut Override Toggle（键盘快捷键覆盖切换），关闭按钮，启动主要用户界面内的快捷键。打开按钮，启动功能选区内的特殊快捷键。

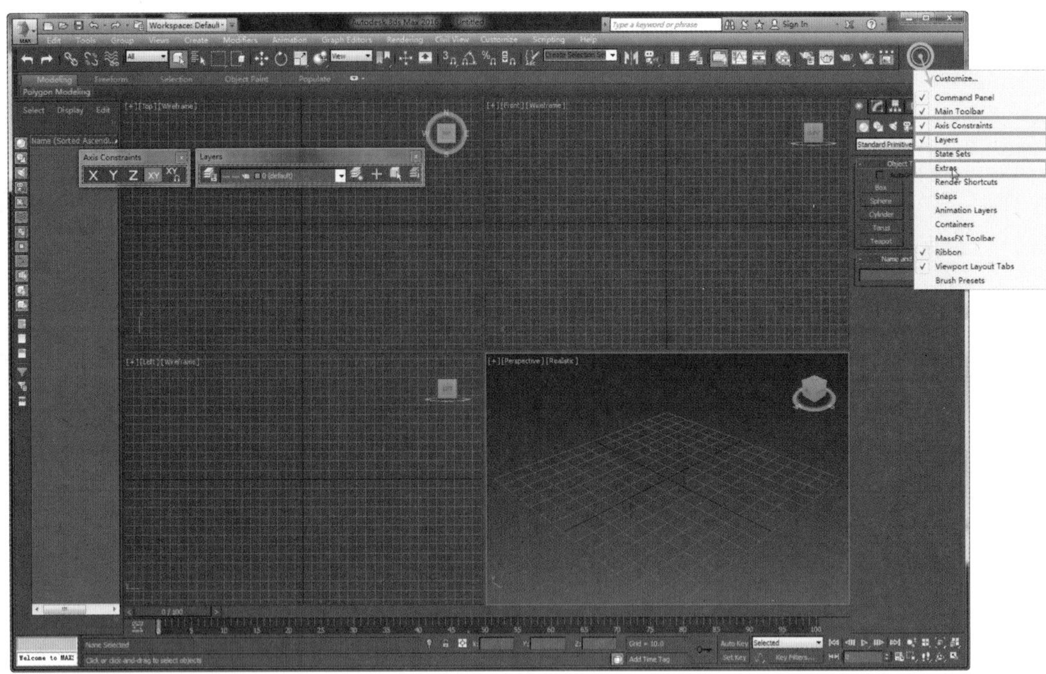

图 1-46　工作视口准备

图 1-47　Axis Constraints、Layers、Extras 浮动工具栏

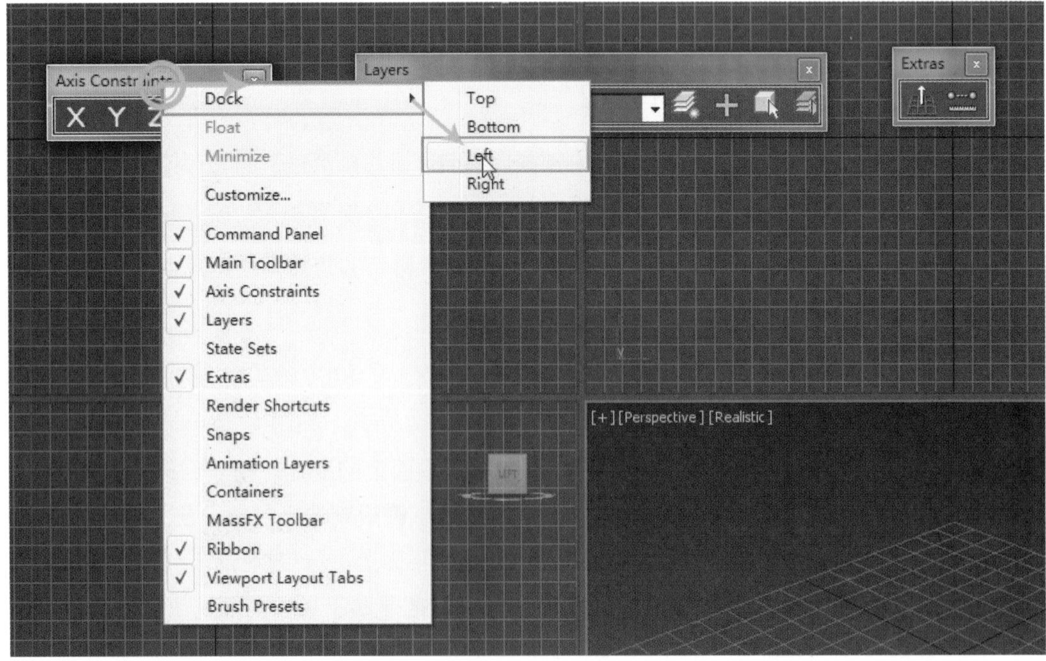

图 1-48　固定浮动窗口

1.4 3ds Max 的基本操作

在制作模型时，配合鼠标和键盘在透视图中移动视角编辑模型，可以更好地观察所建模型是否接近设计时的模样。制作模型时常用的快捷键如下。

平移：按住鼠标中键，向左或向右移动，可将对象移动到视图中间，方便操作，如图 1-49 所示。

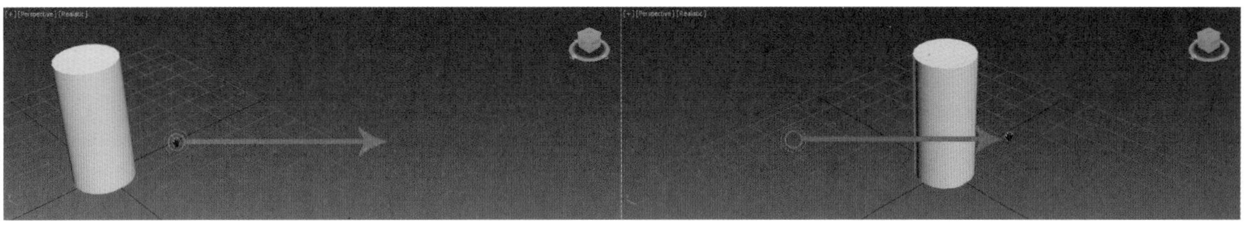

图 1-49 视口平移

旋转：按住键盘上“Alt”键并按住鼠标中键，向左或向右移动，如图 1-50 所示。

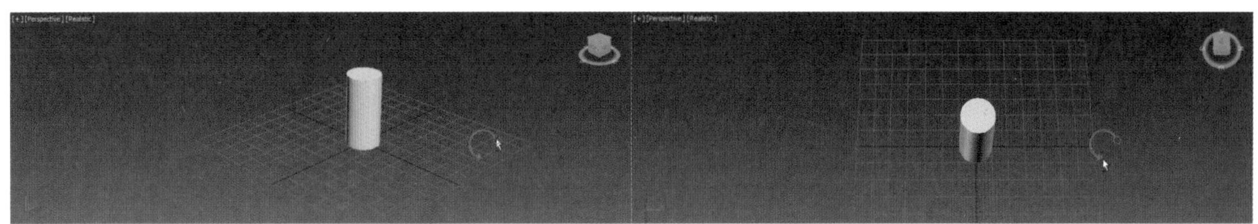

图 1-50 视口旋转

最大化：独立视口到四视口的切换视口操作，快捷键为“Alt+W”，如图 1-51 所示。

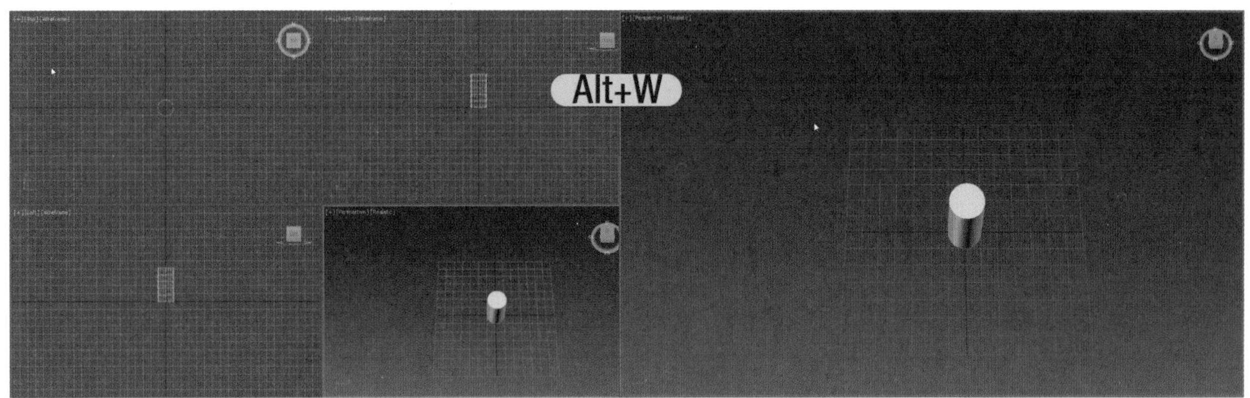

图 1-51 视口最大化

缩放：滚动鼠标中键可进行缩放，如图 1-52 所示。

图 1-52　视口缩放

1.5　3ds Max 的多种克隆方式

在制作大量的模型，遇到可以制作相同的对象时，会用到克隆命令，3ds Max 提供了多种克隆对象的方法，方便使用者快速完成制作。

克隆对象类型：Clone（克隆），克隆出的对象和源对象是各自独立的，改变其中一个，另外一个不会变化；Instance（实例），克隆的对象和源对象有链接，相互影响，一个变化，另外一个产生同样变化；Reference（参考），源对象是父对象，克隆对象是子对象，当父对象改变时，子对象也会改变，当子对象变化时，父对象不会变化。

1.5.1　快速克隆

键盘上的“Shift”键与选择并移动、选择并旋转、缩放工具等组合使用可快速克隆。

选中将要克隆的对象，这里以圆柱为例，按住“Shift”键，单击工具栏的选择并移动工具，按住鼠标左键，向 Y 轴拖动，释放鼠标时会弹出克隆对话框，如图 1-53 所示。

快速克隆视频教学资源

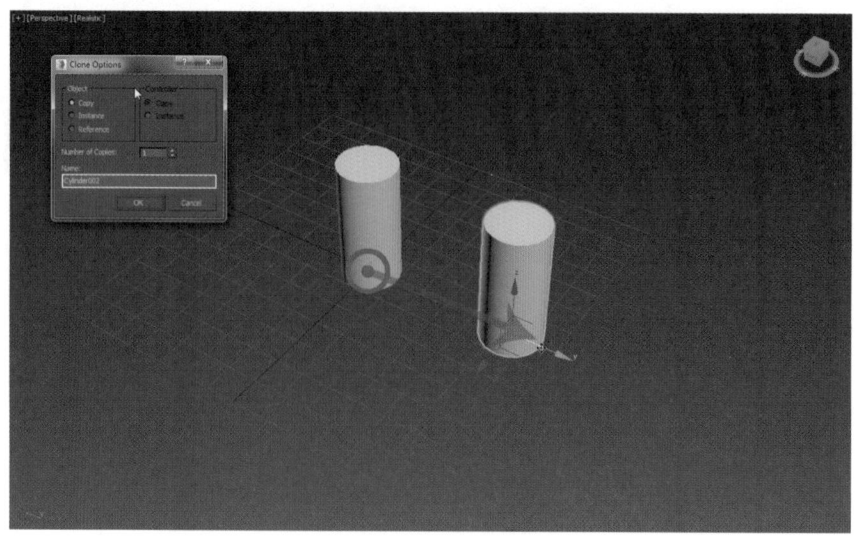

图 1-53　快速克隆

1.5.2 菜单克隆

菜单克隆视频
教学资源

选择对象物体，在菜单栏中选择 Edit/Clone，设置参数，如图 1-54~ 图 1-56 所示。

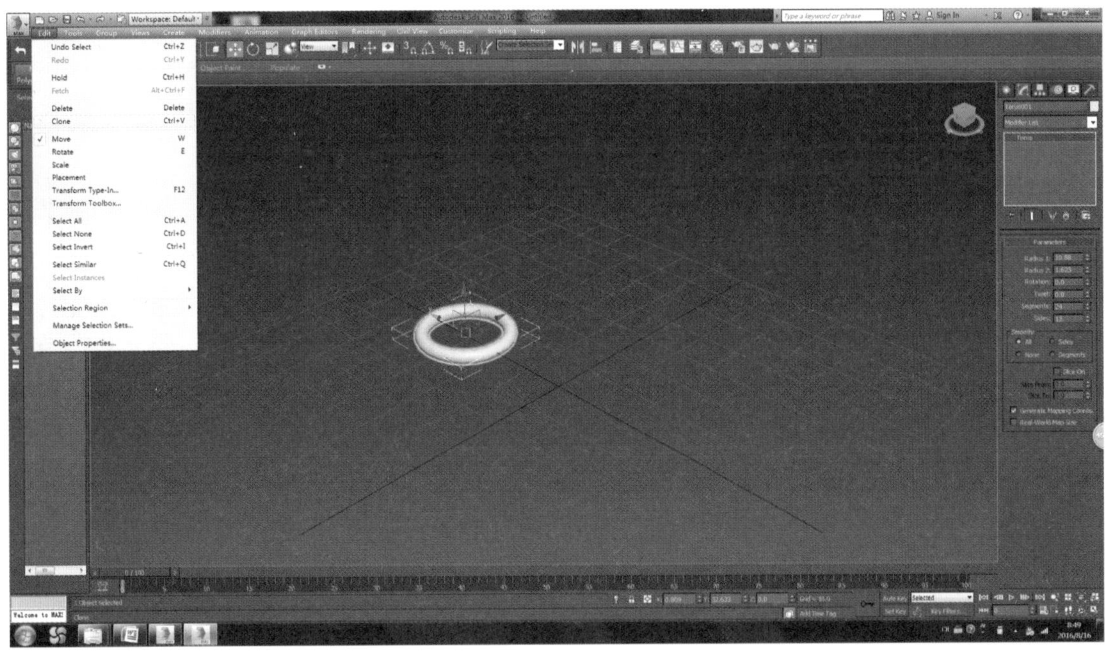

图 1-54 移动并克隆对象

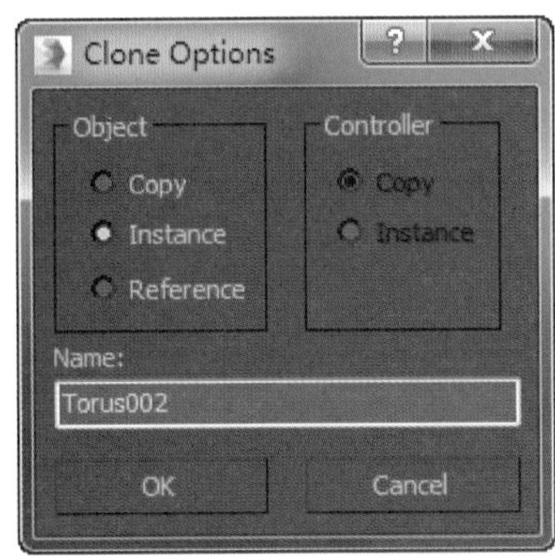

图 1-55 克隆参数

图 1-56 克隆结果

1.5.3 镜像克隆

镜像克隆就像物体放在镜子前一样。镜子内外呈现两个镜像相同的物体。

镜像克隆视频
教学资源

镜像克隆的操作步骤如下。

（1）选中已经创建好的物体。

（2）鼠标单击按钮。

（3）在弹出的对话框中设置如图 1-57 所示的参数。

（4）单击“OK”按钮，克隆结果如图 1-58 所示。

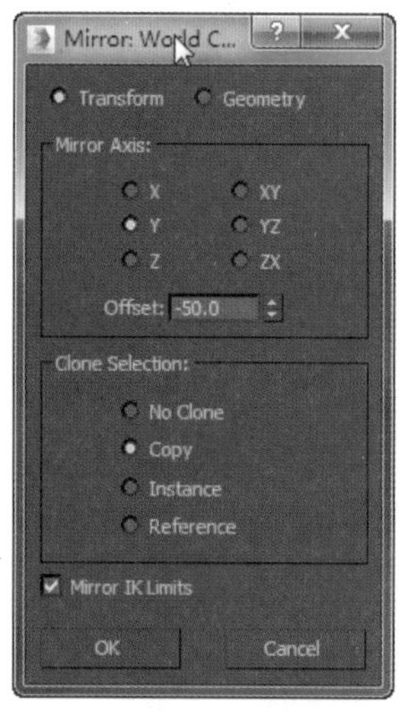

图 1-57 设置参数

图 1-58 克隆结果

1.5.4 阵列克隆

阵列克隆视频
教学资源

阵列克隆是一种大规模克隆的方法。

: Array（阵列），“阵列”对话框中英文对照如图 1-59 所示，可在对话框中设置参数，对选择物体进行二维、三维的克隆操作。

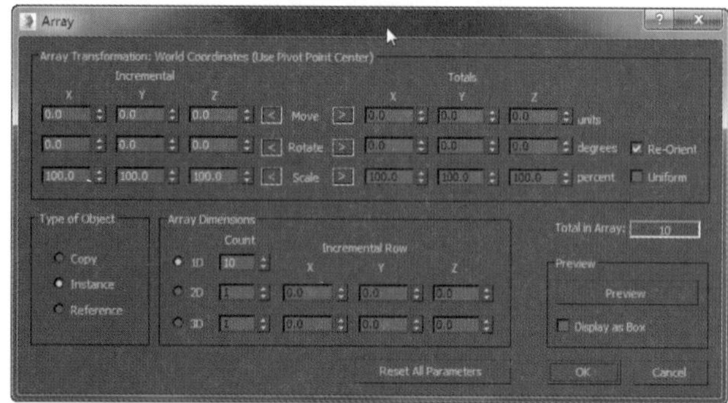

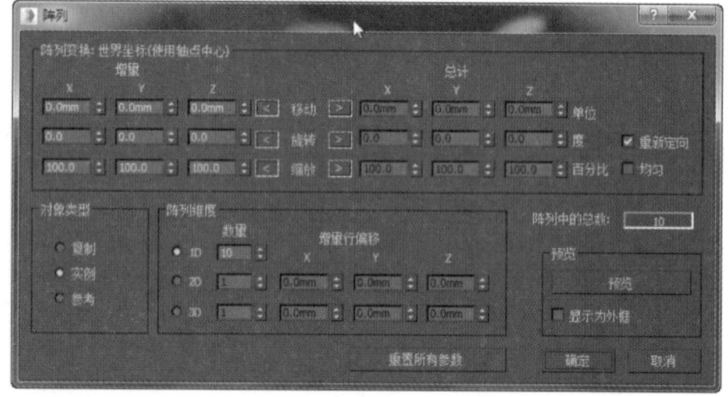

图 1-59 “阵列”对话框中英文对照

该对话框中可进行如下参数设置。

- Incremental（增量）：分别用来设置 X、Y、Z 三个轴向上阵列物体之间的距离、旋转角度、缩放程度的增量。
- Totals（总计）：分别用来设置 X、Y、Z 三个轴向上阵列物体距离、旋转角度、缩放程度的总量。
- Re-Orient（重新定向）：勾选该项后，阵列物体围绕世界坐标旋转时也围绕自身坐标旋转。
- Uniform（均匀）：勾选该项后，Scale 的输入框禁用 Y、Z 轴向上的输入，可保持阵列物体不产生形变，只进行等比缩放。
- Type of Object（对象类型）：用于设置阵列克隆物体的属性，有标准克隆、关联克隆、参考克隆 3 种类型。
- Array Dimensions（阵列维度）：用于确定阵列变换维度，后面设置的维度依次对前一维度发生作用。1D 设置一维阵列产生的总数；2D 设置二维阵列产生的总数，右侧的 X、Y、Z 用于设置新的偏移值；3D 设置三维阵列产生的总数，右侧的 X、Y、Z 用于设置新的偏移值。

- Count（数量）：设置阵列各维度对象的总数。
- Total in Array（阵列中的总数）：设置包括当前选中对象在内所要创建的对象总数。
- Reset All Parameters（重置所有参数）：单击此按钮，把所有参数恢复到默认设置。

阵列克隆的操作步骤如下。

① 打开 3ds Max 软件，创建一个新的物体。

② 选中对象物体，单击阵列按钮。

③ 在弹出的对话框中设置相应的参数，如图 1-60 所示。

④ 单击“OK”按钮，阵列效果如图 1-61 所示。

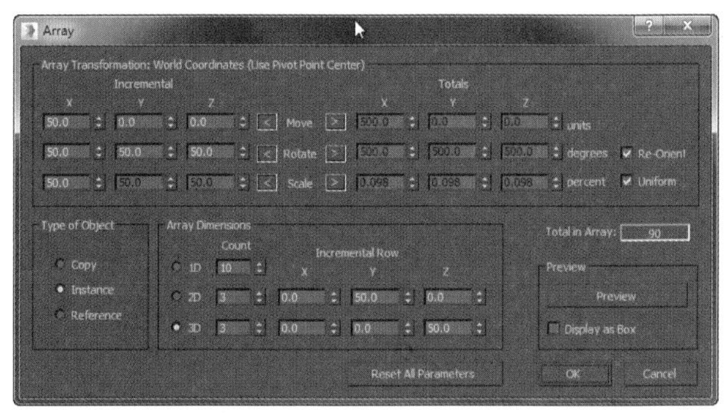

图 1-60　阵列参数

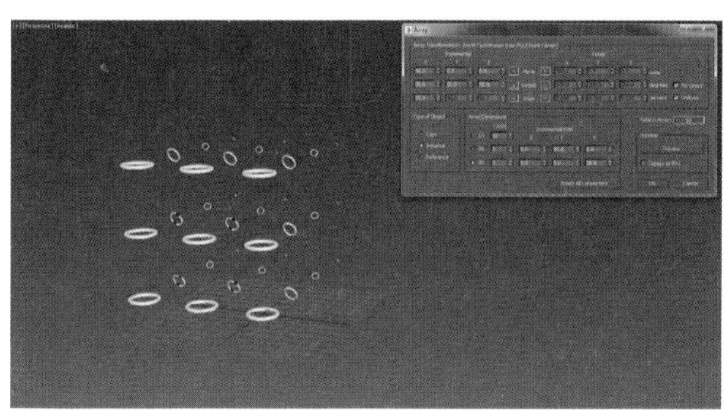

图 1-61　阵列效果

1.5.5　快照克隆

快照克隆视频教学资源

快照克隆是按照物体对象的动画过程顺序和速率对对象进行克隆，对象的运动过程像是被间隔地快速拍照，记录下来。

：Snapshot（快照），单击此按钮会弹出如图 1-62 所示的对话框，相应的中文对话框如图 1-63 所示。此工具要求对设置了动画的对象使用，可将特定帧的对象以当前的状态克隆出新对象。它不仅可留下单帧造型，还可依据克隆的数量持续拍摄，克隆一段连续的动态造型。

该对话框中可进行如下参数设置。

- 单一：根据当前帧选择物体的快照，克隆一个新物体。
- 范围：对整段动画中选择物体的连续克隆。
- 从多少帧到多少帧：设置要进行快照的动画帧数范围。
- 副本：设置要进行克隆的个数。
- 复制、参考、实例、网格：与前

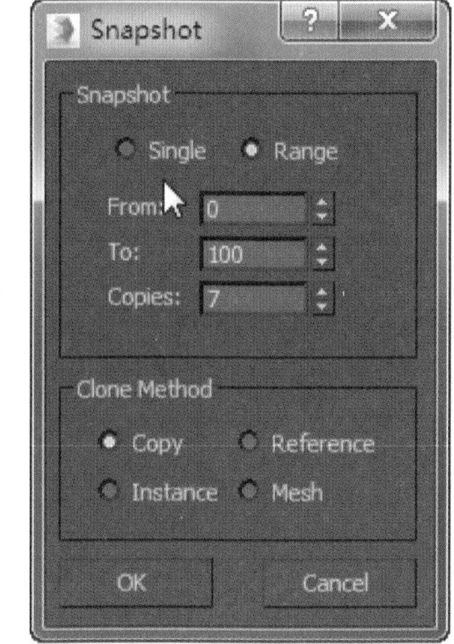

图 1-62　“快照”对话框（英文）

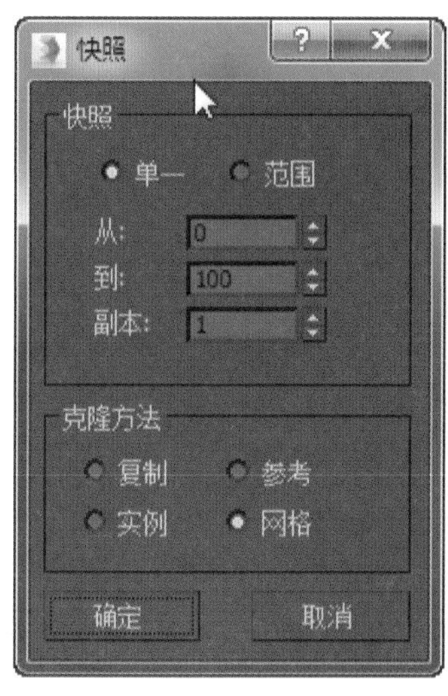

图 1-63　“快照”对话框（中文）

面讲述的克隆的方法相同。

快照克隆的操作步骤如下。

① 在桌面打开 3ds Max，随意创建一个对象。

② 用选择并移动工具将对象移动到场景的左下方，如图 1-64 所示。

③ 打开动画记录按钮，并将时间滑块移动到第 100 帧，如图 1-65 所示。

④ 再次将对象移动到场景的右前方。

⑤ 关闭动画记录按钮，播放动画，观察动画效果。

⑥ 暂停动画并选中对象，鼠标单击工具栏中的快照按钮。

⑦ 在弹出的“快照”对话框中设置相应的参数，如图 1-66 所示。

⑧ 单击“OK”按钮，快照克隆效果如图 1-67 所示。

图 1-64　第 0 帧透视图

图 1-65　第 100 帧透视图

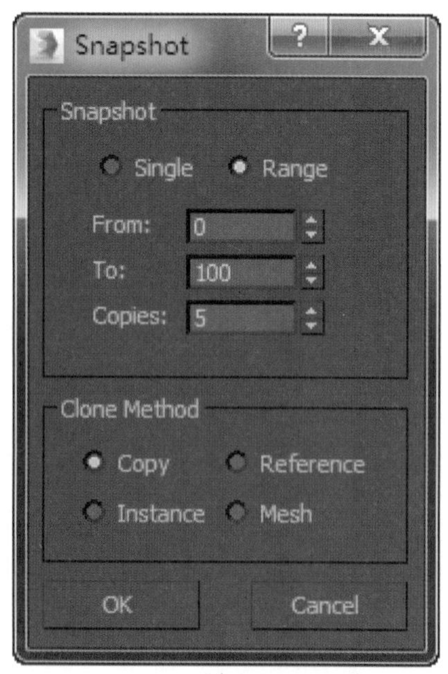

图 1-66　“快照”对话框

图 1-67　快照克隆效果

1.5.6 间隔工具克隆

间隔工具克隆
视频教学资源

间隔工具克隆是在参数面板设定距离、数量、间隔等规则下克隆对象。

：Spacing Tool（间隔工具），按下此按钮会弹出如图 1-68 所示的对话框。它能使物体在一条路径或空间中的两点进行均匀的批量克隆，还可设置物体间的间距方式和是否与路径曲线进行切线对齐。

Pick Path：拾取路径，选择一个物体对象后按下此按钮，在工作窗口中拾取一条二维线作为路径来克隆物体。

Pick Points：拾取点，选择一个物体对象后按下此按钮，在网格上点击起始点和终止点来定义克隆的直线路径。

Count（计数）：分配物体的数目。

Spacing（间距）：按所设数值设置分配对象间的距离。

Start Offset（始端偏移）：定义物体与路径起始端的偏移量。

End Offset（末端偏移）：定义物体与路径末端的偏移量。

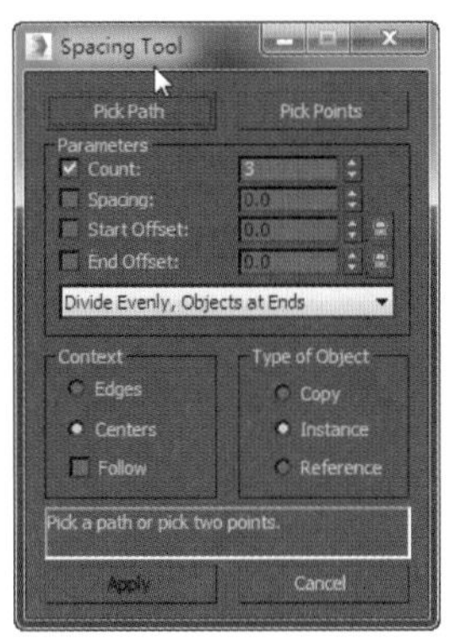

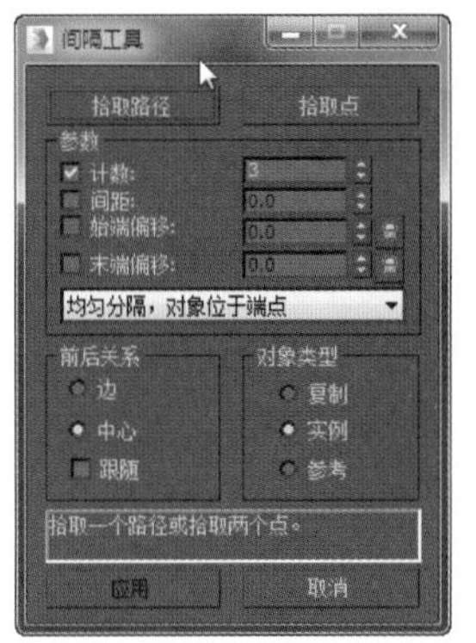

图 1-68 “间隔工具”对话框中英文对照

Divide Evenly，Objects at Ends（分配方式）：它的下拉菜单中提供多种分配方式。

Edges（边）：分配时对象边缘与路径对齐。

Centers（中心）：分配时对象中心与路径对齐。

Follow（跟随）：分配时对象中心与路径相切。

间隔工具克隆的操作步骤如下。

① 打开软件，创建 Text 与 Box，如图 1-69 所示。

② 选中 Box，用鼠标单击间隔工具按钮插入。

③ 在弹出的对话框中设置相应的参数，如图 1-70 所示，单击对话框中 Pick Path 按钮后，在视图中单击文字。

④ 再单击对话框的 Apply 按钮，克隆效果如图 1-71 所示。

图 1-69 间隔工具克隆前

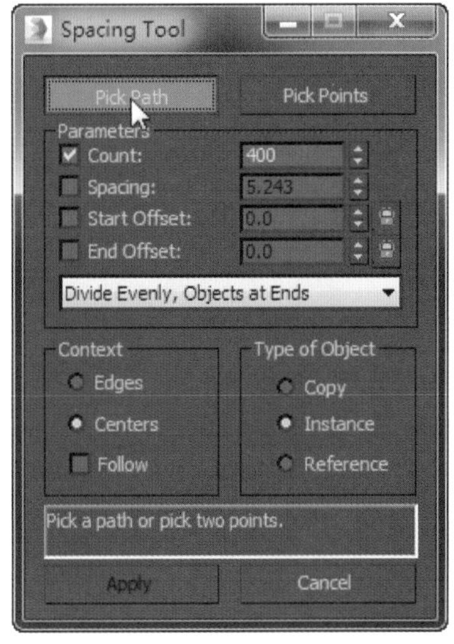

图 1-70 间隔工具参数

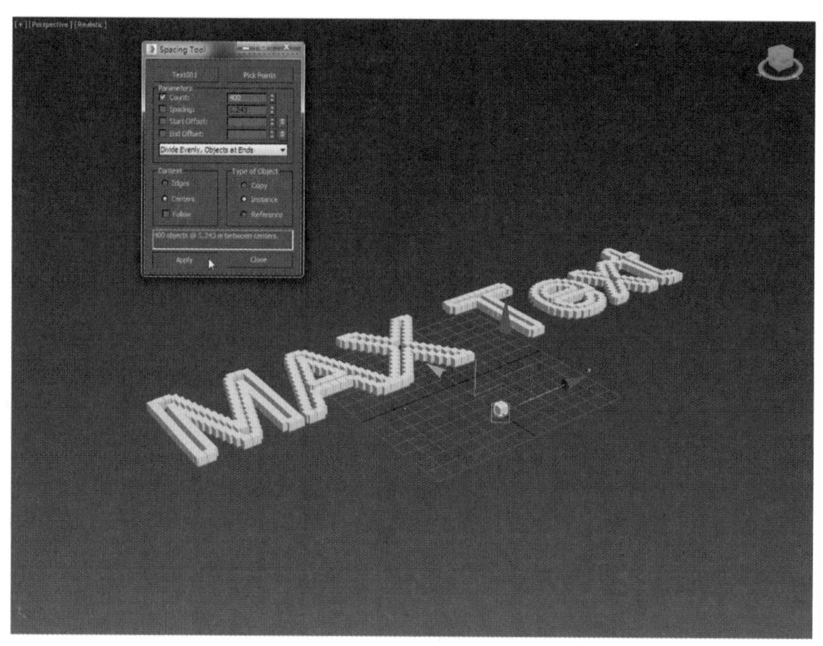

图 1-71　间隔工具克隆后

1.6　基本入门动画——台球运动

基本入门动画——台球运动视频教学资源

本节将以一个有趣的台球动画为例，重点介绍三维动画的制作过程，使大家大致了解三维动画的基本操作过程。物体的制作方法及参数将在以后的章节中详细介绍。制作台球动画的操作步骤如下。

（1）启动 3ds Max，进入创建命令面板，单击 \ \ Box（长方体）按钮，设置参数如图 1-72 所示的台球桌桌面。

（2）单击 \ \ Rectangle（矩形）创建桌子的边缘，修改参数如图 1-73 所示。再单击 \ \ Cylinder（圆柱体）创建四个桌腿，如图 1-74 所示对齐摆放。

（3）单击 \ \ Sphere（球体），创建两个如图 1-75（a）所示参数的桌球，再单击 \ \ Cone（圆锥体），创建台球杆，参数设置如图 1-75（b）所示，并旋转移动到如图 1-75（c）所示的位置。

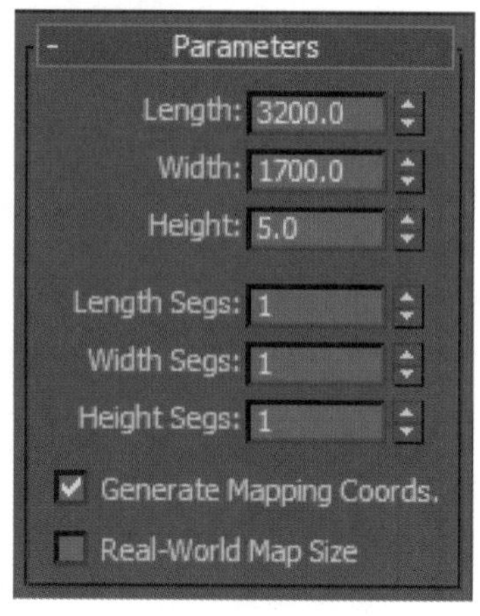

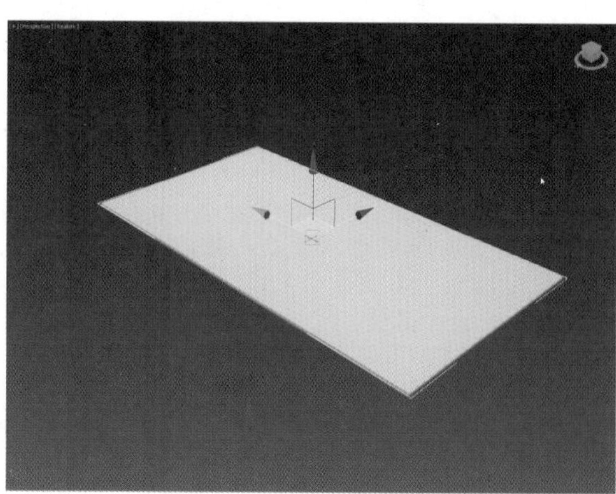

图 1-72　桌面参数和效果

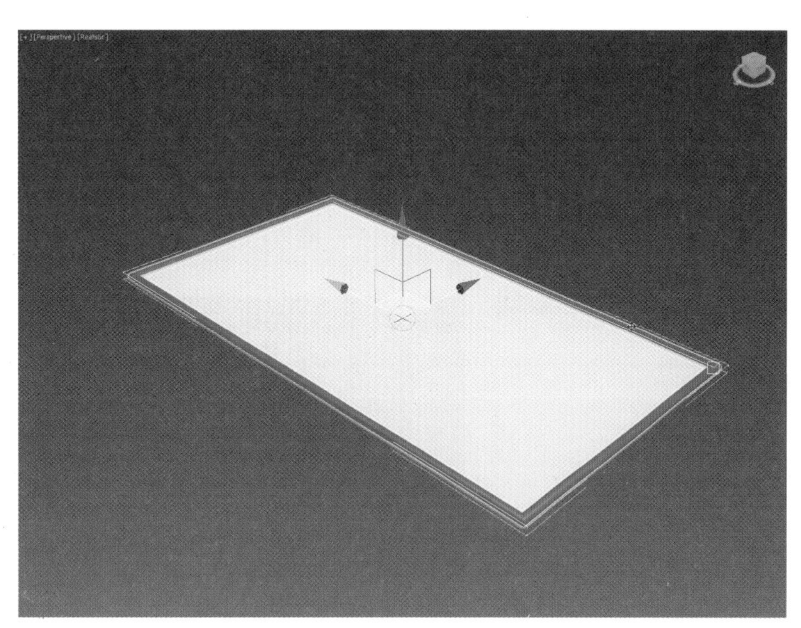

图 1-73　桌子边缘参数和效果

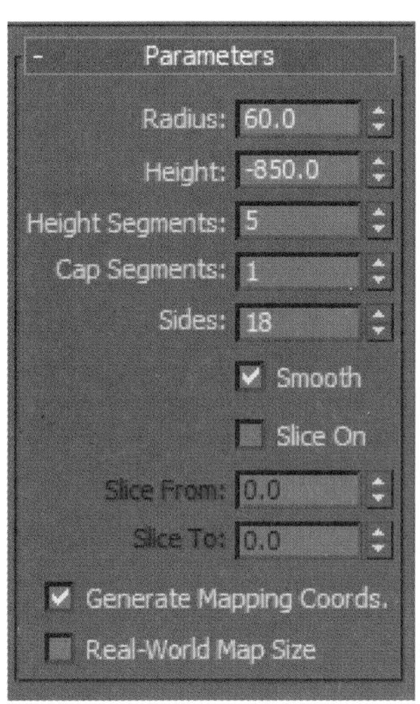

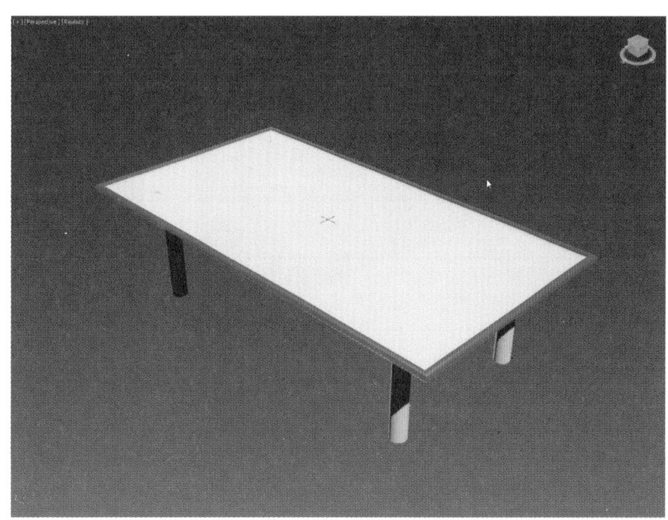

图 1-74　桌腿参数和效果

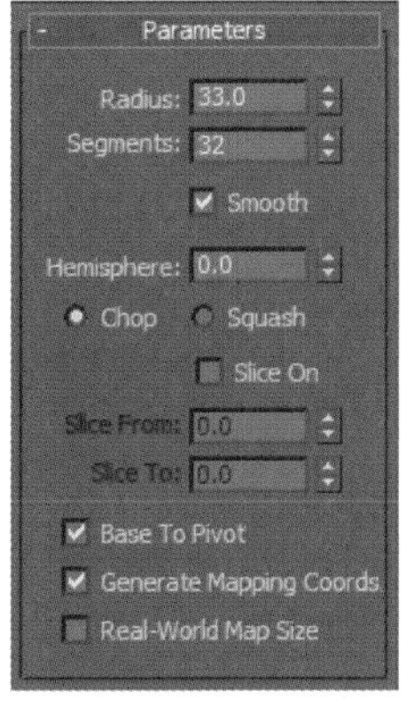

（a）

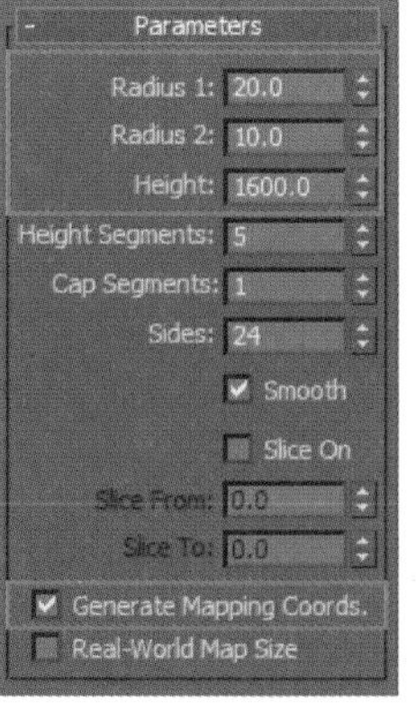

（b）

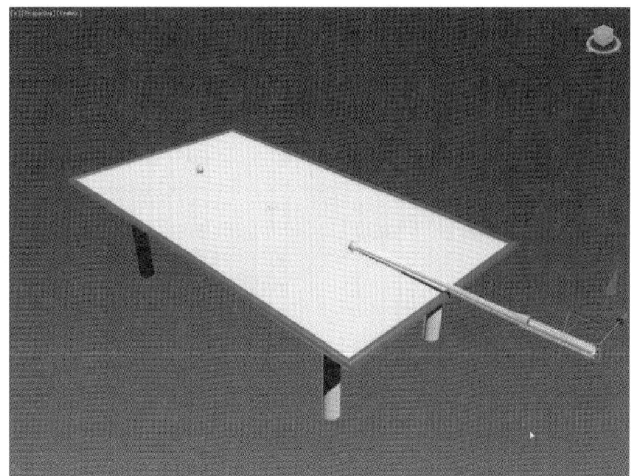

（c）

图 1-75　台球和球杆参数和效果

（4）在工作窗口中的[Perspective]透视图中，旋转视图到满意的角度，再单击菜单栏中的Views \ Create Standard Camera From View \ [Camera001]生成相机视图，如图 1-76 所示。

（5）在系统默认状态下，时间滑动块在第 0 帧的位置上，单击时间控制区的Auto Key（自动关键帧）按钮，使时间滑动条被激活变为红色，然后将时间滑动块拖动到第 20 帧处，再单击主工具栏上的按钮，选择台球杆向箭头方向移动，如图 1-77 所示，再次将时间滑动块拖动到第 30 帧处，将台球杆移动回原来的位置，如图 1-78 所示。

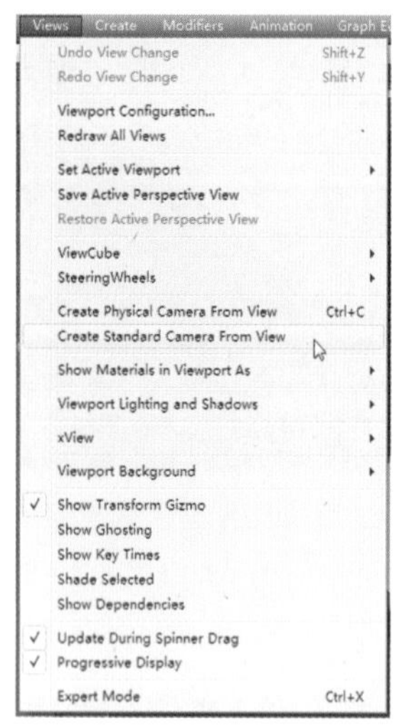

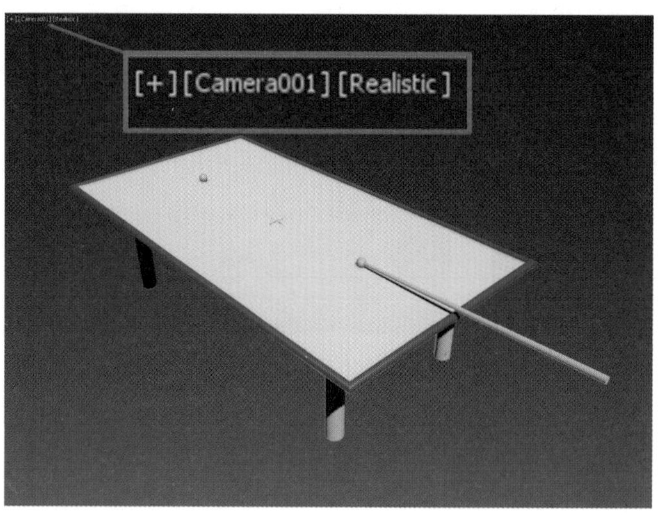

图 1-76　生成相机视图

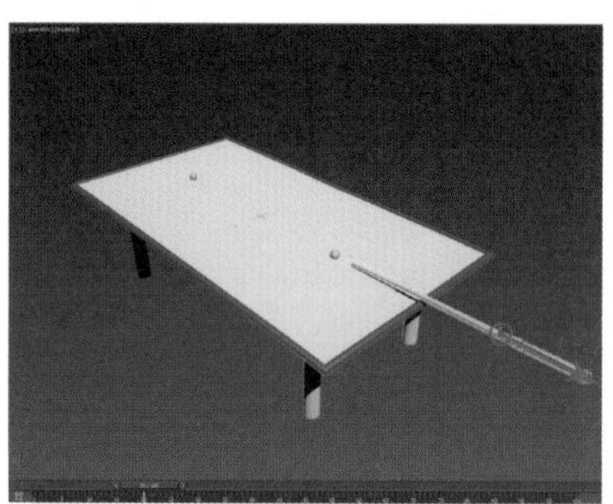

图 1-77　向后拖动台球杆

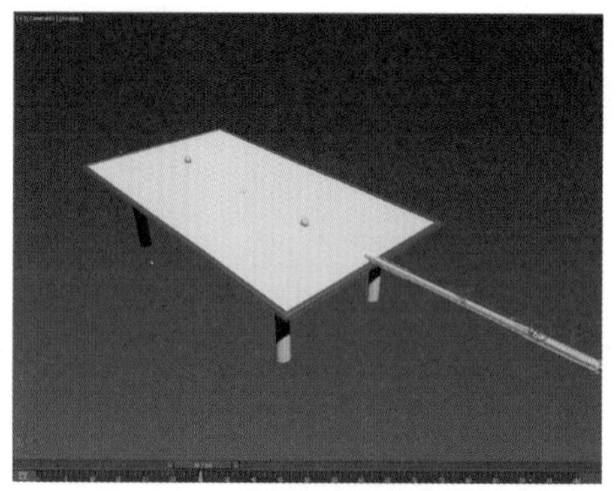

图 1-78　往回拖动台球杆

（6）同样在 30 帧时，单击鼠标选中台球 1，再单击（设置关键点）按钮，手动记录下台球的起始位置，如图 1-79 所示。在 40 帧时，利用命令，将台球 1 拖动到台球 2 的边上，即将要碰撞的位置如图 1-80 所示，利用命令，旋转 Z 轴，添加旋转动画。

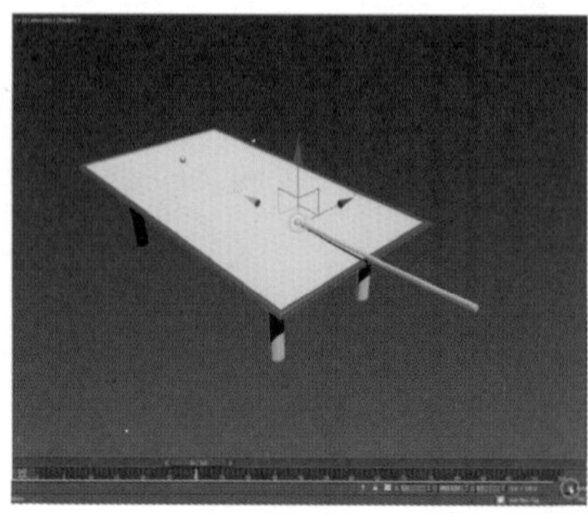

图 1-79　设置台球 1 的起始位置

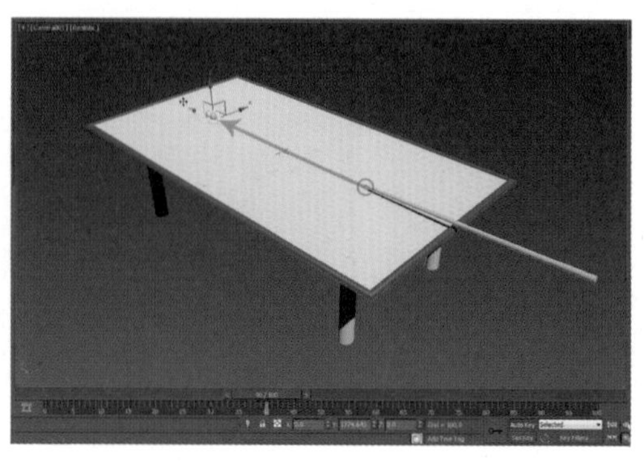

图 1-80　设置台球 1 的运动路径

（7）在 40 帧时，同步骤（7），设置台球 2 的起始位置和位移加旋转动画，如图 1-81、图 1-82 所示。

（8）在 75 帧时，设置台球 2 的动画旋转位置，如图 1-83 所示；在 100 帧时，台球的位置如图 1-84 所示。

（9）单击时间控制区的Auto Key按钮，关闭动画记录。

（10）激活摄像机视图，单击时间控制区中的▶按钮，预览动画。

（11）在操作视口的左上角选择创建预览动画，如图 1-85 所示，输出设置如图 1-86 所示。

（12）在计算机桌面寻找输出的文件，查看效果，如图 1-87 所示。

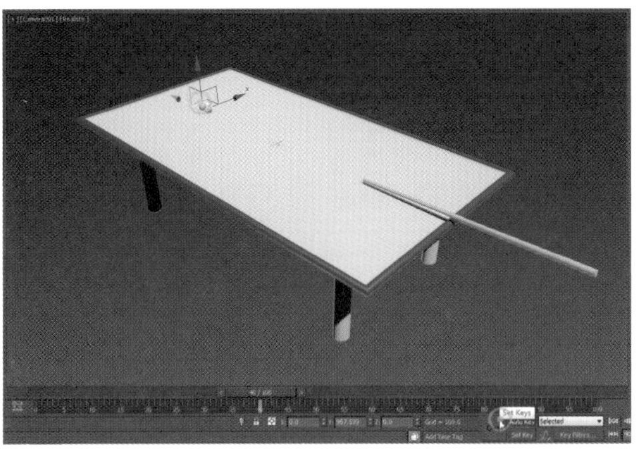

图 1-81　设置台球 2 的起始位置

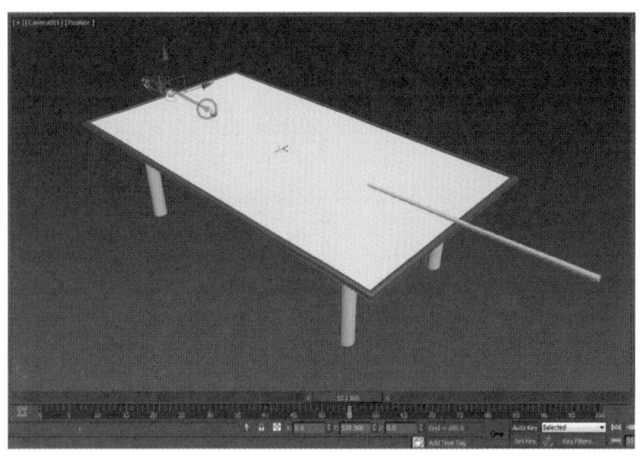

图 1-82　设置台球 2 的运动路径

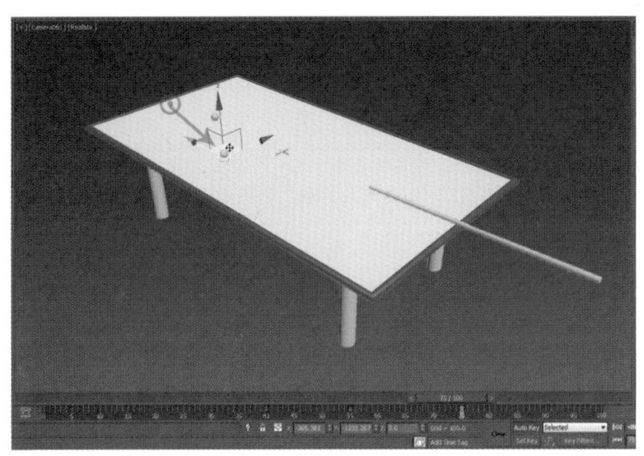

图 1-83　75 帧时的台球位置

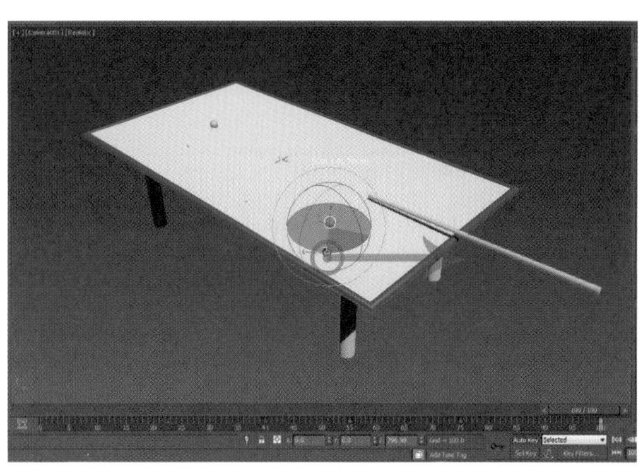

图 1-84　100 帧时的台球旋转动画制作

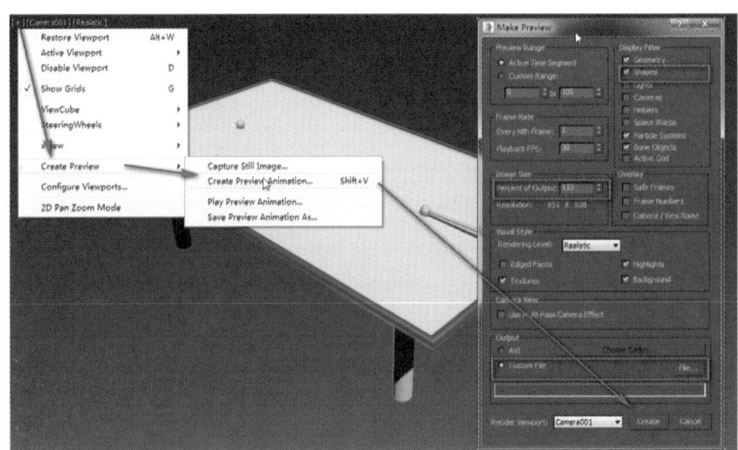

图 1-85　创建预览动画

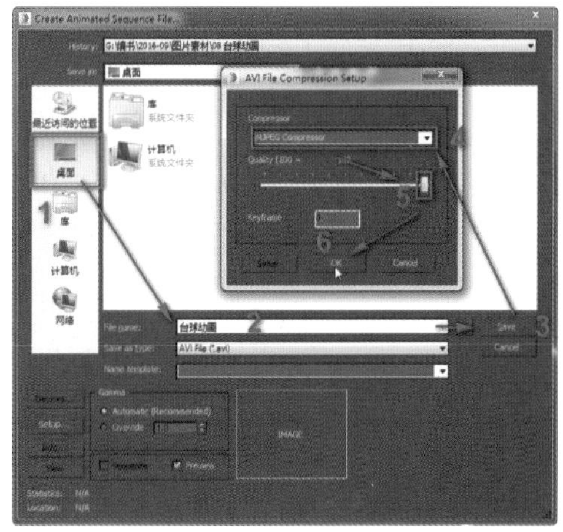

图 1-86　输出路径与质量

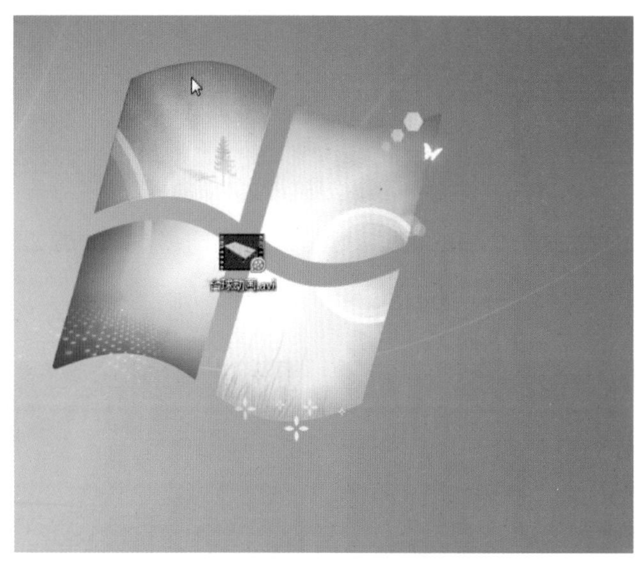

图 1-87　输出的文件

【本章小结】

本章对 3ds Max 软件进行了概括介绍，其中主要学习了 3ds Max 的操作流程、如何启动与退出 3ds Max 系统、3ds Max 的界面、3ds Max 的基本操作按钮及 3ds Max 多种克隆方式等，以及台球动画的制作。这些都是使用 3ds Max 软件时必须熟练掌握的基础知识。

【拓展练习】

一、选择题

（1）3ds Max 透视图默认的坐标系是（　　）。

A. 世界坐标系　　B. 视图坐标系

C. 屏幕坐标系　　D. 网格坐标系

（2）左视图的英文名称是什么？（　　）

A.Top　　B.Left

C.Front　　D.Perspective

（3）在工作窗口中（　　）工具可帮助我们从各个角度观察选中的对象。

A. 环绕子对象　　B. 缩放

C. 平移视图　　D. 最大化显示选定对象

二、填空题

（1）3ds Max 默认工作界面由________、________、________、________、________、________、________和________等部分组成。

（2）在 3ds Max 中克隆方式有________、________、________、________、________、________。其中在工具栏中的按钮的名称为________。

第2章 基础建模

- 2.1 创建标准基本体
- 2.2 标准几何体综合实例
- 2.3 创建扩展基本体
- 2.4 AEC 物体建模

【学习要求】

（1）熟练掌握创建标准基本体和扩展基本体的方法。

（2）了解创建其他几项物体的方法。

（3）掌握修改基本物体的创建参数、名称、颜色的方法。

（4）熟练掌握几何物体创建场景的方法。

物体可以在创建命令面板里创建，也可以在菜单栏的 Create（创建）菜单里创建，这就是创建对象物体的两种方法，如图 2-1 所示。因为在创建命令面板里比在菜单栏里创建物体更方便，所以本章只对创建命令面板进行讲解，菜单栏中的命令也是相同作用，这里不再讲述。

三维几何体是指 3ds Max 为用户提供的一些三维参数化的几何体。单击创建命令面板中的■按钮，可以进入创建命令面板，如图 2-2 所示。

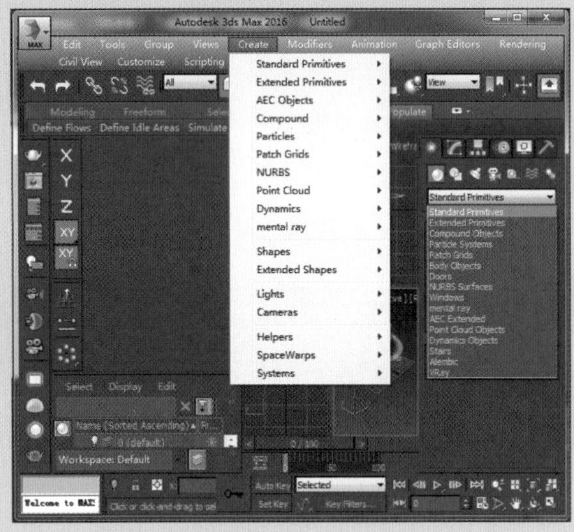

图 2-1　创建命令面板和创建菜单

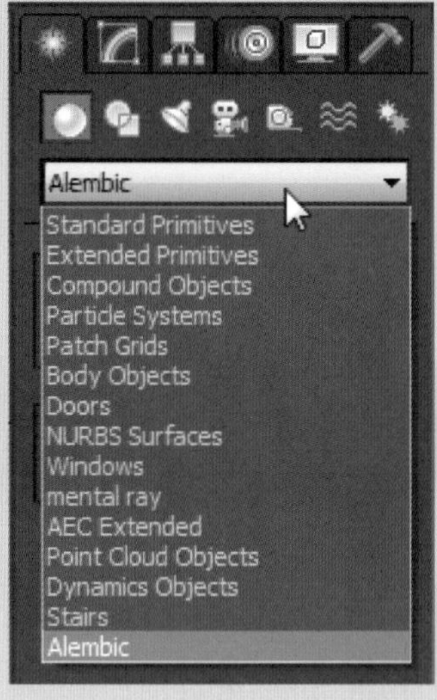

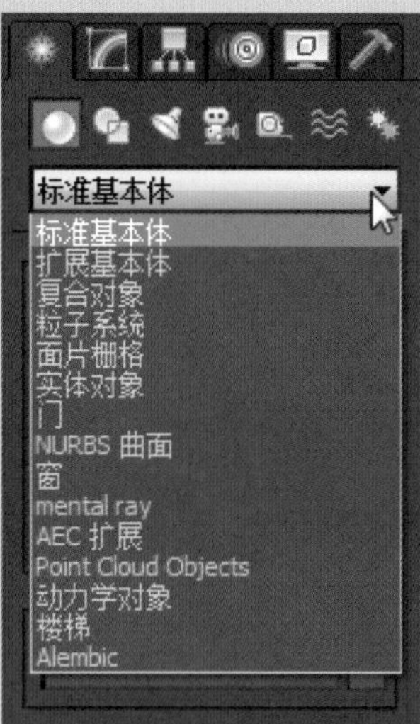

图 2-2　创建命令面板中英文对照

创建命令面板包括如下几类。

• Standard Primitives（标准基本体）：可创建相对简单的几何体，如立方体、球体、柱体等。

• Extended Primitives（扩展基本体）：创建相对复杂的几何体，如倒角柱体、纺锤体等。

• Compound Objects（复合对象）：通过合成方式创建物体，如布尔运算、变形等。

• Particle Systems（粒子系统）：产生微粒属性的物体，如雨、雪、喷泉等。

• Path Grids（面片栅格）：以面片的方式创建网格模型，是一种独特的局部造型方法。

• Doors（门）：用于创建门，包括 Pivot Door（枢轴门）、Sliding Door（推拉门）、BiFold Door（折叠门）。

• NURBS Surfaces（NURBS 曲面）：用于创建极其复杂、光滑的曲面，是一种全新的造型方法。

• Windows（窗）：用于创建窗户，包括 Awning Window（遮篷式窗）、Casement Window（平开窗）、Fixed Window（固定窗）等 6 种形式的窗户。

• AEC Extended（AEC 扩展）：AEC 物体专门为用户提供了面向建筑工程设计行业的建模工具。

• Dynamics Objects（动力学对象）：用于创建具有动力学属性的对象。先将两个对象连接起来，再为这些对象设置动画，当播放动画时，用于连接的动力学对象可以根据所连接的运动对象自动调节自身的运动，以保持与运动对象之间的一致性。

• Stairs（楼梯）：用于专门创建楼梯，楼梯包括 L-Type Stair（L 形梯）、Spiral Stair（螺旋梯）、Straight Stair（直梯）和 U-Type Stair（U 形梯）。

• Alembic（英文直译为“蒸馏机”）：本质上是一个 CG 交换格式，专注于有效地储存，共享动画与特效场景，跨越不同的应用程序或软件，包含商业贩售的软件或公司内部开发的软件，客制化的工具组。

2.1 创建标准基本体

在 3ds Max 中创建标准基本体的方法有两种：一种是利用创建命令面板快速创建物体，如图 2-3 所示；另一种是单击菜单栏中的“Create（创建）\Standard Primitives（标准基本体）\Box（长方体）进行创建。

图 2-3　标准基本体中英文对照

2.1.1 Box（长方体）

长方体是我们生活中较为常见，也是较简单的几何体。一个长方体由 Length\Width\Height（长\宽\高）3 个参数来确定。同样，它的网格结构由对应的长度分段数、宽度分段数和高度分段数 3 个参数来决定。创建长方体的基本步骤如下。

（1）单击命令面板的 \ [Perspective] \ 按钮。

（2）在 - Parameters 视图中单击并拖动鼠标，拉出矩形底面。

（3）释放并拖动鼠标，确定高度。

（4）单击鼠标，完成长方体的创建，长方体效果与参数如图 2-4 所示。

创建长方体的参数列表里，也有直接创建正方体的设置选项，单击按钮，在 Creation Method 卷展栏下，勾选（Cube 立方体）选项，立方体效果与参数如图 2-5 所示。在 Name and Color（对象名称与颜色）卷展栏中可以改变对象的名称，单击名称后的色块可以改变对象的颜色。

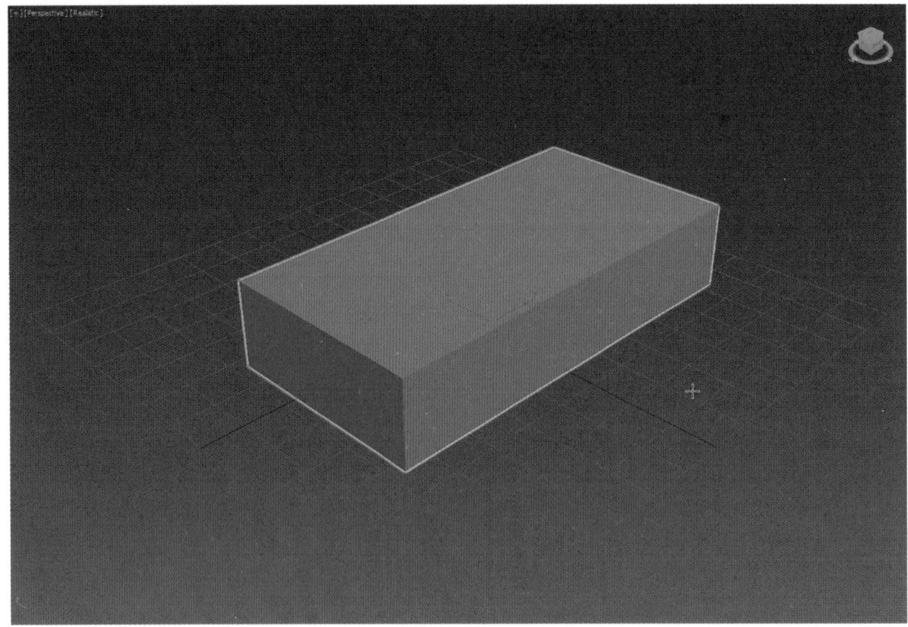
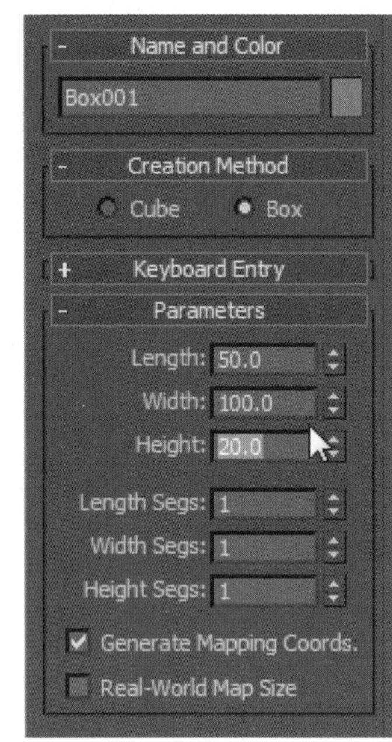

图 2-4　长方体效果与参数

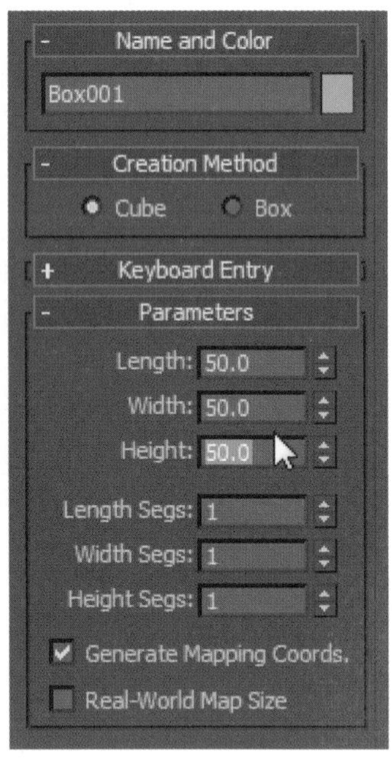

图 2-5　立方体效果与参数

长方体参数设置面板中英文对照如图 2-6 所示，这里介绍几个重要参数。

• Length\Width\Height（长度 \ 宽度 \ 高度）：设置长方体的长度、宽度、高度。

• Length Segs\Width Segs\Height Segs（长度分段 \ 宽度分段 \ 高度分段）：设置立方体的长、宽、高的片段划分数，片段数越多，则表面越细腻，如图 2-7 所示。

• Generate Mapping Coords.（指定贴图坐标）：自动指定贴图坐标。

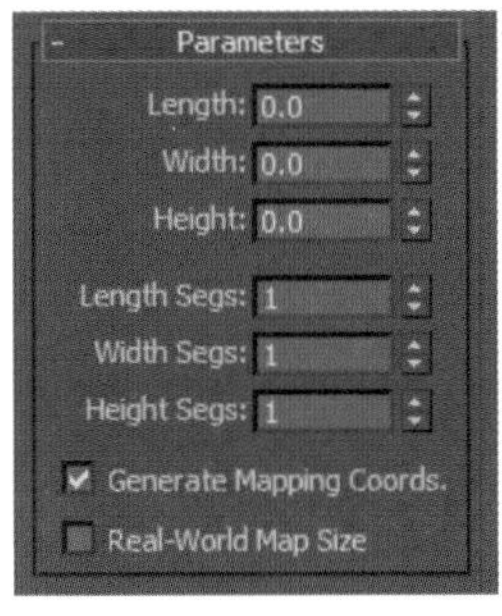

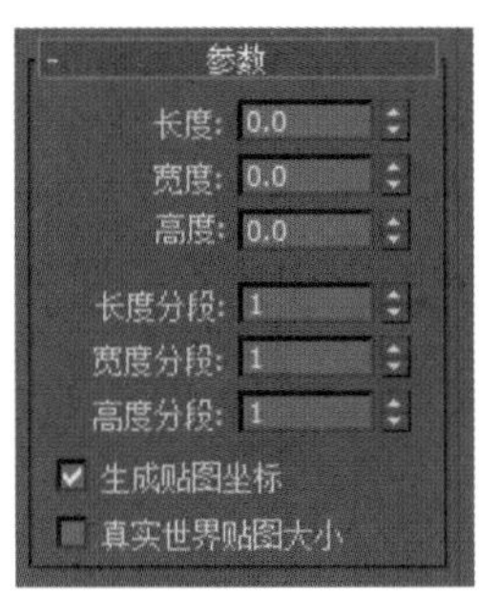

图 2-6　长方体参数设置面板中英文对照

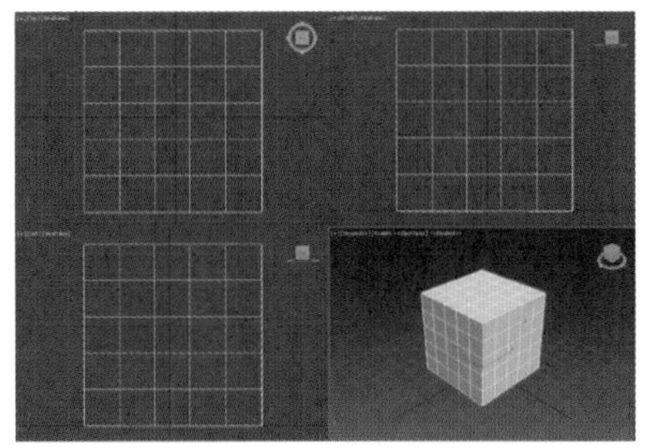
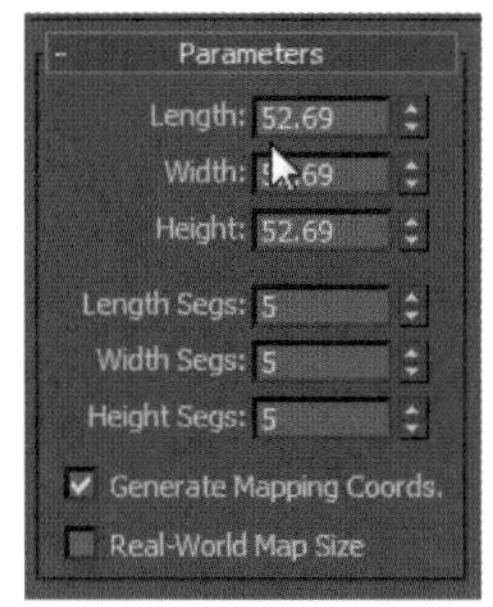

图 2-7　长方体设置分段后的效果与参数

2.1.2　Sphere（球体）

在 3ds Max 中提供了 Sphere（球体）和 GeoSphere（几何球体）两种球体模型。无论是哪种球体模型，只要确定半径和分段数这两个参数的值，就可以确定一个球体的大小及形状，如图 2-8 所示。这里以经纬球的制作为例来介绍创建步骤。

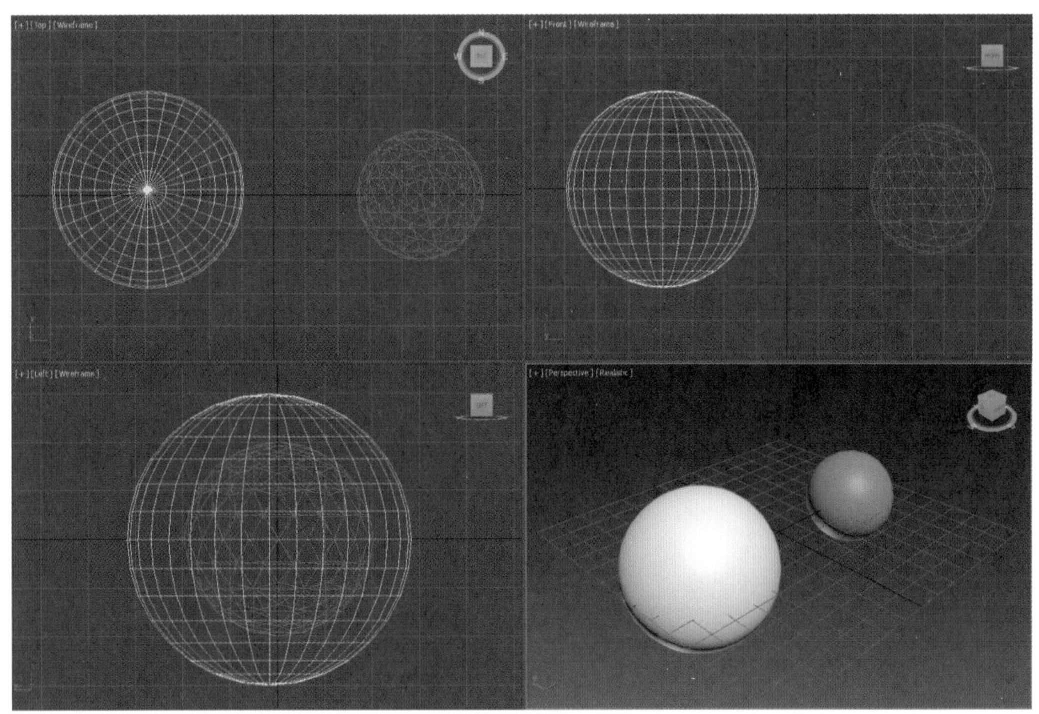

图 2-8　两种球体创建后的效果

创建球体的基本步骤如下。

（1）单击创建命令面板的 \ \ Sphere 按钮。

（2）在 Top 视图中单击鼠标，按住鼠标左键不放并向外拖动会产生逐渐增大的球体。

（3）到适当位置后松开鼠标左键，一个球体就绘制完成了，如图 2-9 所示。

Creation Method（创建方式）卷展栏中有两个单选项，如图 2-10 所示。Edge（边）单选项：勾选该选项时，画圆是以边为基点向外扩展。Center（中心）单选项：勾选该选项时，画圆是以圆心为基点向外扩展。

Sphere（球体）的 Parameters 参数卷展栏如图 2-11 所示。下面介绍球体参数设置中的各项参数。

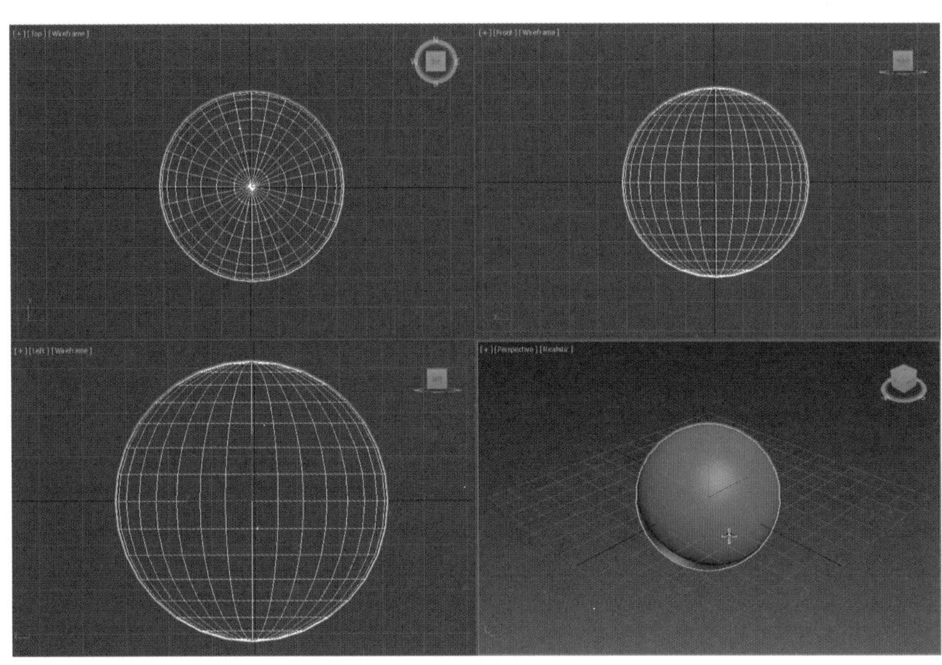
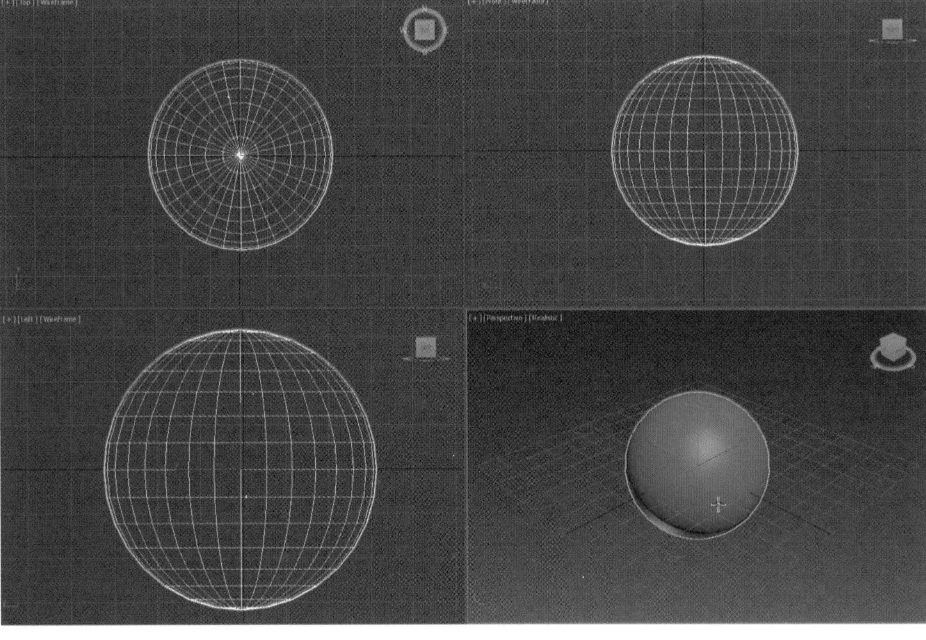

图 2-9　创建球体

图 2-10　创建方式

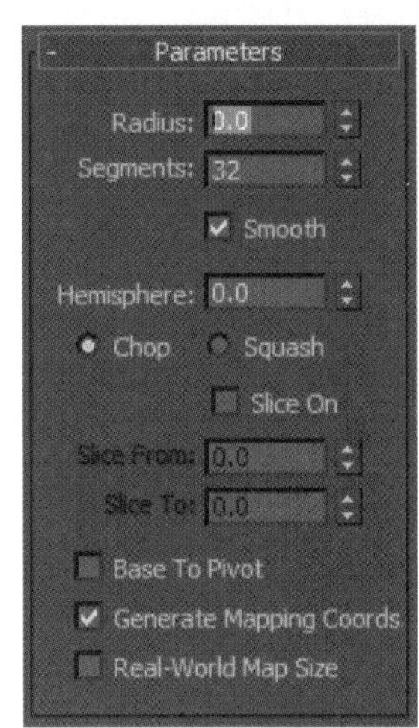

图 2-11　球体参数面板

• Radius（半径）：设置球体半径大小。

• Segments（分段）：设置球体表面划分段数，划分段数越多，球体表面越光滑。

• Hemisphere（半球）：用来设置球体的完整性，数值有效范围是 0~1。当数值为 0 时，不对球体产生任何影响，球体仍保持其完整性；随着数值的增大，球体越来越趋向于不完整。当数值为 0.5 时，球体成为标准的半球体；当数值为 1 时，几何体在视图中完全消失，如图 2-12 所示。

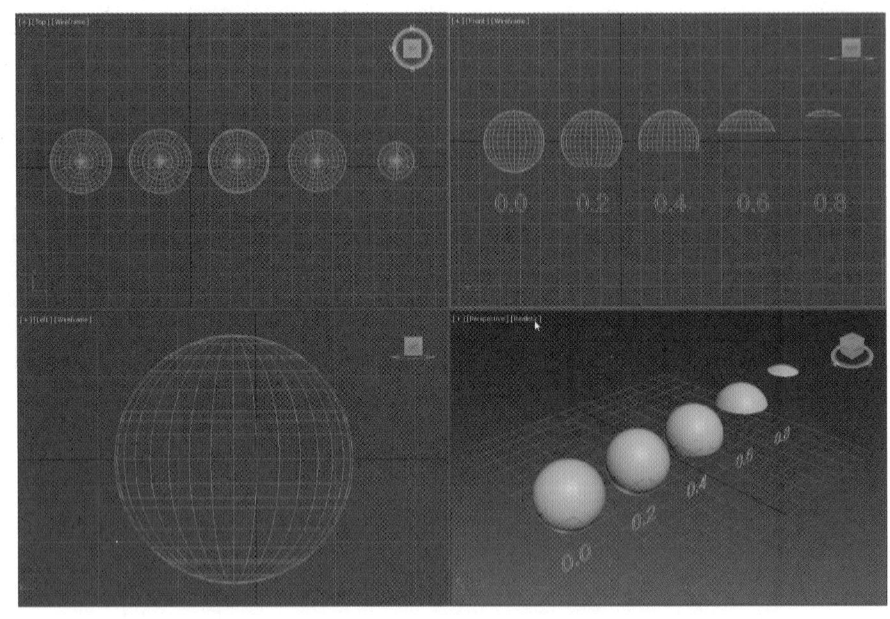

图 2-12　对 Hemisphere 修改后球体的效果变化

• Chop（切除）和 Squash（挤压）：决定了半球的生成方式。

• Slice On（启用切片）：勾选该复选框后，其下方的 Slice From（切片起始位置）和 Slice To（切片结束位置）参数框被激活，可以通过设置切片开始和切片结束的参数值得到任意弧度的球体。例如切片开始的值设置为 60，切片结束的值设置为 180，可以看到一个 3/4 球体，如图 2-13 所示。

• Base To Pivot（轴心到底部）：用来确定球体坐标系的中心是否在球体的生成中心。系统默认为不勾选该选项，即球体坐标系的中心就位于球体中心；当勾选该复选框后，系统就以创建球体的第一个初始点为球体坐标系的中心，如图 2-14 所示。

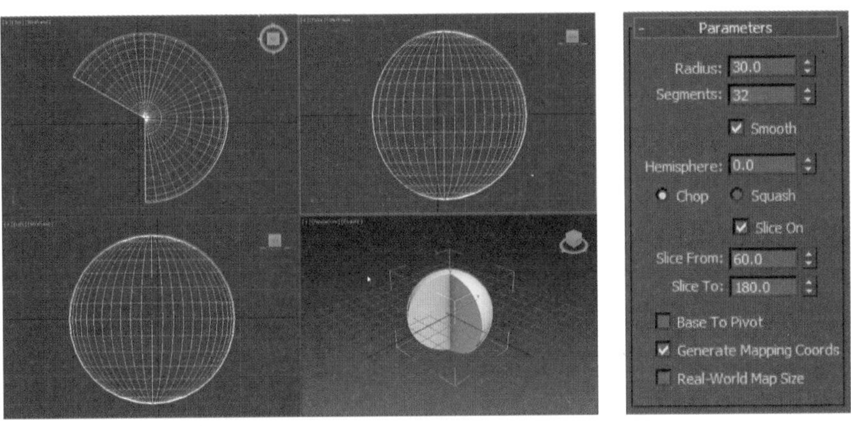

图 2-13　勾选 Slice On 复选框并设置参数后的效果

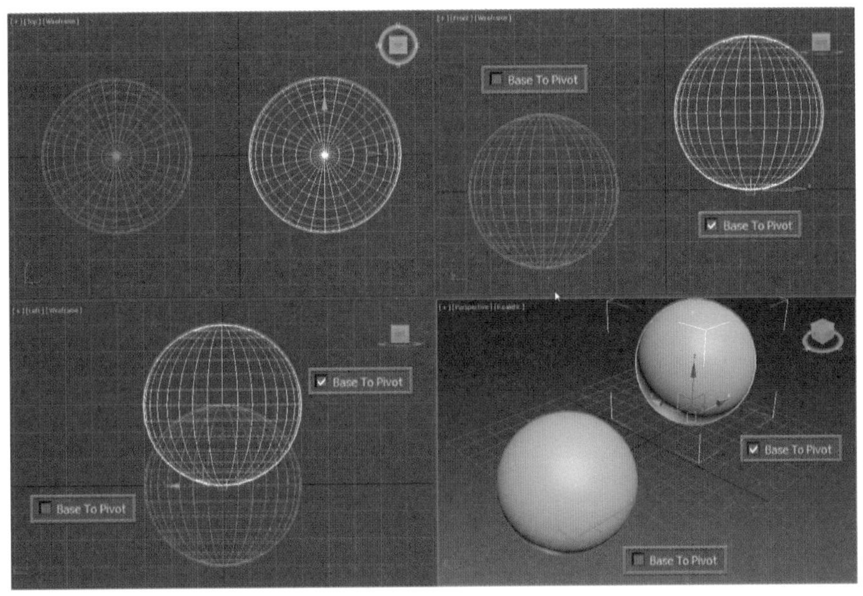

图 2-14 勾选 Base To Pivot 复选框后的效果

2.1.3　Cylinder（圆柱体）

Cylinder（圆柱体）是日常生活中常见的基本形体，其体积大小是由半径和高度两个参数确定的，网格的疏密是由高度分段数、顶面分段数和边数来决定的。创建圆柱体的基本步骤如下。

（1）单击命令面板的 \ \ Cylinder 按钮。

（2）在 Top 视图中单击鼠标，按住鼠标左键不放并向外拖出圆柱体的一个截面。

（3）拖到适当位置后松开鼠标左键，再向上或向下拖动确定圆柱体的高度。

（4）最后单击鼠标左键，完成圆柱体的创建，如图 2-15 所示。

: Creation Method（创建方法），与球体的参数相同。

圆柱体参数设置面板中英文对照如图 2-16 所示。该面板中可以进行如下参数设置。

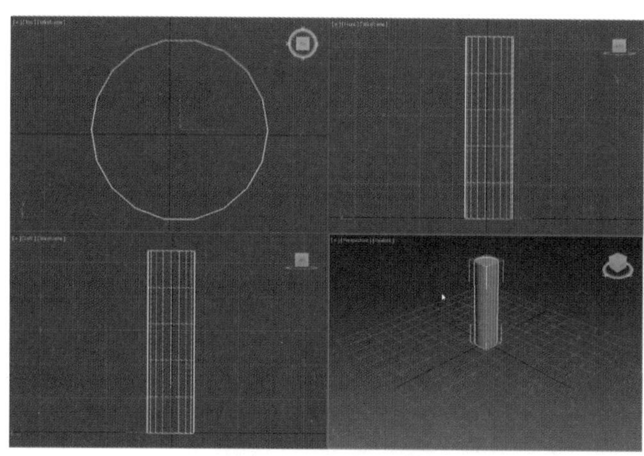

图 2-15　圆柱体效果

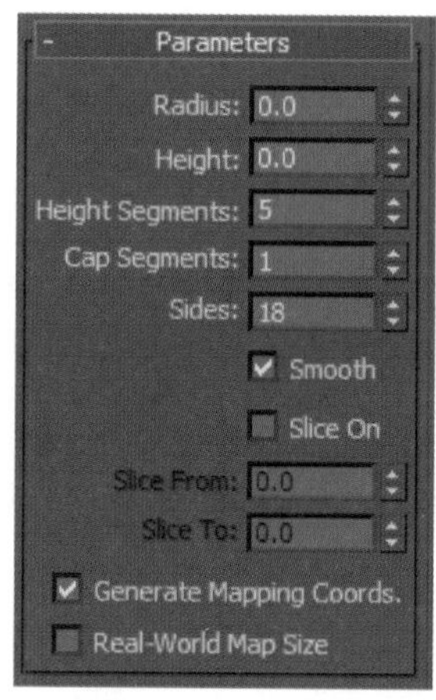

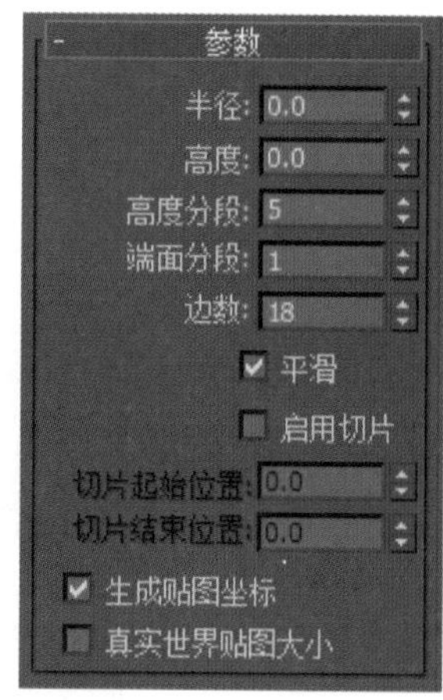

图 2-16　圆柱体参数设置面板中英文对照

• Radius（半径）：设置圆柱体顶面半径大小。

• Height（高度）：设置圆柱体的高度。

• Height Segments（高度段数）：设置圆柱体高度的划分段数，如图 2-17 所示。

• Cap Segments（端面段数）：设置圆柱体两端平面的划分段数，如图 2-18 所示。

• Sides（边数）：设置圆柱体边的划分段数，边数越多，表面越光滑，如图 2-19 所示。

• Smooth（平滑）：设置圆柱体是否进行光滑处理。系统默认勾选此框，若取消勾选此项，效果如图 2-20 所示。

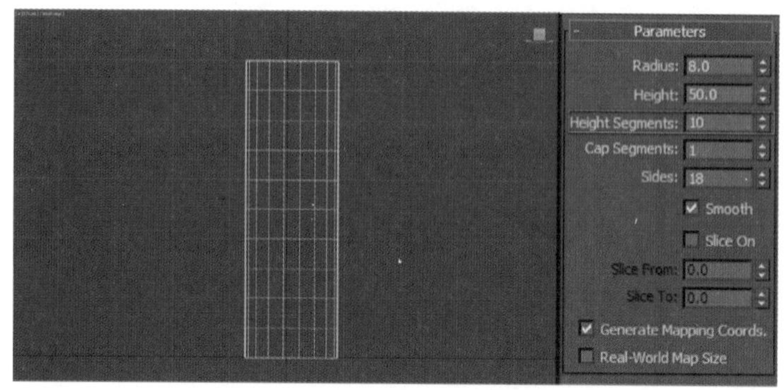

图 2-17　圆柱体高度划分段数后效果

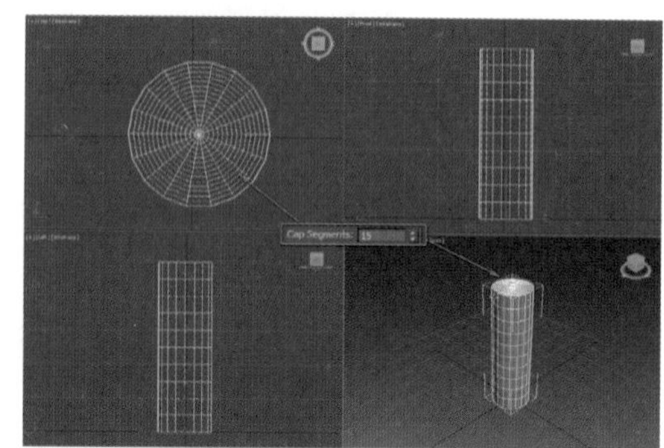

图 2-18　圆柱体两端平面划分段数后效果

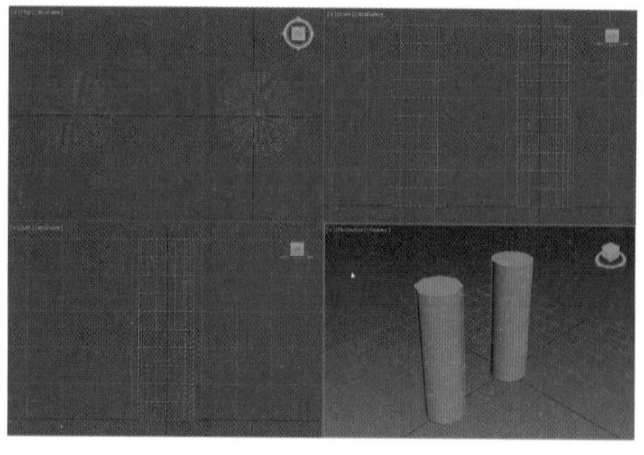

图 2-19　圆柱体边数划分段数后效果

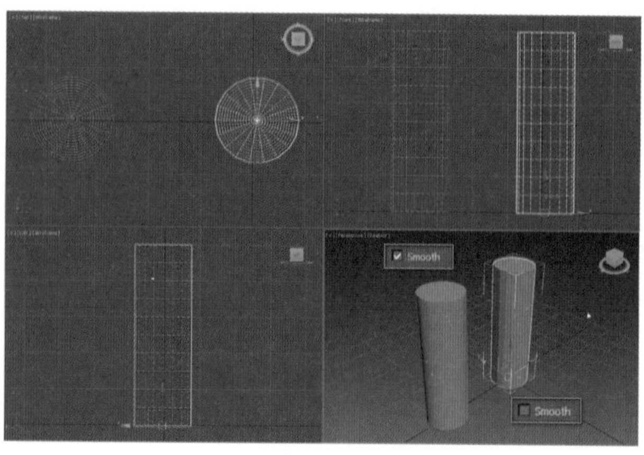

图 2-20　平滑选项勾选前后的对比

2.1.4 Torus（圆环）

可在圆环参数面板中调整圆环参数，使圆环产生各种效果。创建圆环的基本步骤如下。

（1）单击命令面板的 \ \ Torus 按钮。

（2）在 Top 视图中单击并按住鼠标左键拖动，拉出圆环半径 1。这时可以看到一个由小到大的圆环就出现在视图中，再松开鼠标左键。继续移动鼠标拉出半径 2。

（3）单击左键，完成圆环的创建，效果如图 2-21 所示。

其圆环创建方式（Creation Method）与球体相同，。

圆环参数面板中英文对照如图 2-22 所示。该参考面板中可设置如下参数。

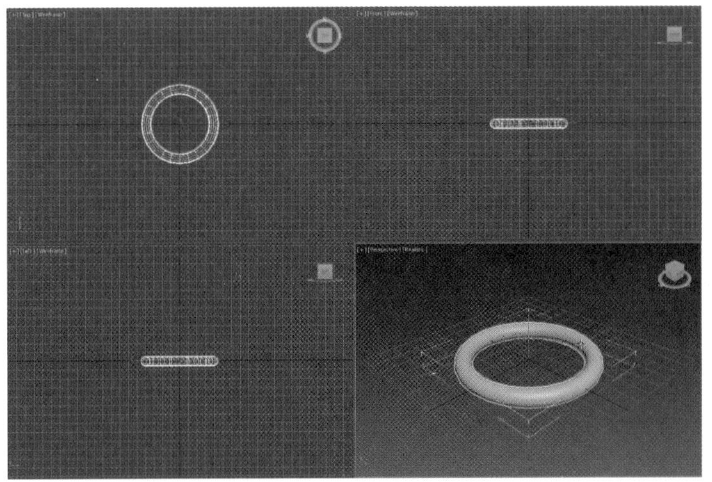

图 2-21 圆环

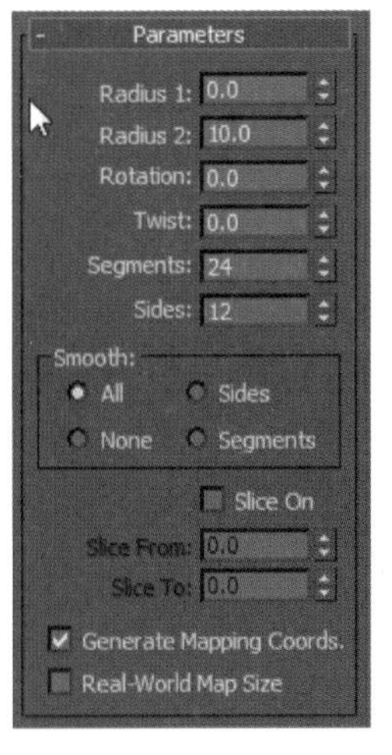

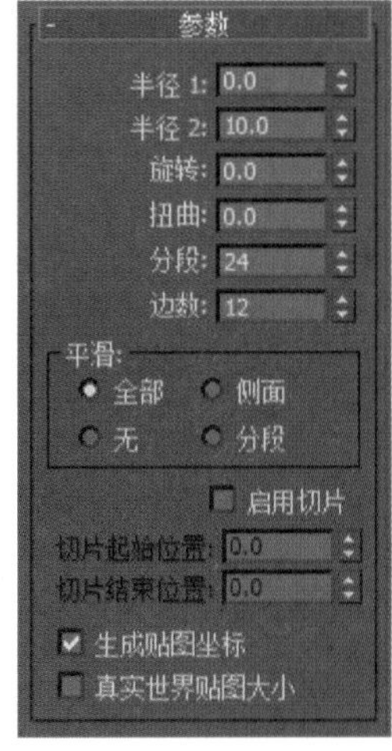

图 2-22 圆环参数面板中英文对照

- Radius 1（半径 1）：设置圆环中心与截面圆心的圆半径。
- Radius 2（半径 2）：设置圆环的圆形截面半径。
- Rotation（旋转）：设置圆环每片截面沿圆环中心的旋转角度。
- Twist（扭曲）：设置圆环每片截面沿圆环中心的扭曲角度。
- Segments\Sides（分段\边数）：设置圆环表面的划分段数。
- Smooth（平滑）：设置圆环是否进行光滑处理。选择 All 单选项，对所有表面进行光滑处理；选择 Sides 单选项，对相邻的边界进行光滑处理；选择 None 单选项，不进行任何光滑处理；选择 Segments 单选项，对每个独立的片段进行光滑处理。选择 None 单选项效果如图 2-23 所示。

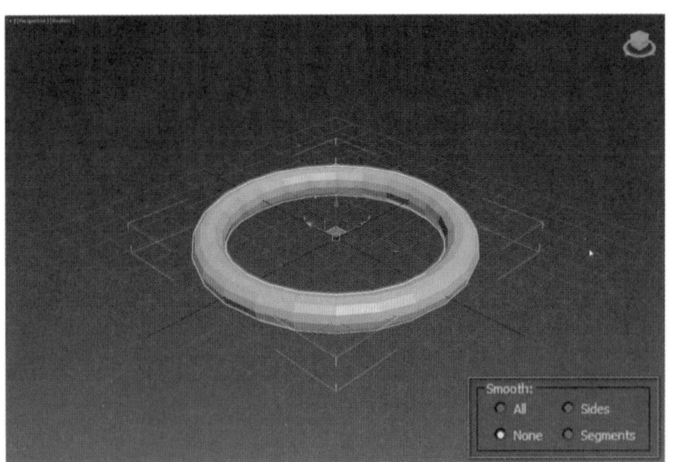

图 2-23 选择 None 单选项效果

2.1.5 Teapot（茶壶）

茶壶是一种结构较为复杂的物体，但是 3ds Max 却将茶壶作为标准几何体模型来处理，这样用户就可以很轻松地制作出漂亮、精致的茶壶。创建茶壶的基本步骤如下。

（1）单击命令面板的 \ \ Teapot 按钮。

（2）在 Top 视图中单击并按住鼠标左键拖动，拉出茶壶形体。这时可以看到一个由小到大的茶壶出现在视图中。

（3）释放鼠标，完成茶壶形体的创建，效果如图 2-24 所示。

茶壶参数设置面板与球体相同，其中英文对照图如图 2-25 所示。

- Radius（半径）：设置茶壶的大小。
- Segments（分段）：设置茶壶表面的划分段数。
- Teapot Parts（茶壶部件）：茶壶分为 Body（壶体）、Handle（壶把）、Spout（壶嘴）、Lid（壶盖）4 部分。系统默认 4 个复选框都为勾选状态，取消勾选则相应部件隐藏。

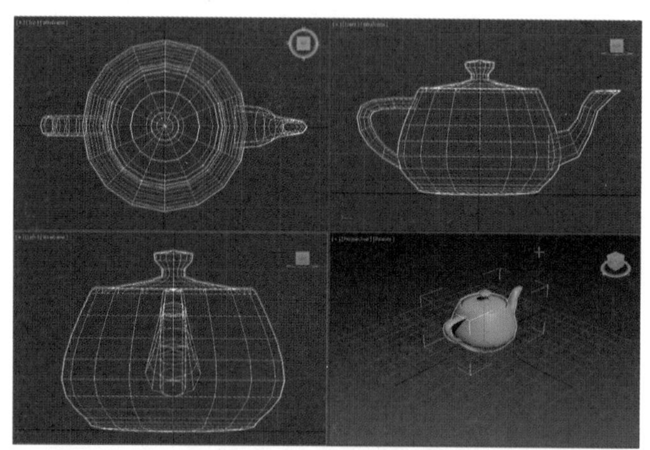

图 2-24　茶壶效果

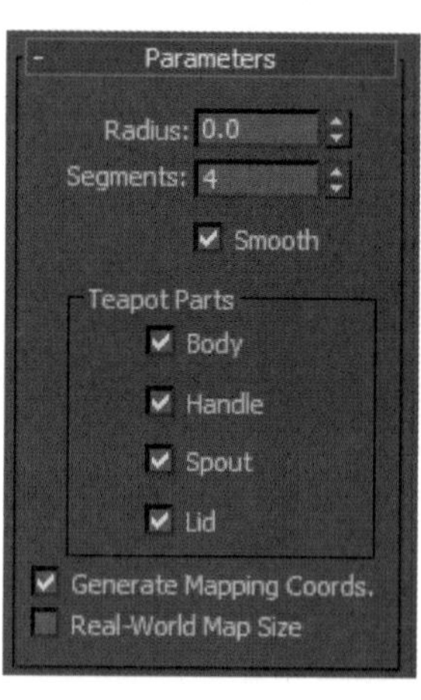

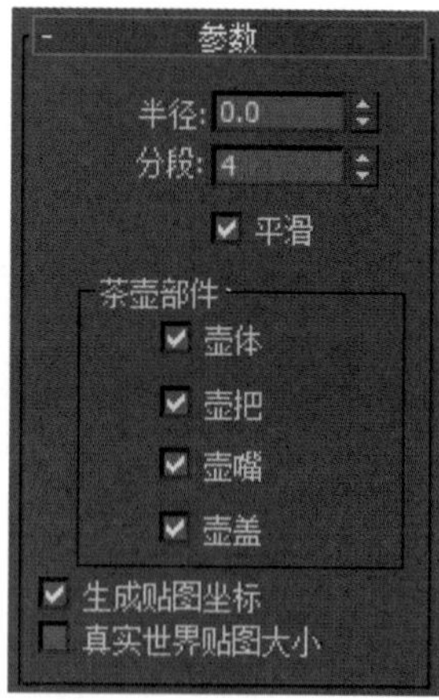

图 2-25　茶壶参数设置面板中英文对照

2.1.6 Cone（圆锥体）

Cone（圆锥体）是类似于圆柱体的形体，可以用于制作喇叭等物体。创建圆锥体的基本步骤如下。

（1）单击命令面板的 \ \ Cone 按钮。

（2）在 Top 视图中单击并按住鼠标左键拖动，拉出圆锥体的底面，松开鼠标左键，将物体拉到一定的高度后单击鼠标左键，再次移动鼠标调整顶面的大小。

（3）单击鼠标左键，完成圆锥体的创建，效果如图 2-26 所示。

圆锥体参数设置面板与球体相同，其中英文对照图如图 2-27 所示，其中有两个参数需要介绍。

- Radius 1（半径 1）：设置圆锥体的底面半径。
- Radius 2（半径 2）：设置圆锥体的顶面半径。

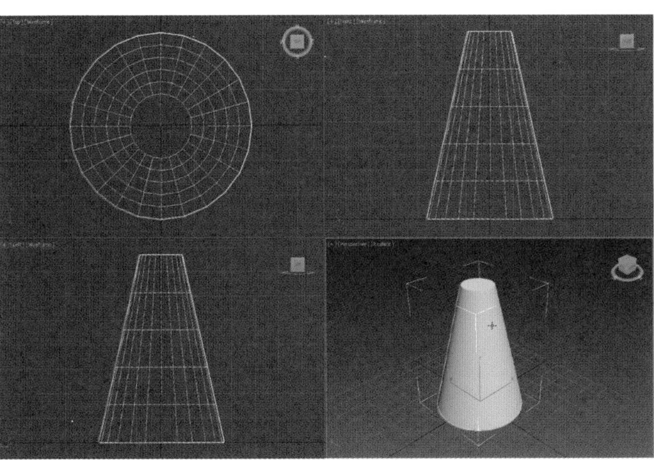

图 2-26　圆锥体效果

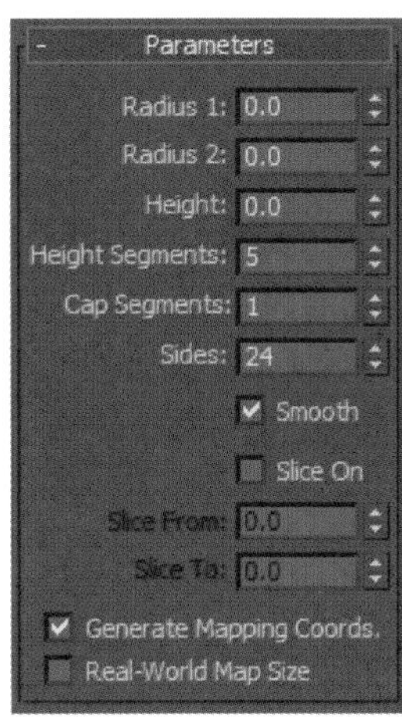

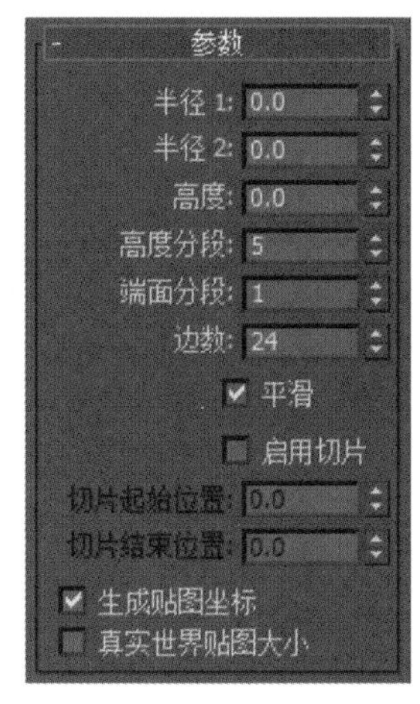

图 2-27　圆锥体参数设置面板中英文对照

2.1.7　GeoSphere（几何球体）

几何球体与球体近似，球体是以多边形相接成的球体，而几何球体是以三角面相接成的球体，创建几何球体的基本步骤如下。

（1）单击命令面板的 \ \ GeoSphere 按钮。

（2）在 Top 视图中单击并按住鼠标左键拖动，拉出几何球体模型。

（3）松开鼠标左键，完成几何球体的创建，效果如图 2-28 所示。

几何球体创建方式卷展栏中有两个单选按钮：Diameter（直径）单选项，勾选该选项时是以直径为基点向外扩展；Center（中心）单选项，勾选该选项时画圆是以圆心为基点向外扩展，如图 2-29 所示。

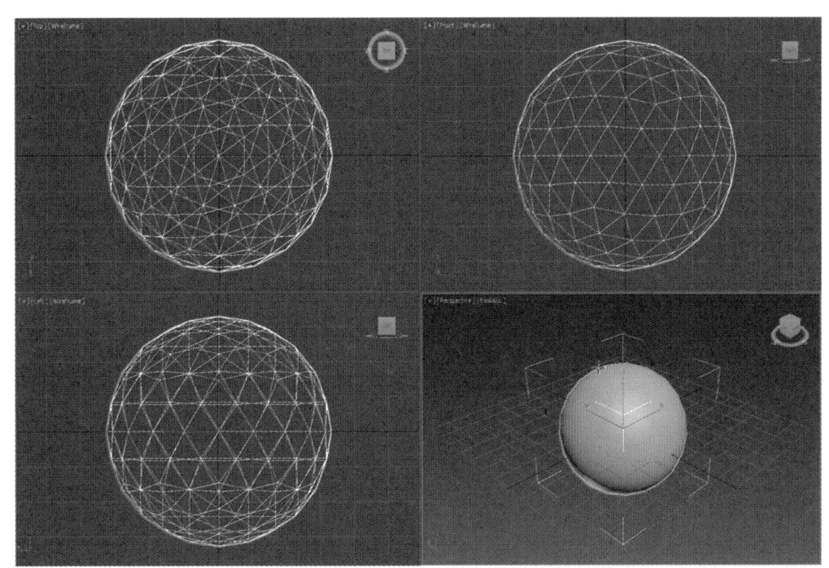

图 2-28　几何球体效果

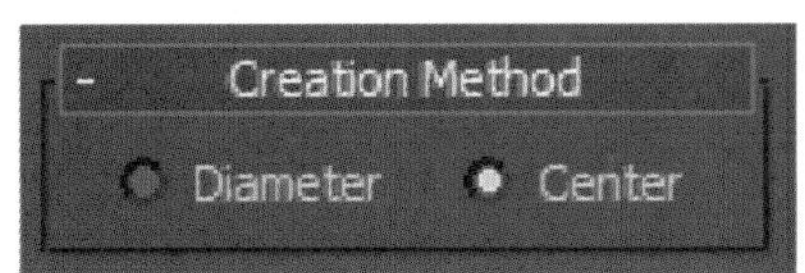

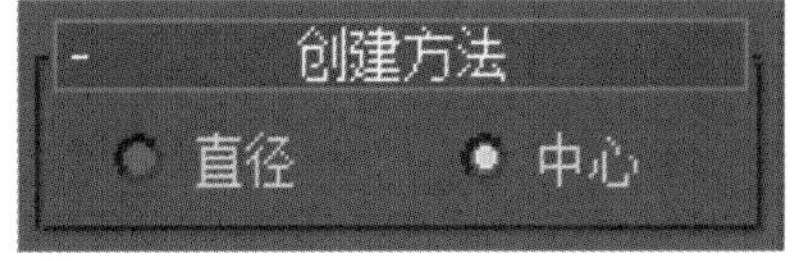

图 2-29　几何球体创建方式

几何球体参数设置面板中英文对照如图 2-30 所示。下面介绍 3 个参数。

• Radius（半径）：设置几何球体的半径。

• Geodesic Base Type（基点面类型）：设置以何种规则组成球体，分为 Tetra（四面体）、Octa（八面体）、Icosa（二十面体）三类。

• Hemisphere（半球）：设置几何球体为半球。

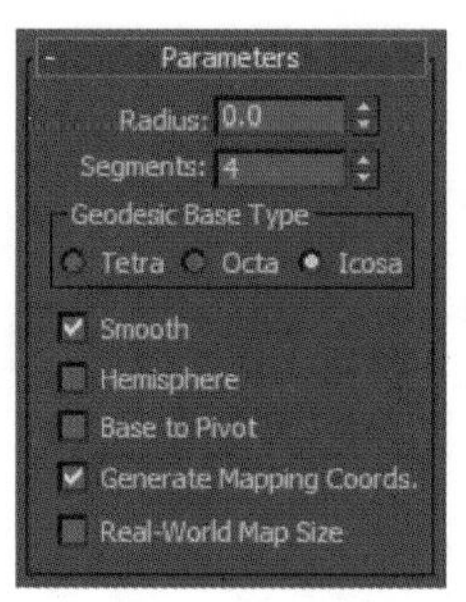

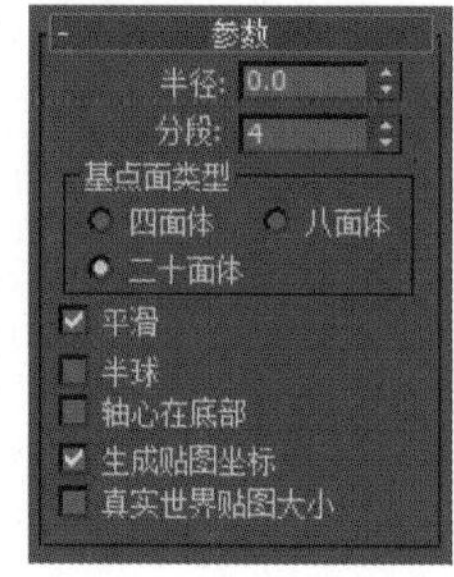

图 2-30　几何球体参数设置面板中英文对照

2.1.8　Tube（管状体）

管状体按钮创建的是一个管状的圆柱体，创建管状体的基本步骤如下。

（1）单击命令面板的 \ \ Tube 按钮。

（2）在 Top 视图中单击并按住鼠标左键拖动，拉出管状体内圆半径，松开鼠标左键，将物体拉到一定的高度后单击鼠标左键，再次移动鼠标拉出外圆的半径。

（3）单击鼠标左键，完成管状体的创建，效果如图 2-31 所示。

管状体参数设置面板与球体相同，其中英文对照图如图 2-32 所示。

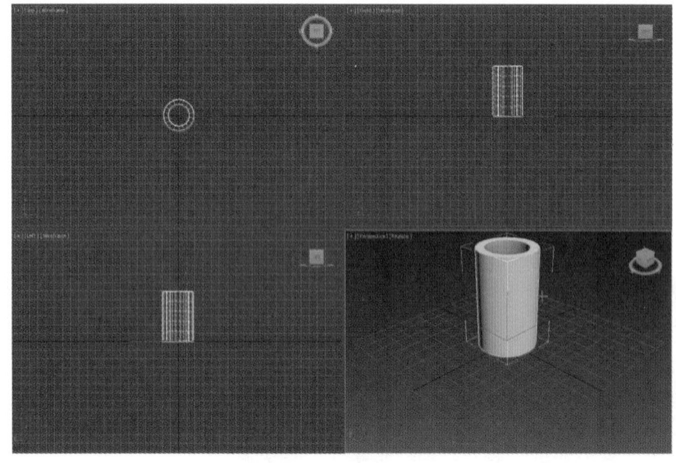

图 2-31　管状体效果

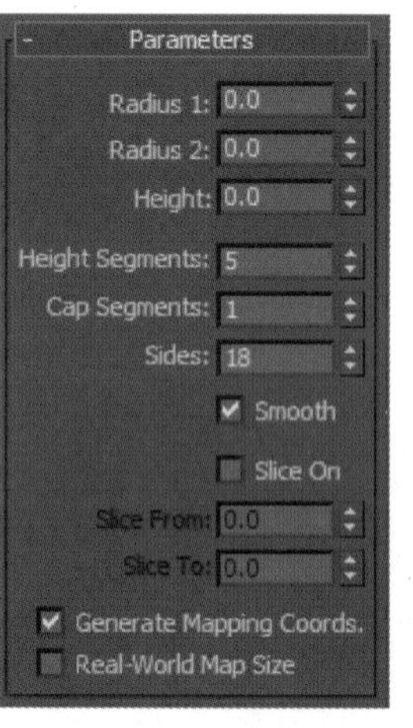

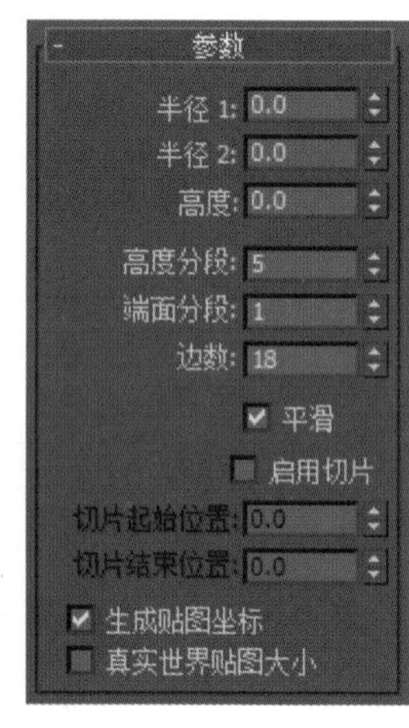

图 2-32　管状体参数设置面板中英文对照

2.1.9　Pyramid（四棱锥）

Pyramid（四棱锥）创建的是基本的四角棱锥，创建四棱锥的基本步骤如下。

（1）单击命令面板的 \ \ Pyramid 按钮。

（2）在 Top 视图中单击并按住鼠标左键拖动，拉出四棱锥的底面，松开鼠标左键，将物体拉到一定的高度。

（3）单击鼠标左键，完成四棱锥的创建，效果如图 2-33 所示。

四棱锥创建方式卷展栏中有两个单选按钮：Base\Apex（基点 \ 顶点）单选项，勾选该选项时是以顶点为基点向外扩展；Center（中心）单选项，勾选该选项时画圆是以圆心为基点向外扩展。四棱锥参数设置面板中英文对照如图 2-34 所示，可在其中设置以下参数。

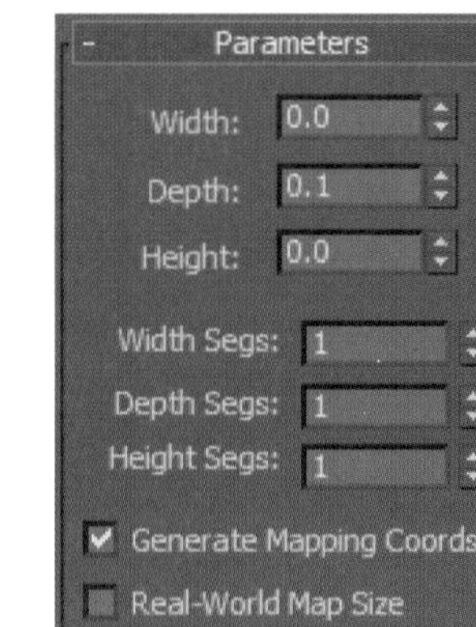

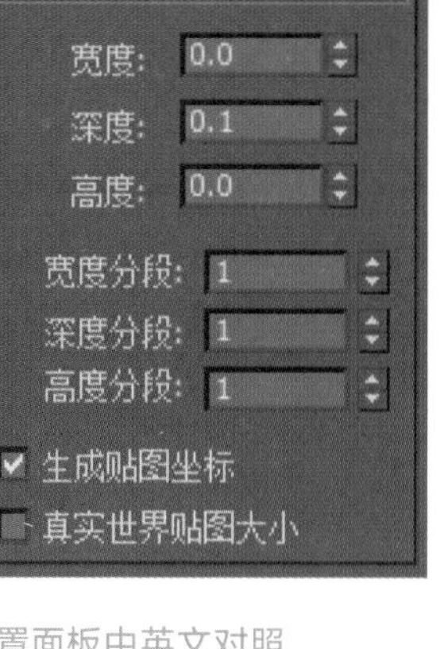

图 2-33　四棱锥效果

图 2-34　四棱锥参数设置面板中英文对照

- Width（宽度）：设置棱锥的宽度。
- Depth（深度）：设置棱锥的深度。
- Height（高度）：设置棱锥的高度。

2.1.10　Plane（平面）

Plane（平面）创建的是方形平面体，创建平面的基本步骤如下。

（1）单击命令面板的 \ \ Plane 按钮。

（2）在 Top 视图中单击并按住鼠标左键拖动，调整平面的大小。

（3）松开鼠标左键，完成平面的创建，效果如图 2-35 所示。

平面创建方式卷展栏中有两个单选按钮：Rectangle（长方形）单选项，勾选该选项时以顶点为基点画出长方形；Square（正方形）单选项，勾选该选项时以中心点为基点向外扩展画出正方形。平面参数设置面板中英文对照如图 2-36 所示，参数介绍如下。

- Render Multipliers（渲染倍增）：设置平面渲染的缩放比例及密度。它包括两个项：Scale（缩放）和 Density（密度）。

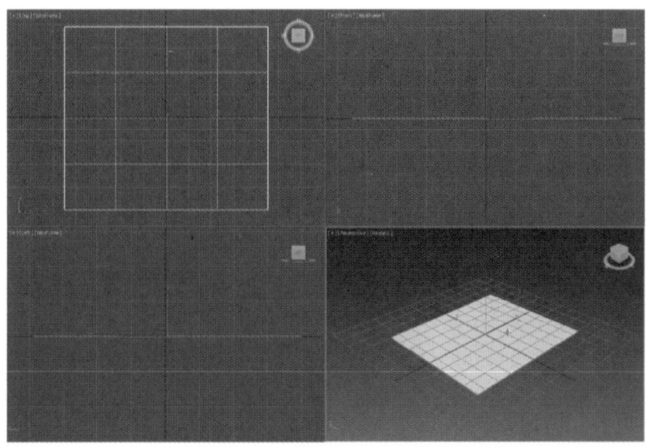

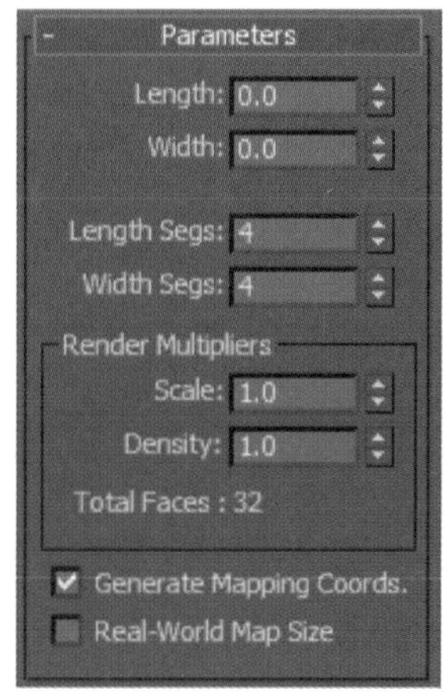

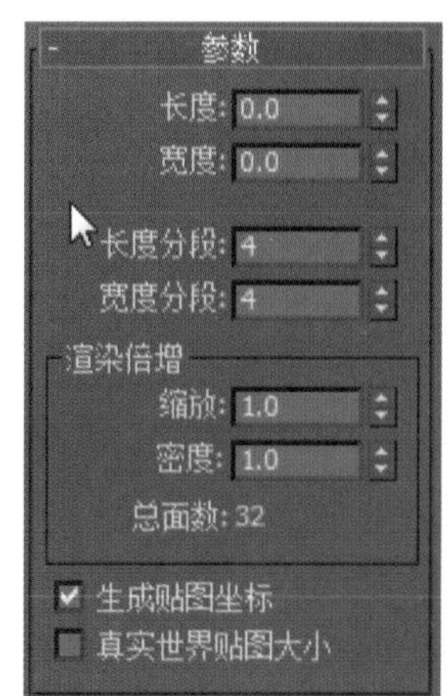

图 2-35　平面效果

图 2-36　平面参数设置面板中英文对照

2.2 标准几何体综合实例

标准几何体综合实例视频教学资源

学习三维标准几何体创建命令面板后，我们就以其中可创建的物体，来组合创建一个古亭，在组合过程中要注意物体参数设置和3ds Max 的一些基本操作，如选择移动、旋转、缩放等基本操作。

（1）启动 3ds Max，进入用户操作界面，并单击命令面板中的\\Box按钮。

（2）在 Top 视图中，创建一个平台，参数与效果如图 2-37 所示。

（3）在标准基本体创建命令面板中，单击Cylinder按钮，在 Top 视图中创建一个参数设置如图 2-38 所示的柱子。

（4）单击工具栏的按钮，按住键盘上的“Shift”键，选择圆柱体的柱子在 Top 视图中，沿 Y 轴向下移动快速关联克隆柱子，再选择两根圆柱体柱子，沿 X 轴向右拖动进行快速关联克隆，并调整柱子位置，效果如图 2-38 所示。

（5）在标准基本体创建命令面板中，单击Cylinder按钮，在 Top 视图中创建一个参数设置如图 2-39 所示的架子。

（6）在标准基本体创建命令面板中，单击Cylinder按钮，在 Top 视图中创建一个参数设置如图 2-40 所示的屋顶板。

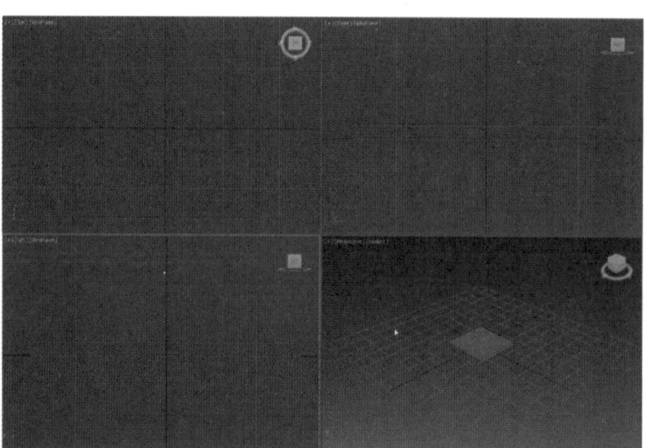

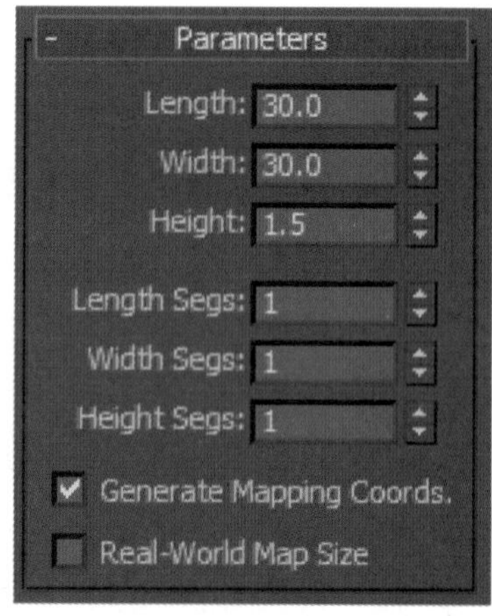

图 2-37 平台参数与效果

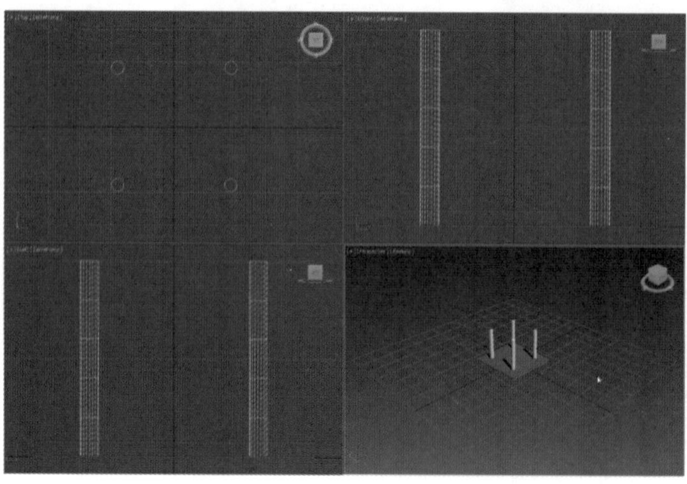

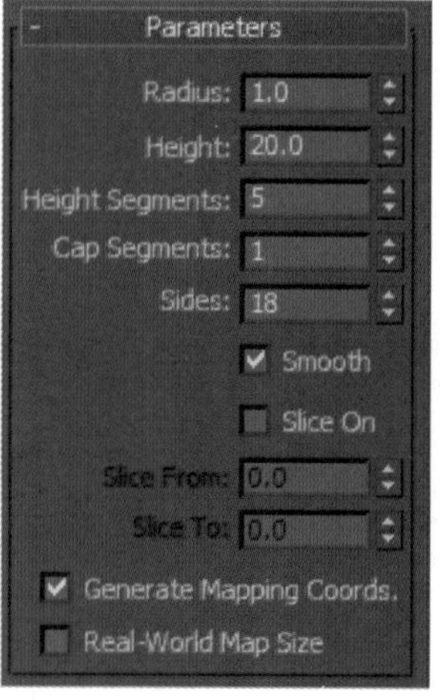

图 2-38 柱子参数与效果

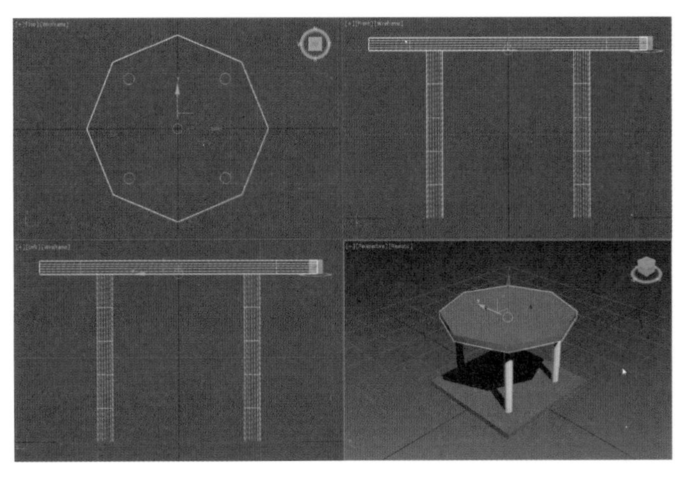
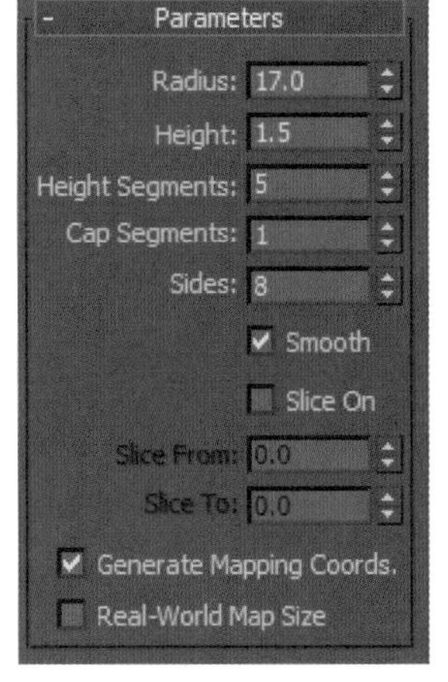

图 2-39　架子参数与效果

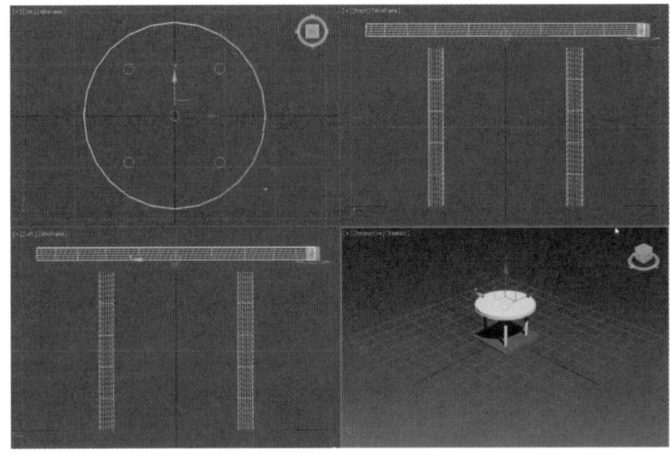
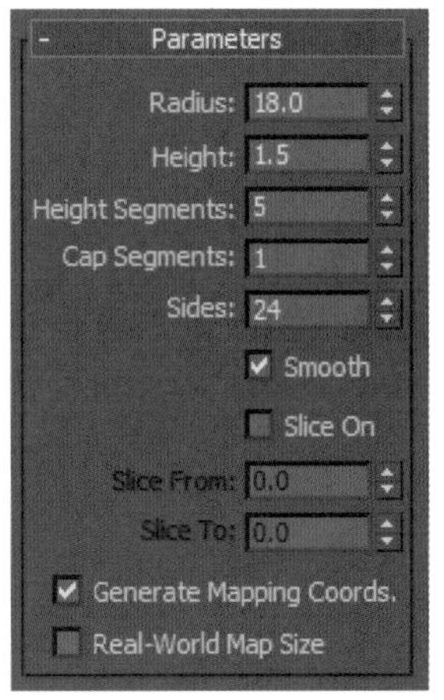

图 2-40　屋顶板参数与效果

（7）在标准基本体创建命令面板中，单击 Cone 按钮，在 Top 视图中创建一个参数设置如图 2-41 所示的瓦板。

（8）再单击 Cylinder 按钮，在 Top 视图中创建一个参数设置如图 2-42 所示的柱体装饰 1，单击工具栏的按钮，将对象移动到如图 2-42 所示位置。

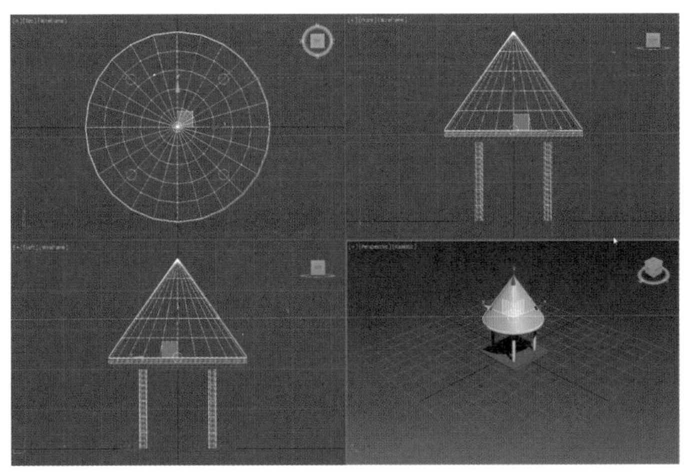
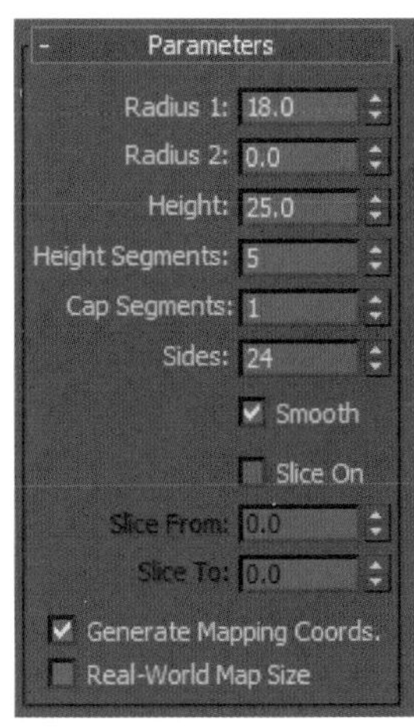

图 2-41　瓦板参数与效果

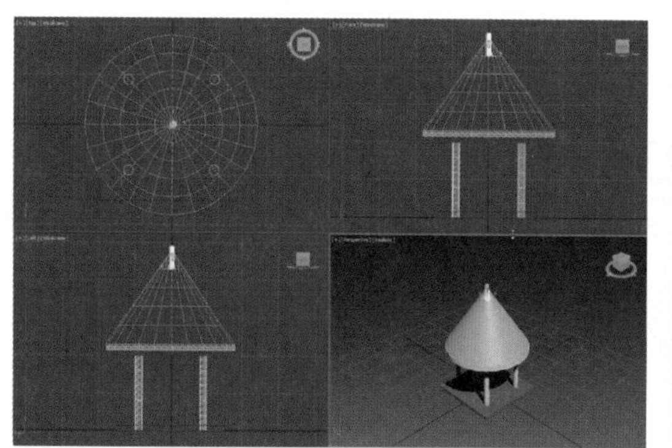

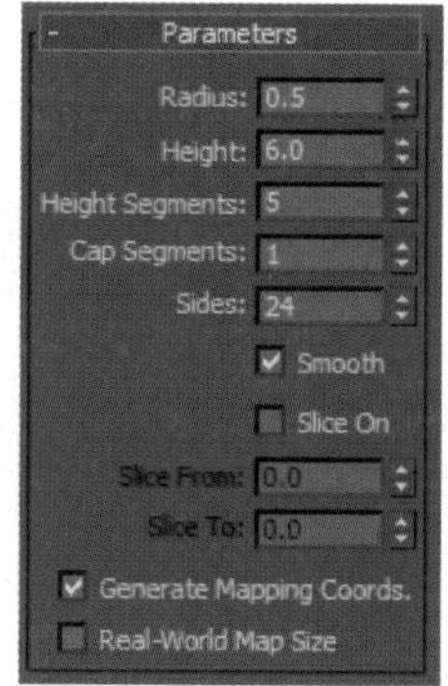

图 2-42　柱体装饰 1 参数与效果

（9）再单击按钮 Sphere ，在[Perspective]视图中创建一个如图 2-43 所示的球体装饰 2。单击工具，将球体装饰 2 移动到柱体装饰 1 的顶端，如图 2-43 所示。

（10）激活[Perspective]视图，单击按钮渲染古亭，模型效果如图 2-44 所示。

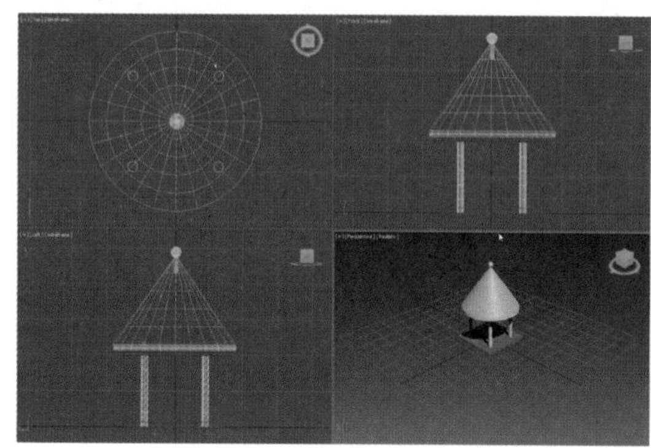

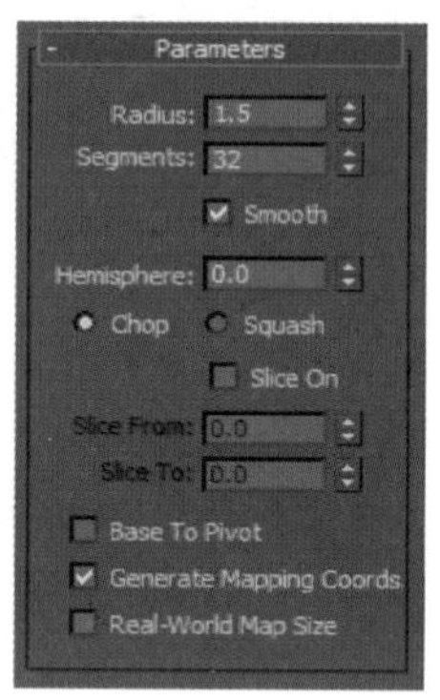

图 2-43　球体装饰 2 参数与效果

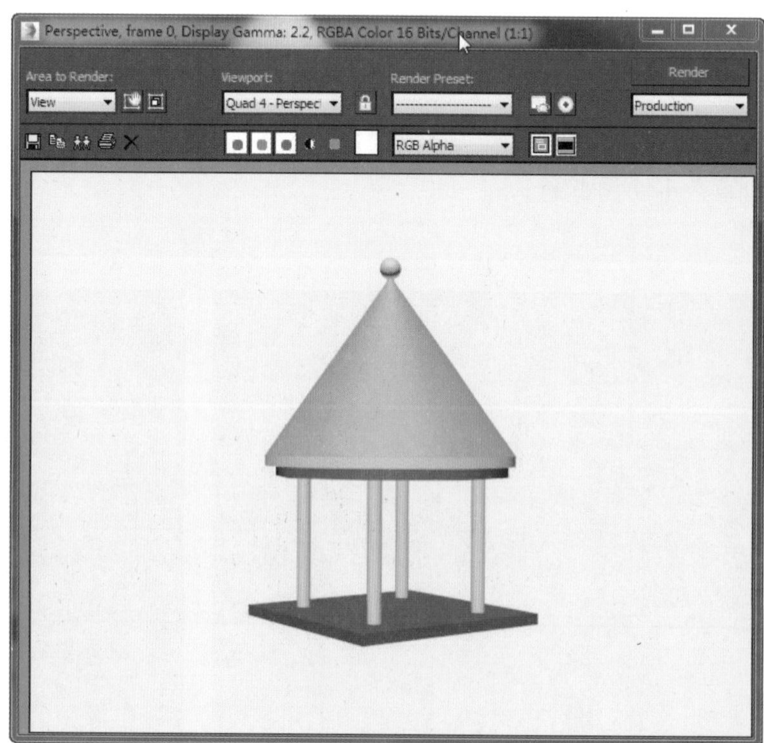

图 2-44　古亭渲染效果

2.3 创建扩展基本体

在创建复杂或不规则的几何形体时，常常会用到扩展基本体，我们可以利用创建命令面板来创建扩展基本体。在创建几何体命令面板的下拉列表框中选择扩展基本体选项，即可打开扩展基本体的创建命令面板，如图 2-45 所示。在该面板中可以看到 13 种不同的扩展几何体按钮，如图 2-46 所示。

图 2-45　扩展基本体的创建命令面板

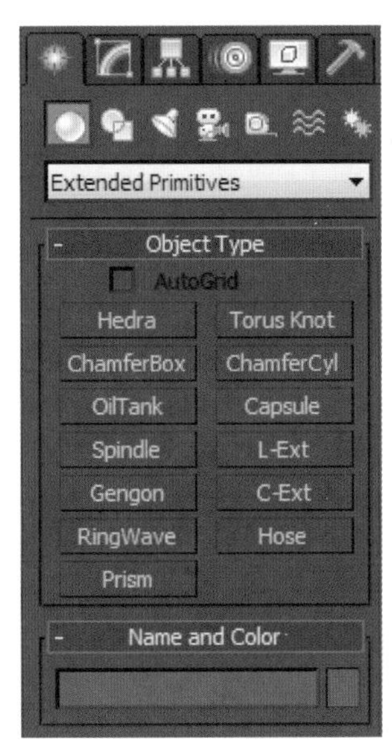

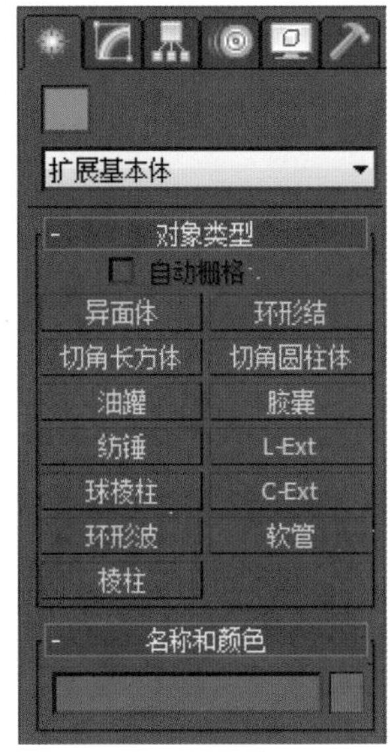

图 2-46　创建扩展基本体中英文对照

2.3.1 Hedra（异面体）

所谓异面体，顾名思义是有多个面且具有鲜明棱角形状特点的几何体。创建异面体的第一步是创建多面体。创建多面体的基本步骤如下。

（1）单击命令面板的 \ \ Standard Primitives 按钮，在弹出的下拉菜单中单击 Extended Primitives （扩展基本体）选项，如图 2-47 所示，打开创建扩展基本体命令面板。

（2）单击创建命令面板中的 Hedra 按钮，在 Top 视图中单击鼠标左键，拖动出一个正多面体。

（3）放开鼠标左键，一个多面体就创建好了，如图 2-48 所示。

异面体的参数较多，如图 2-49 所示为异面体参数设置面板中英文对照。下面介绍面板中重要参数的使用方法。

• Family（系列）选项组：该选项组中列出了异面体的五种形体类型，若选择 Star 1，视图中的多面体变成如图 2-50 所示。

• Family Parameters（系列参数）：此选项组主要用于顶点和面之间的形状转换，修改图 2-50 创建的异面体，其结果如图 2-51 所示。

• Axis Scaling（轴向比率）：此选项用于设置如何由三角形、四边形、五边形这几种基本平面组成异面体表面，如图 2-52 所示。

图 2-47　选择扩展基本体创建命令面板

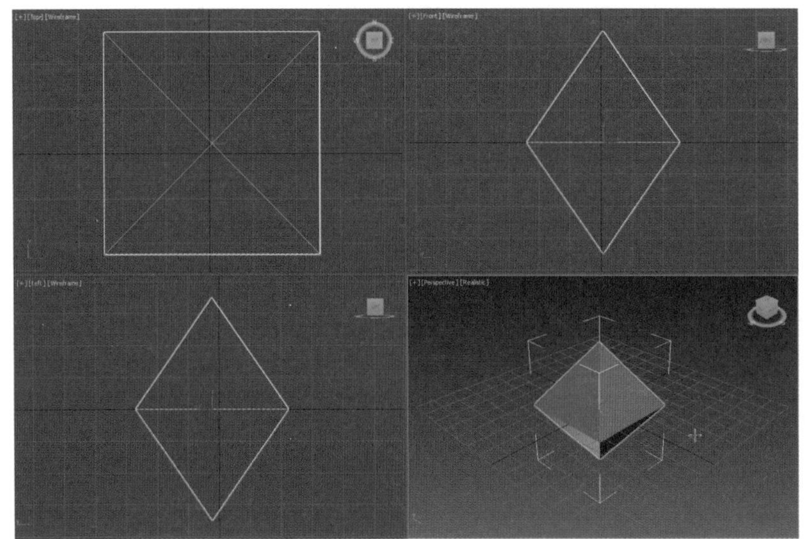

图 2-48　多面体默认效果

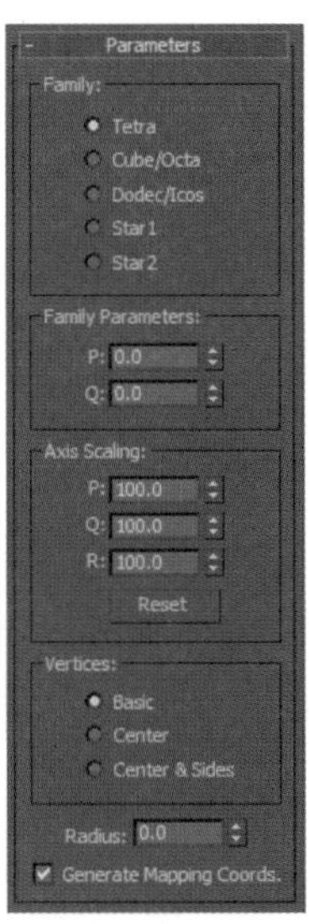

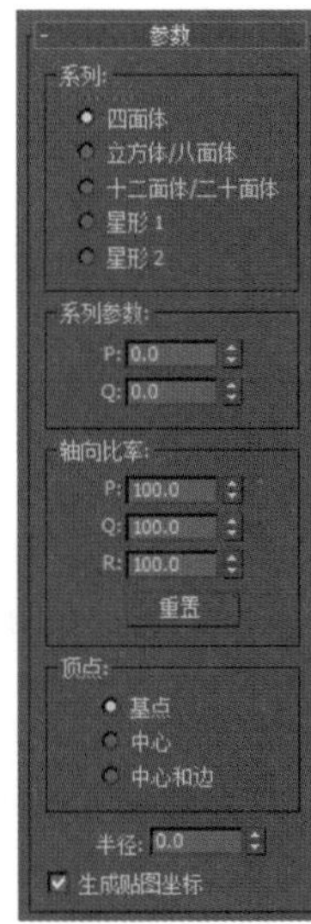

图 2-49　异面体参数设置面板中英文对照

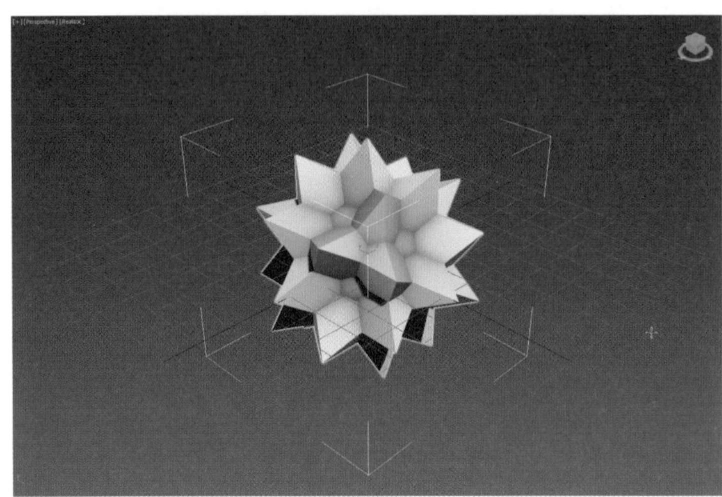

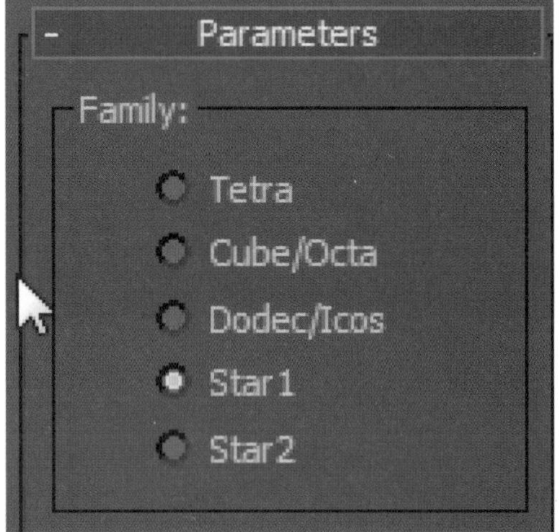

图 2-50　选择 Star 1 后效果

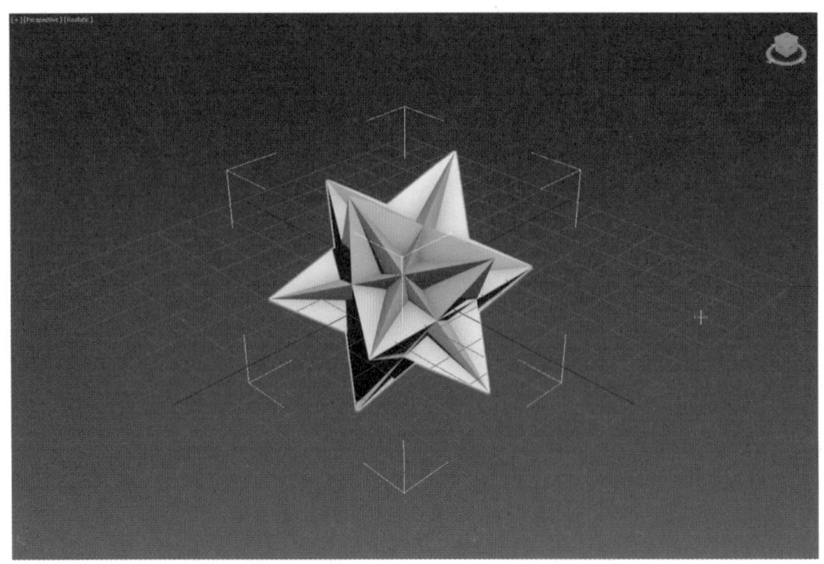

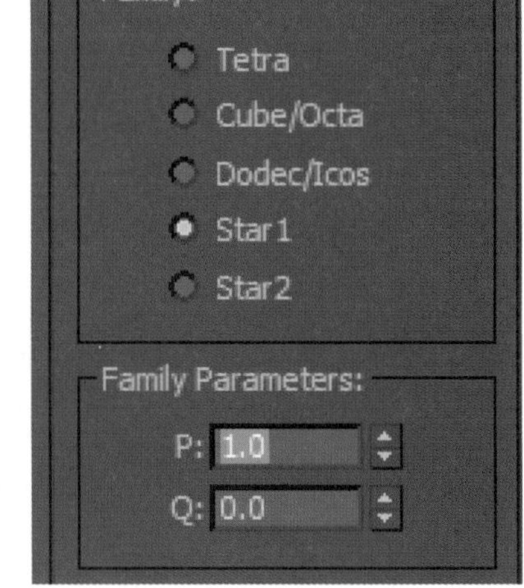

图 2-51　当 P 参数设置为 1.0 时效果

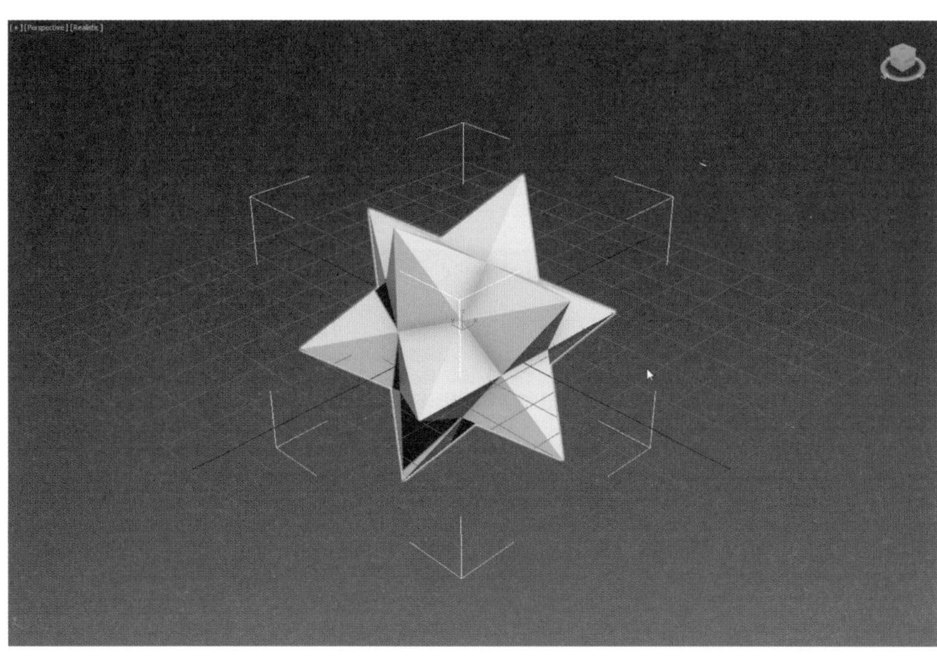

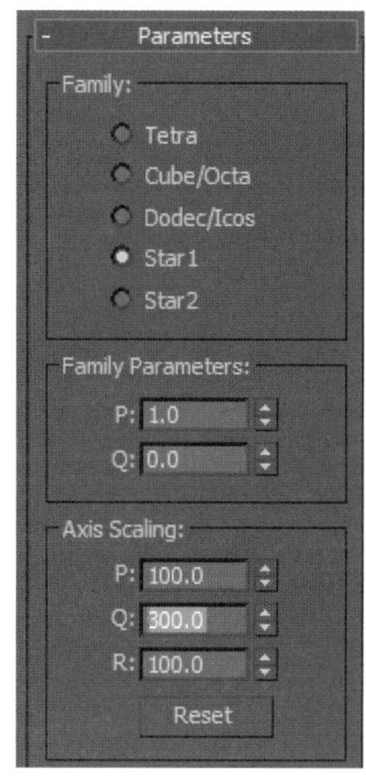

图 2-52　当 Q 参数设置为 300.0 时效果

2.3.2　Torus Knot（环形结）

Torus Knot（环形结）在机械配件中比较常见，也是一种参数化模型，因其设置参数较多，故有许多形状的几何体。创建环形结的操作步骤如下。

（1）打开创建扩展基本体命令面板之后，单击 \ \ Torus Knot 按钮。

（2）在 Top 视图中创建一个环形结，在视图中按下鼠标左键确定环形结的中心，向外拖放到适当大小后，松开左键确定圆环结的半径，然后向外或向内移动鼠标到合适位置后单击左键，确定缠绕圆柱体的截面半径，这样环形结就创建好了。

环形结的效果和参数设置面板中英文对照如图 2-53 所示。

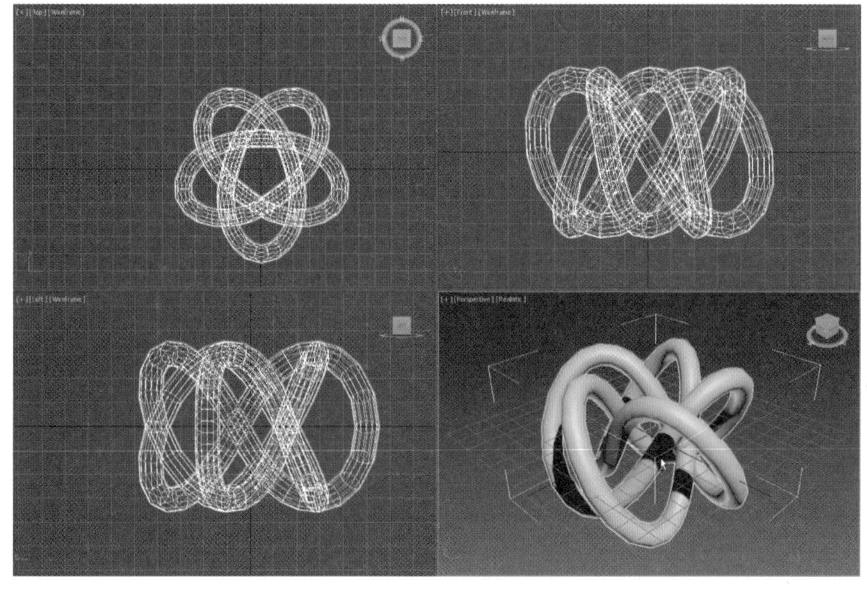

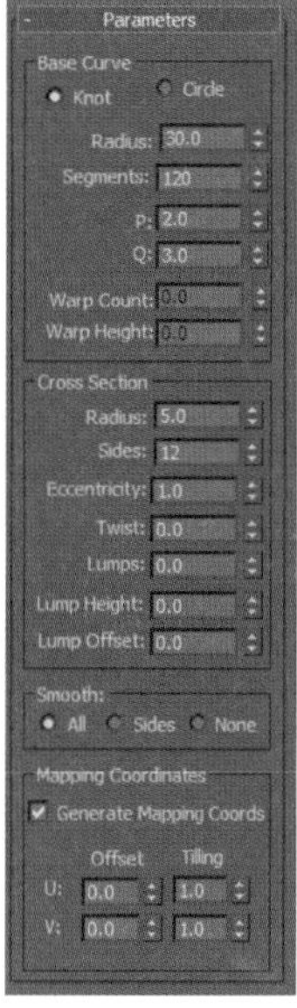

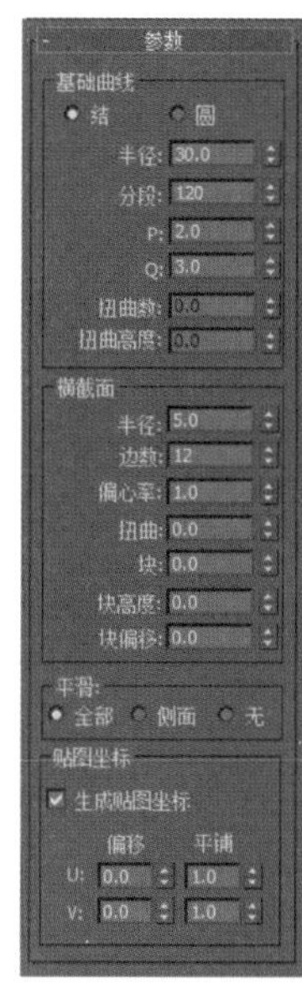

图 2-53　环形结效果和参数设置面板中英文对照

环形结设置参数介绍如下。

（1）Base Curve（基础曲线）选项组。

该选项组下有 Knot（结）和 Circle（圆）两个选项，它们分别代表一种基本的环形结模型，一般默认为 Knot（结）选项，选择 Circle（圆）选项，则生成如图 2-54 所示的普通圆环。

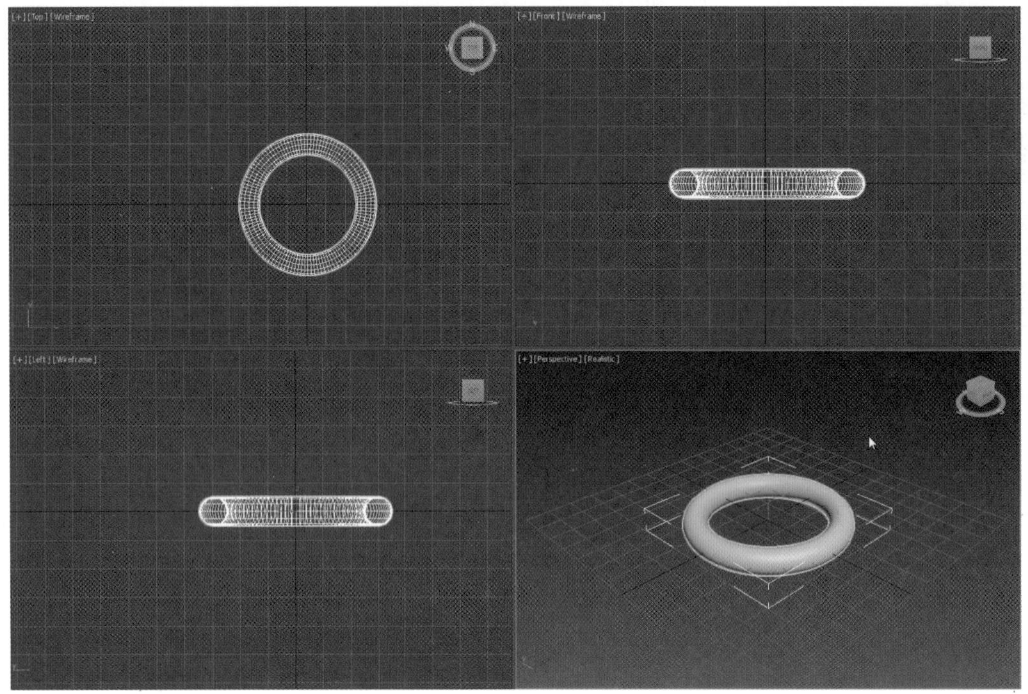

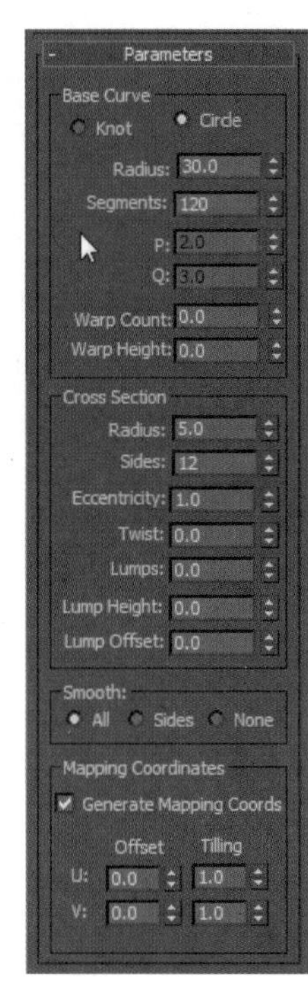

图 2-54　在 Base Curve 选项框中选择 Circle 单选框时的效果

该选项组有如下参数。

- Radius（半径）：用来设置圆环体的半径范围。
- Segments（分段）：决定圆环体的分段数。
- P、Q：只有选择 Knot（结）选项后，P、Q 值才有效，设置 P、Q 值后效果如图 2-55 所示。

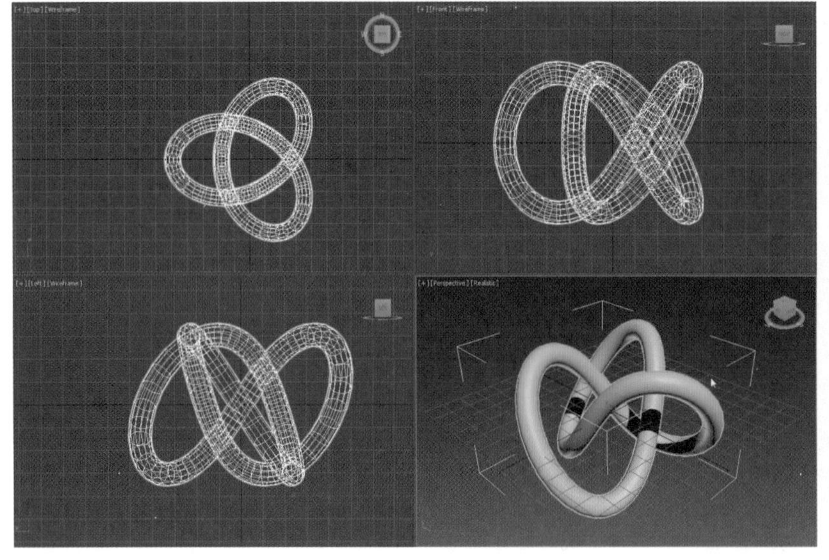

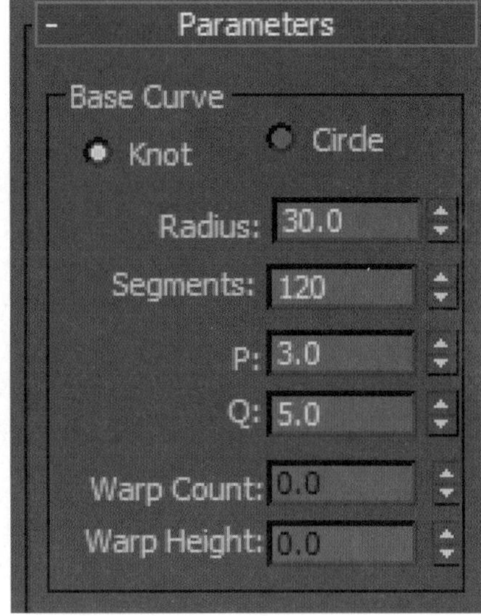

图 2-55　设置 P、Q 值后效果

• Warp Count\Warp Height（扭曲数 \ 扭曲高度）：只有选择 Circle（圆）选项后，它们才有效，设置 Warp Count\Warp Height 值后效果如图 2-56 所示。

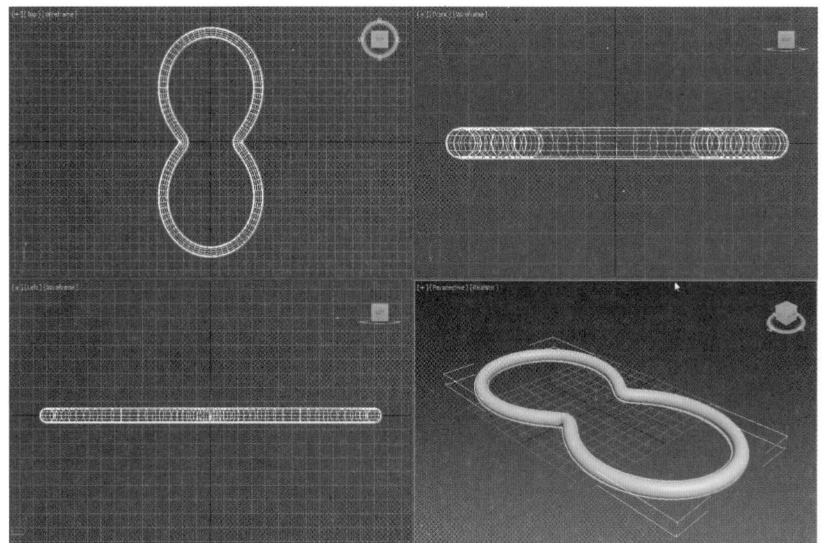
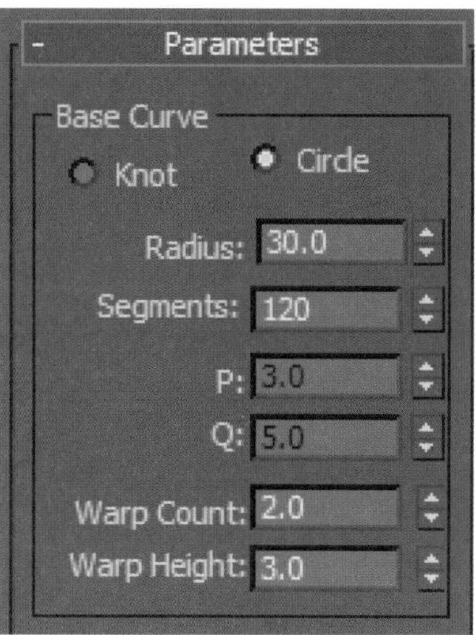

图 2-56　设置 Warp Count\Warp Height 值后效果

（2）Cross Section（横截面）选项。

该选项主要用于对缠绕圆环结的圆柱体截面进行设置，主要参数有截面半径、边数、偏心率、扭曲和块等，设置参数后效果如图 2-57 所示。

（3）Smooth（平滑）选项。

此选项下有三个单选按钮，其中 All（全部）表示模型整体光滑，Sides（侧面）表示模型的边光滑，None（无）表示不进行光滑处理。用户根据不同的需要选择不同的设置，如图 2-58 所示。

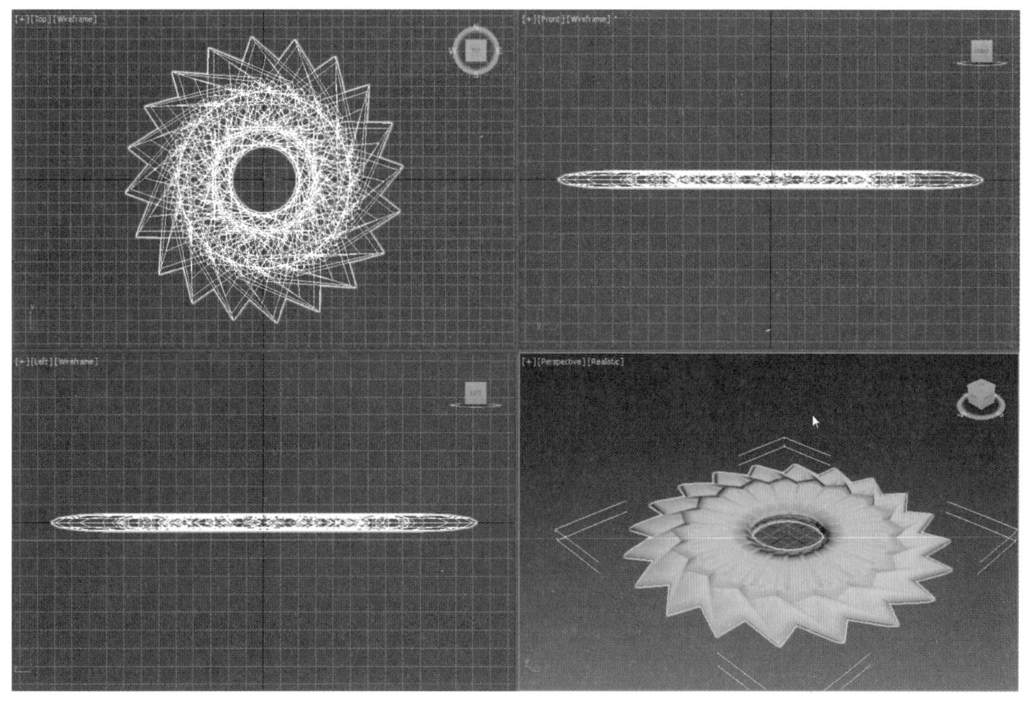
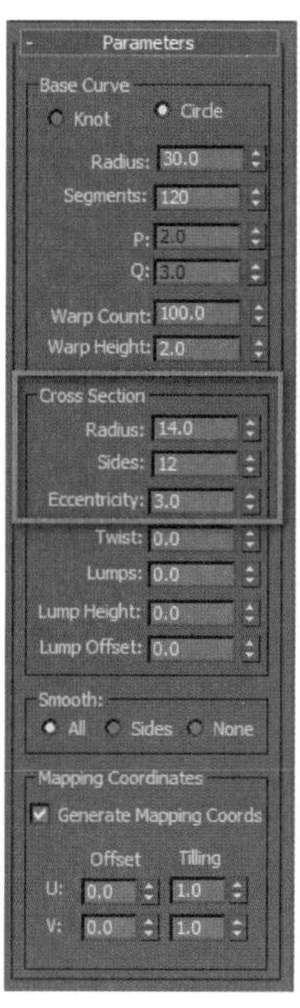

图 2-57　设置 Cross Section 选框内参数后效果

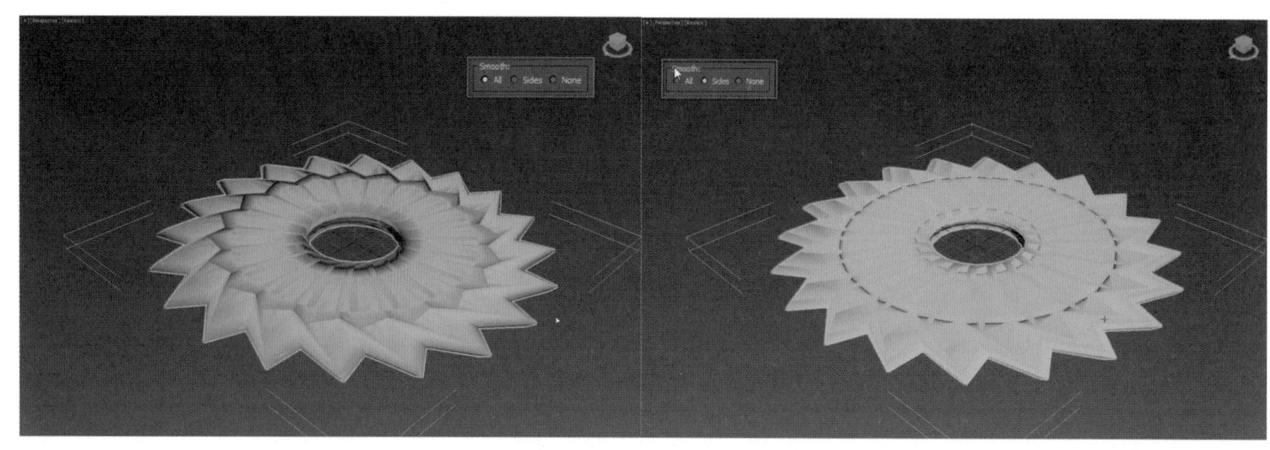

图 2-58　在 Smooth 选项框中选择 Sides（侧面）单选项前后效果

（4）Mapping Coordinates（贴图坐标）选项。

此选项主要用于进行贴图坐标设置，将在后面章节进行讲解。

2.3.3　ChamferBox（切角长方体）

ChamferBox（切角长方体）是长方体的变形几何体，也就是对长方体的角进行圆角处理后的几何体。创建切角立方体的基本步骤如下。

（1）在扩展基本体创建命令面板中，单击 ChamferBox 按钮，在 Top 视图中单击鼠标左键，拖动出一个长方体底面，松开鼠标左键，向上或向下移动拉出长方体的高，并单击鼠标左键，对长方体进行倒角处理。

（2）放开鼠标左键，一个切角长方体就创建好了，如图 2-59 所示。

切角长方体参数与长方体的参数大致相同，切角长方体参数设置面板中英文对照如图 2-60 所示。下面我们介绍长方体参数设置面板中没有的参数。

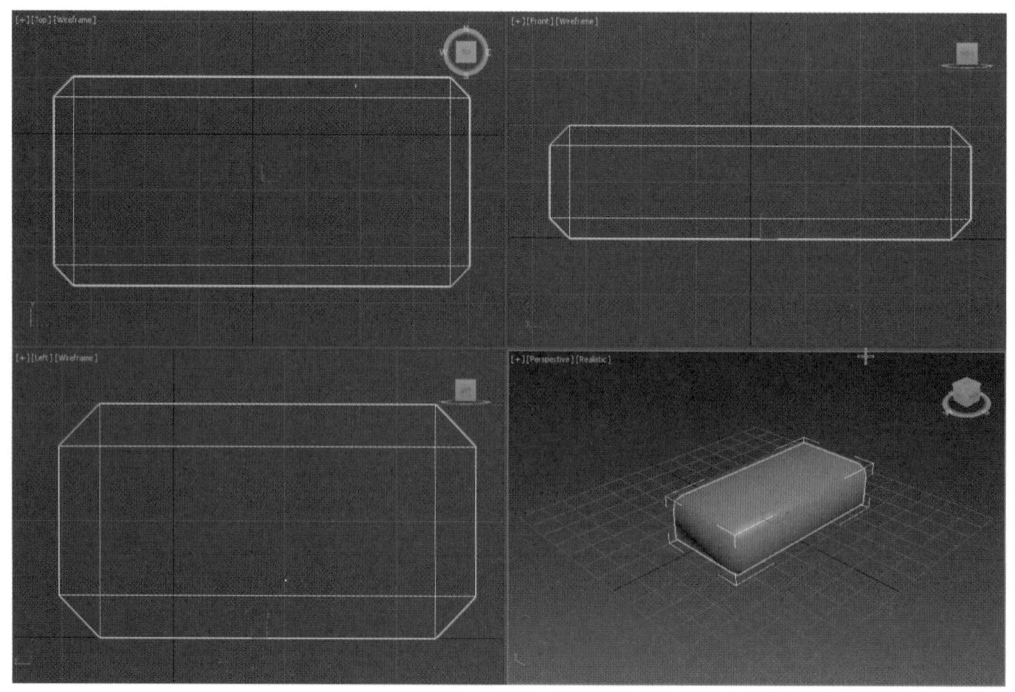

图 2-59　切角长方体效果

• Fillet（圆角）：设置倒角边圆度的参数。

• Fillet Segs（圆角分段）：设置圆角的划分段数。

• Smooth（平滑）：对倒角立方体进行光滑处理。系统默认勾选此复选框，取消勾选此复选框后，效果如图 2-61 所示。

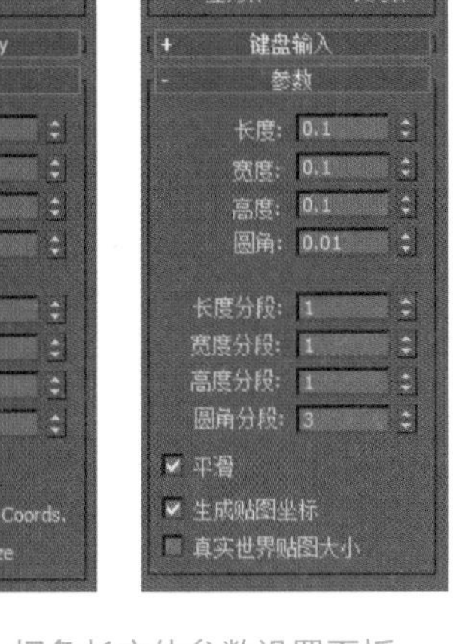

图 2-60　切角长方体参数设置面板中英文对照

图 2-61　取消勾选 Smooth 复选框后效果

2.3.4　L-Ext（L 形挤出体）

L-Ext（L 形挤出体）可用于建立 L 形墙面几何体，效果如图 2-62 所示。

L 形挤出体参数设置面板中英文对照如图 2-63 所示。下面介绍面板中重要参数的作用。

• Side\Front Length（侧 \ 前面长度）：设置两条边的长度。

• Side\Front Width（侧 \ 前面宽度）：设置两条边的宽度。

• Height（高度）：设置墙面的高度。

• Side\Front\Width\Height Segs（侧面 \ 前面 \ 宽度 \ 高度分段）：设置 L 形挤出体的划分段数。

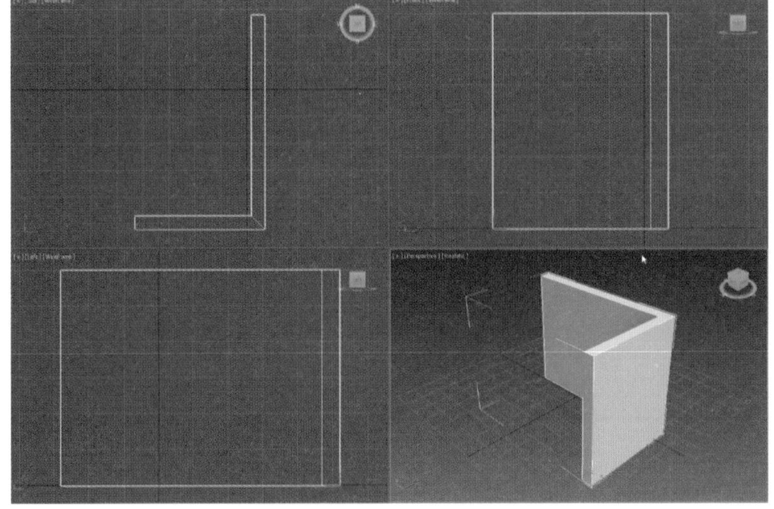

图 2-62　L 形挤出体效果

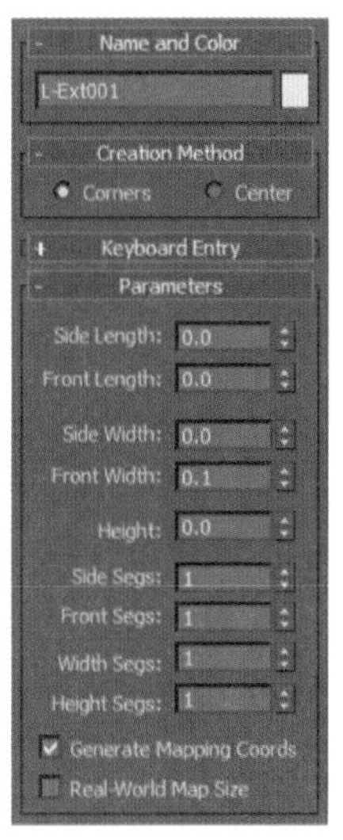

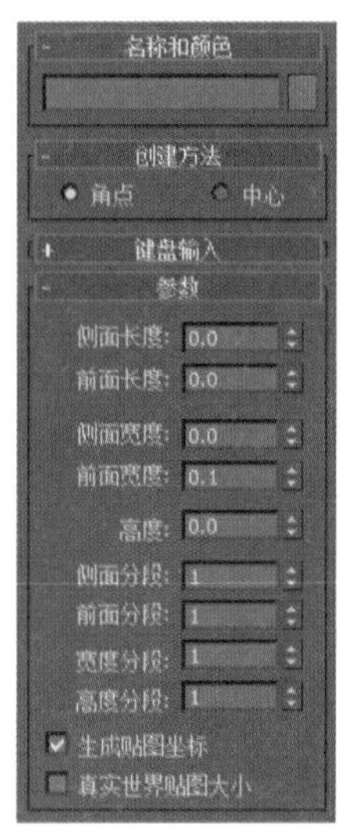

图 2-63　L 形挤出体参数设置面板中英文对照

2.4 AEC 物体建模

AEC Objects 是 3ds Max 专门为用户提供的用于建筑设计和土地构建等的建模工具，如 Foliage（植物）、Railing（栏杆）、Wall（墙）等。在 3ds Max 中创建 AEC Objects 的方法通常有两种：一种是利用创建命令面板，如图 2-64 所示；另一种则是单击菜单栏 Create 菜单下 AEC Objects 选项中的各项命令，如图 2-65 所示。

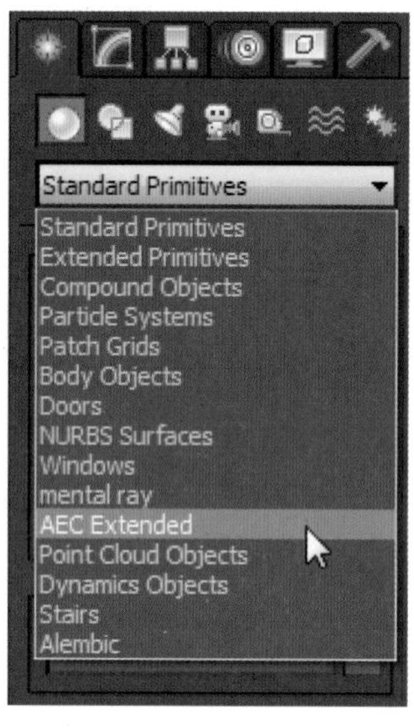

图 2-64　创建命令面板中选择 AEC 对象

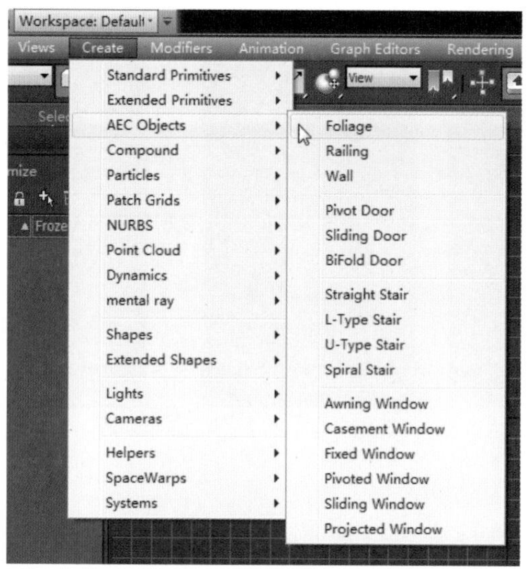

图 2-65　菜单栏中选择 AEC 对象

3ds Max 软件共提供了 6 种 AEC 建模工具：Foliage（植物）、Railing（栏杆）、Wall（墙）、Stair（楼梯）、Door（门）和 Window（窗）。本小节只介绍这些物体的创建方法和部分参数。

2.4.1 Foliage（植物）

Foliage 是 3ds Max 提供的植物制作功能，它能快捷地制作各种不同种类的树木，对同一种树木通过修改参数也可制作出不同的形状。

创建苏格兰松树的基本步骤如下。

（1）单击命令面板的 \ 按钮，展开 Standard Primitives 下拉菜单并选择 AEC Extended 选项。

（2）单击 Foliage 按钮，并在 Favorite Plants 卷展栏下选择苏格兰松树图标，如图 2-66 所示。

（3）在 [Perspective] 视图中，单击鼠标左键，效果如图 2-67 所示。

Foliage（植物）的 Favorite Plants（喜爱的树木）卷展栏如图 2-68 所示，它列出了各种类型的植物，共有 12 种植物，如图 2-69 所示。如果所列的选项不全，可以单击 Plant Library（植物库）按钮，在弹出的 Configure Palette 对话框中添加植物。

Foliage（植物）参数设置面板中英文对照如图 2-70 所示，下面介绍几个重要参数。

• Height（高度）：设置植物的高度。

• Density（密度）：设置植物的树叶或花朵的数量。1 表示显示植物的全部花叶，0.5 表示显示一半的花叶，0 表示不显示花叶。Density（密度）值不同时，松树的效果如图 2-71 所示。

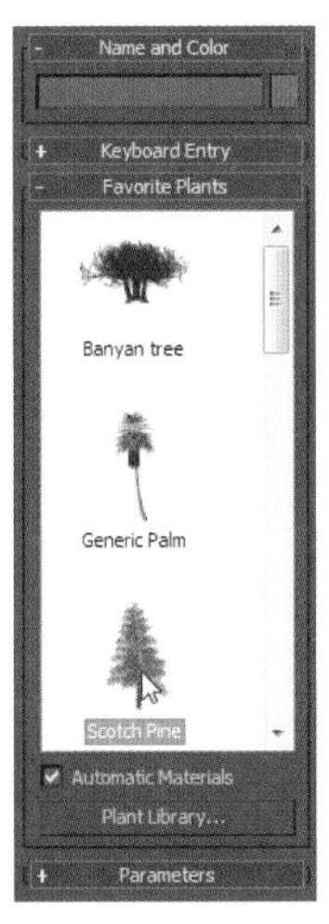

图 2-66　在 Favorite Plants 卷展栏下选择苏格兰松树图标

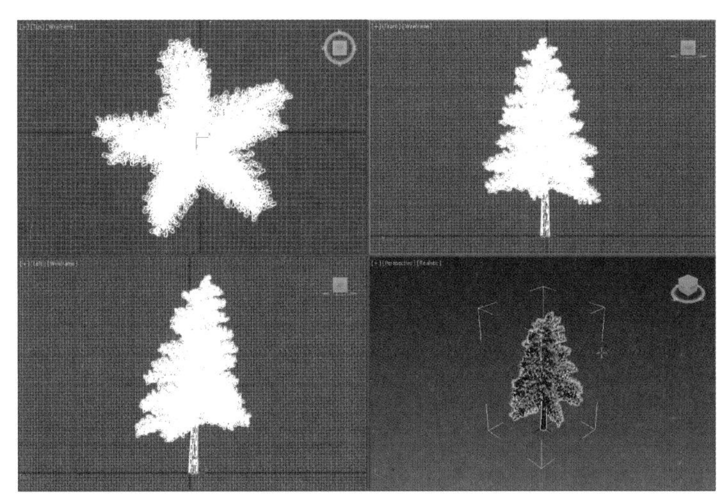

图 2-67　苏格兰松树效果

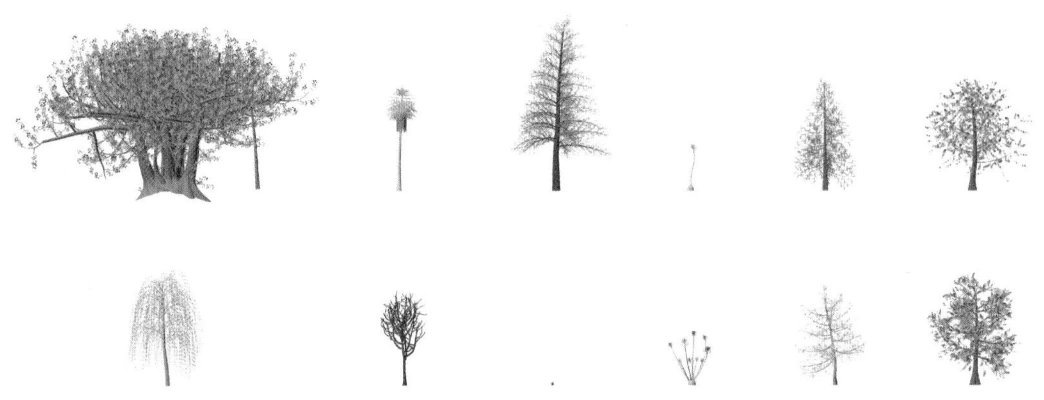

图 2-68　Foliage 能创建的所有植物效果

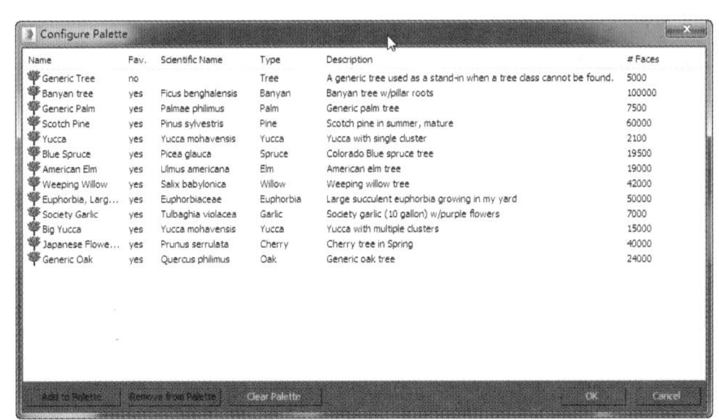

Configure Palette

Name	Fav.	Scientific Name	Type	Description	# Faces
Generic Tree	no		Tree	A generic tree used as a stand-in when a tree class cannot be found.	5000
Banyan tree	yes	Ficus benghalensis	Banyan	Banyan tree w/pillar roots	100000
Generic Palm	yes	Palmae philimus	Palm	Generic palm tree	7500
Scotch Pine	yes	Pinus sylvestris	Pine	Scotch pine in summer, mature	60000
Yucca	yes	Yucca mohavensis	Yucca	Yucca with single cluster	2100
Blue Spruce	yes	Picea glauca	Spruce	Colorado Blue spruce tree	19500
American Elm	yes	Ulmus americana	Elm	American elm tree	19000
Weeping Willow	yes	Salix babylonica	Willow	Weeping willow tree	42000
Euphorbia, Larg...	yes	Euphorbiaceae	Euphorbia	Large succulent euphorbia growing in my yard	50000
Society Garlic	yes	Tulbaghia violacea	Garlic	Society garlic (10 gallon) w/purple flowers	7000
Big Yucca	yes	Yucca mohavensis	Yucca	Yucca with multiple clusters	15000
Japanese Flowe...	yes	Prunus serrulata	Cherry	Cherry tree in Spring	40000
Generic Oak	yes	Quercus philimus	Oak	Generic oak tree	24000

图 2-69　植物库

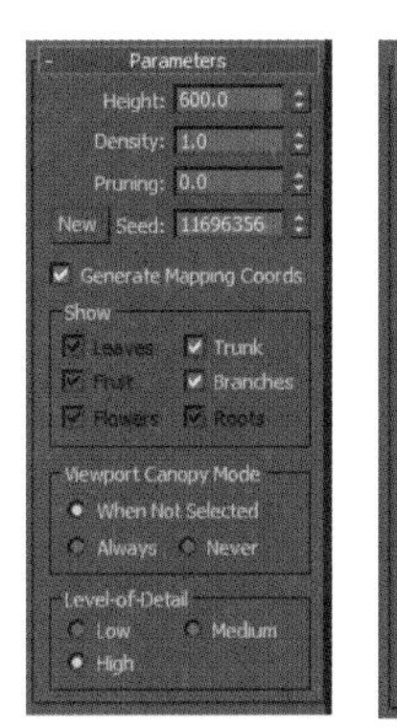

图 2-70　Foliage 参数设置面板中英文对照

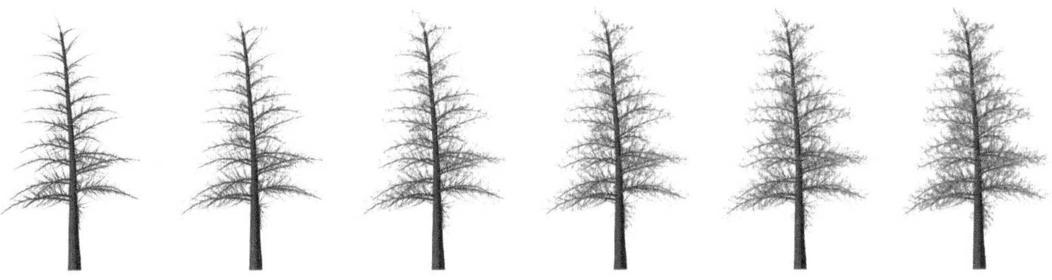

图 2-71　Density 参数由小变大时松树的效果

• Pruning（修剪）：此参数仅针对有枝杈的植物，用于设置植物枝杈的多少。此属性的参数制定与所选择的模型有关。数值 1 表示没有枝杈。

• Seed（种子）：设置枝杈和树叶的位置、形状以及角度的随机数，以表现各种不同的效果，用于视图中隐藏植物的部分。

• Show（显示）选项组：设置在视图中显示和隐藏植物的部分对象，包括 Leaves（树叶）、Trunk（树干）、Fruit（果实）、Branches（树枝）、Flowers（花朵）和 Roots（树根）。勾选对应选项前的复选框表示显示，取消勾选则隐藏。

2.4.2 Railing（栏杆）

Railing（栏杆）专门用于在场景中创建栏杆。在创建时，可以指定栏杆的方向、高度等属性。栏杆效果如图 2-72 所示。

Railing 参数设置面板中英文对照如图 2-73 所示，下面介绍几个重要参数。

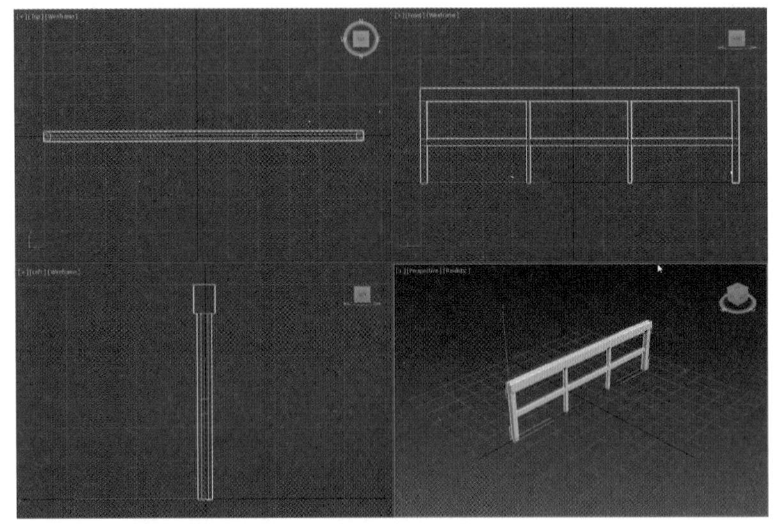

图 2-72 栏杆效果

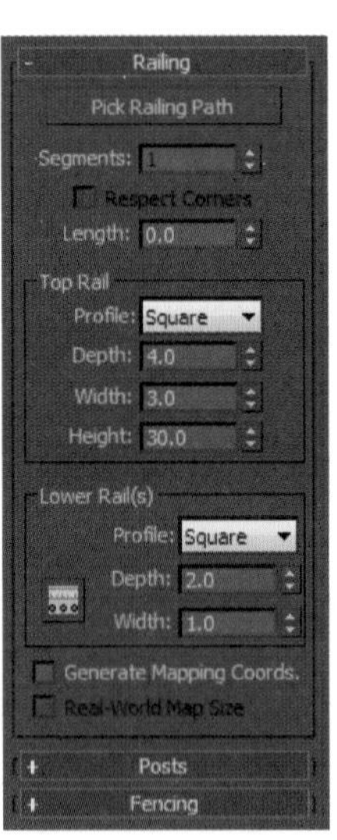

图 2-73 Railing 参数设置面板中英文对照

• Pick Railing Path（拾取栏杆路径）：在视图中单击一条已经创建的路径，则栏杆自动沿该路径创建。

• Segments（分段）：设置栏杆的片段划分数。系统默认片段数是 1，所以栏杆通常无法正常显示。增加片段数，栏杆就会沿路径创建，并且随着片段数的增加，栏杆会逐渐平滑。

• Respect Corners（匹配拐角）：勾选此项，将使创建的栏杆产生拐角，用以匹配栏杆路径的拐角。

• Length（长度）：用来设置栏杆的长度。如果使用“拾取栏杆路径”命令来创建栏杆，则此项不可用，长度由栏杆路径来确定。

Top Rail（上围栏）选项组。

• Profile（剖面）：设置顶部栏杆的形状，包括 None（无）、Square（方形）和 Round（圆形）三种。

• Depth（深度）：设置顶部栏杆的上下长度。

• Width（宽度）：设置顶部栏杆的左右长度。

• Height（高度）：设置顶部栏杆距底面的高度。

Lower Rail（s）（下围栏）选项组。

• Profile（剖面）：设置底部栏杆的形状，与 Top Rail 选项组的 Profile 选项相同。

• Depth（深度）：设置底部栏杆的上下长度。

• Width（宽度）：设置底部栏杆的左右长度。

• ▦：Lower Rail Spacing（下围栏间距），单击此按钮，弹出“Lower Rail Spacing”对话框，如图 2-74 所示，用来设置底部栏杆的数量和其他属性。

• Posts（立柱）参数设置面板和 Fencing（围栏）参数设置面板的参数设置与 Railing（栏杆）参数设置面板相似。

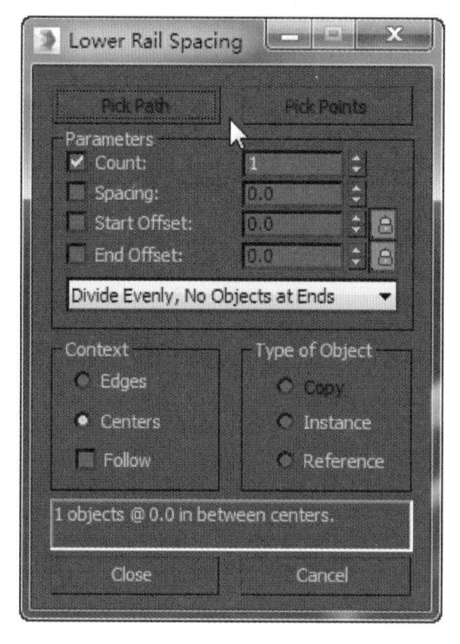

图 2-74 “Lower Rail Spacing”对话框

2.4.3 Wall（墙）

Wall（墙）专门用于创建围墙。墙创建好后，如果想进一步修改墙的形状及大小，就必须进入修改命令面板。在 Wall（墙）修改命令面板中有 3 个子层级，分别是 Vertex（顶点）、Segment（边）、Profile（轮廓），选择不同的子层级，修改命令面板中会出现不同的参数设置面板。墙效果如图 2-75 所示。

• 在 Wall 创建命令面板中的参数设置面板中英文对照如图 2-76 所示，它能直接修改墙的尺寸，其有如下参数。

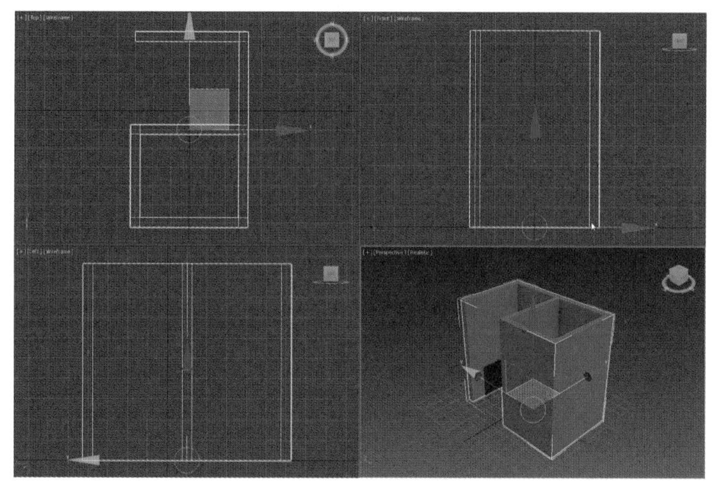

图 2-75 墙效果

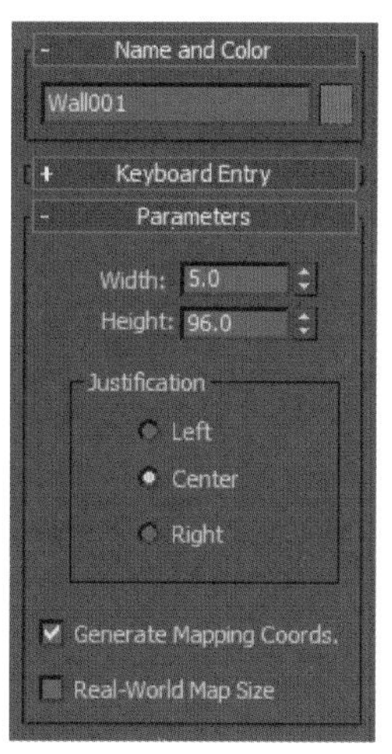

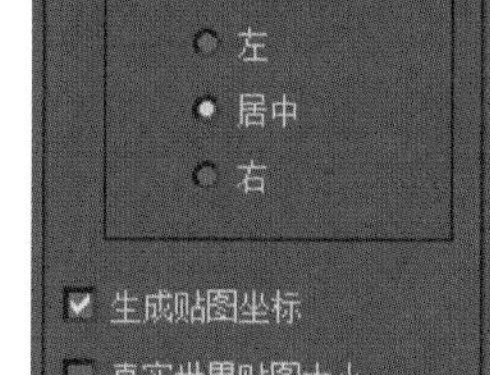

图 2-76 Wall 参数设置面板中英文对照

• Width（宽度）：设置墙的宽度。

• Height（高度）：设置墙的高度。

Justification（对齐）选项组由以下选项组成。

• Left（左）：在创建墙壁时，把拖动鼠标时所经过的路径作为基线，勾选此项表示在创建时，墙壁的左侧与基线一致。

• Center（居中）：表示在创建墙壁时，墙壁的中心线与基线一致。中心线即墙壁 1/2 厚度处。

• Right（右）：表示在创建墙壁时，墙壁的右侧与基线一致。

2.4.4 Stair（楼梯）

在 3ds Max 中楼梯能快捷地制作出各种不同的楼梯样式。楼梯被分为 Straight Stair（直梯）、L-Type Stair（L 形梯）、U-Type Stair（U 形梯）和 Spiral Stair（螺旋梯）4 类。各种楼梯的参数都类似，因此下面针对 Spiral Stair（螺旋梯）进行介绍。Spiral Stair（螺旋梯）效果如图 2-77 所示。

Spiral Stair（螺旋梯）创建完毕后进入修改命令面板，4 个卷展栏分别是 Parameters（参数）、Carriage（支撑梁）、Railing（栏杆）、Stringers（侧弦）、Center Pole（中柱）。Spiral Stair（螺旋梯）参数卷展栏如图 2-78 所示，下面只介绍其中的常用参数。

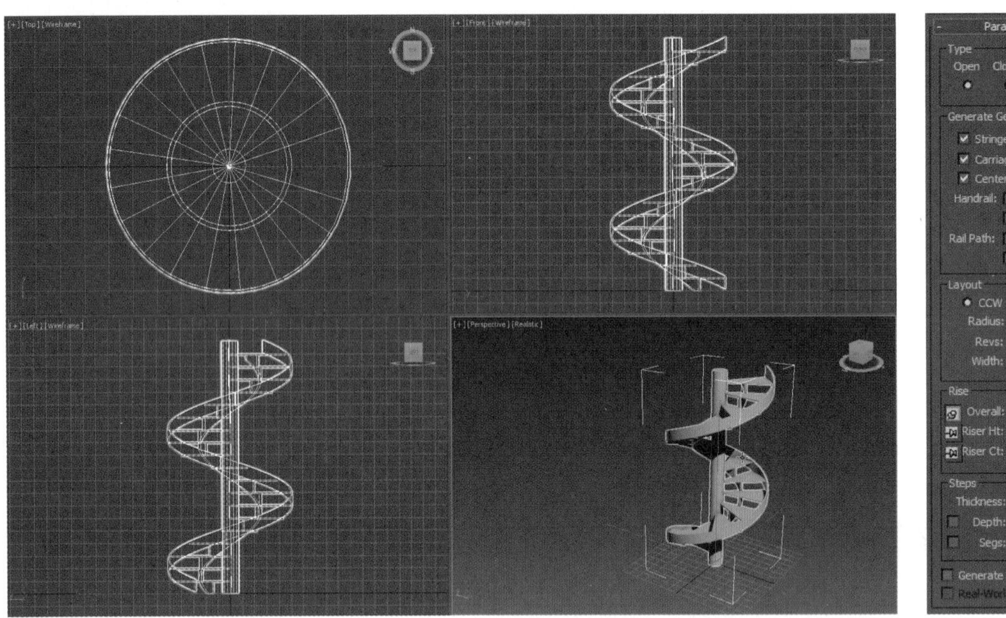

图 2-77 Spiral Stair（螺旋梯）效果

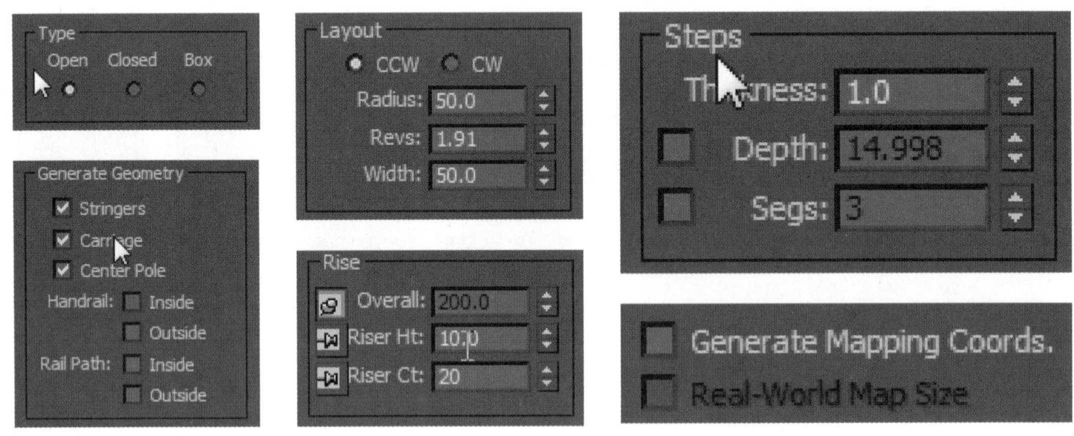

图 2-78 Spiral Stair（螺旋梯）参数卷展栏

（1）Type（类型）选项组。

- Open（开放式）：创建台阶间分开的楼梯。
- Closed（封闭式）：创建台阶间封闭的楼梯。
- Box（落地式）：创建盒状的楼梯。

（2）Generate Geometry（生成几何体）选项组。

• Stringers（侧弦）：创建沿楼梯线的护栏。

• Carriage（支撑梁）：创建嵌在台阶底部的呈锯齿状的支架。

• Center Pole（中柱）：创建楼梯中间的支撑柱。

• Handrail（扶手）：创建左右栏杆。

• Rail Path（扶手路径）：勾选此项，可以在视图中通过鼠标单击选择左右栏杆，将其作为样条曲线进行修改。

（3）Layout（布局）选项组。

• CCW（逆时针）：设置楼梯旋转的方向为逆时针。

• CW（顺时针）：设置楼梯旋转的方向为顺时针。

• Radius（半径）：设置楼梯旋转的半径 。

• Revs（旋转）：调整楼梯旋转的度数。

• Width（宽度）：设置旋转楼梯踏步的长度。

（4）Rise（梯级）选项组。

• Overall（总高）：设置楼梯的高度。

• Riser Ht（竖板高）：设置阶梯的高度。

• Riser Ct（竖板数）：设置阶梯的数量。

（5）Steps（台阶）选项组。

• Thickness（厚度）：设置台阶的厚度。

• Depth（深度）：设置台阶延伸的程度。

2.4.5 Door（门）

3ds Max 提供了三种类型的门，分别是 Pivot Door（枢轴门）、Sliding Door（推拉门）、BiFold Door（折叠门），效果如图 2-79 所示。下面我们以 Sliding Door（推拉门）为例介绍门的各项参数，Sliding Door（推拉门）的效果如图 2-80 所示。

图 2-79 三种门的效果

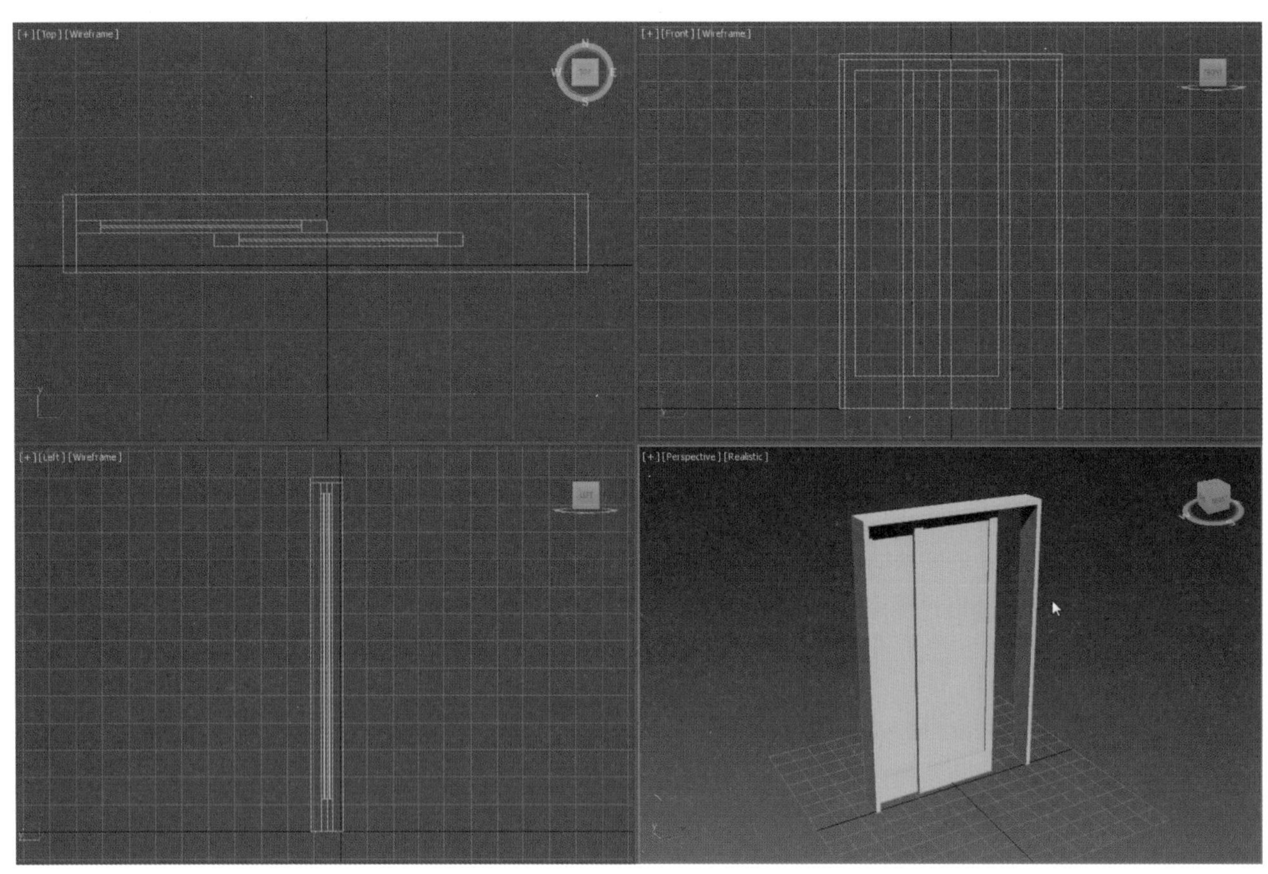

图 2-80　推拉门的效果

Sliding Door（推拉门）创建完毕后进入修改命令面板中，有两个卷展栏分别是 Parameters 卷展栏和 Leaf Parameters 卷展栏。Parameters 卷展栏和 Leaf Parameters 卷展栏分别如图 2-81 和图 2-82 所示，下面我们只介绍 Parameters 卷展栏中的常用参数。

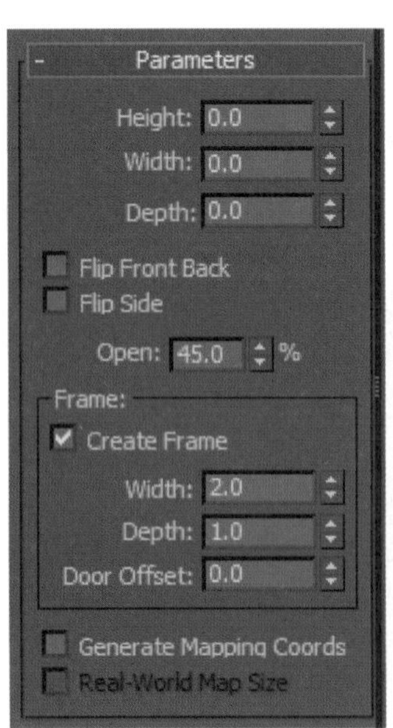

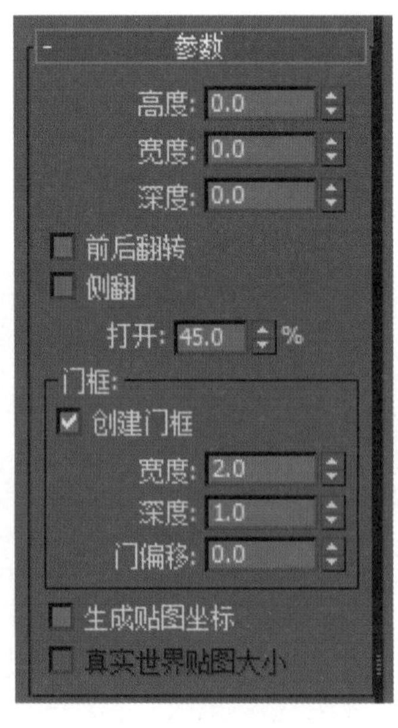

图 2-81　Sliding Door 的 Parameters 卷展栏

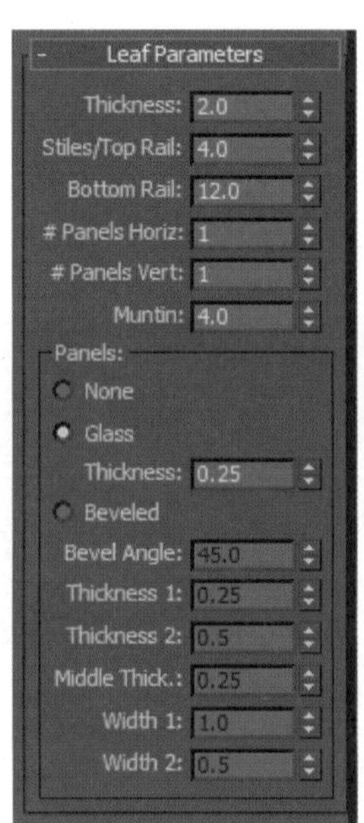

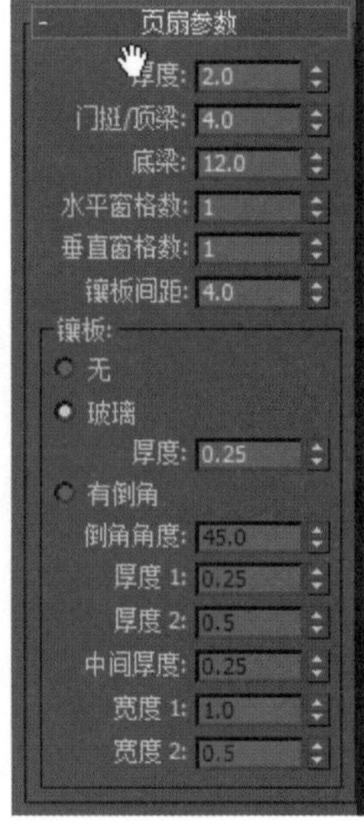

图 2-82　Sliding Door 的 Leaf Parameters 卷展栏

- Height（高度）：设置门的高度。
- Width（宽度）：设置门的宽度。
- Depth（深度）：设置门的深度。
- Flip Front Back（前后翻转）：勾选此选项，两个门扇会前后对调，翻转过来。
- Flip Side（侧翻）：设置门扇开门侧。
- Open（打开）：设置门扇打开的程度。

Frame（门框）选项组由以下选项组成。

- Create Frame（创建门框）：勾选此选项，在创建门时显示框架。
- Width（宽度）：设置门框的宽度。此选项只有在 Create Frame 被开启时才可用。
- Depth（深度）：设置门框的深度。此选项只有在 Create Frame 被开启时才可用。
- Door Offset（门偏移）：设置门相对于门框的位置。当值为 0.0 时，则门与门框对齐，此选项只有在 Create Frame 被开启时才可用。

2.4.6 Window（窗户）

3ds Max 提供了六种类型的窗户，分别是 Awning Window（遮篷式窗）、Casement Window（平开窗）、Fixed Window（固定窗）、Pivoted Window（旋开窗）、Projected Window（伸出式窗）、Sliding Window（推拉窗），效果如图 2-83 所示。下面以 Sliding Window（推拉窗）为例介绍窗户的各项参数。Sliding Window（推拉窗）效果如图 2-84 所示。

图 2-83 各种窗户效果

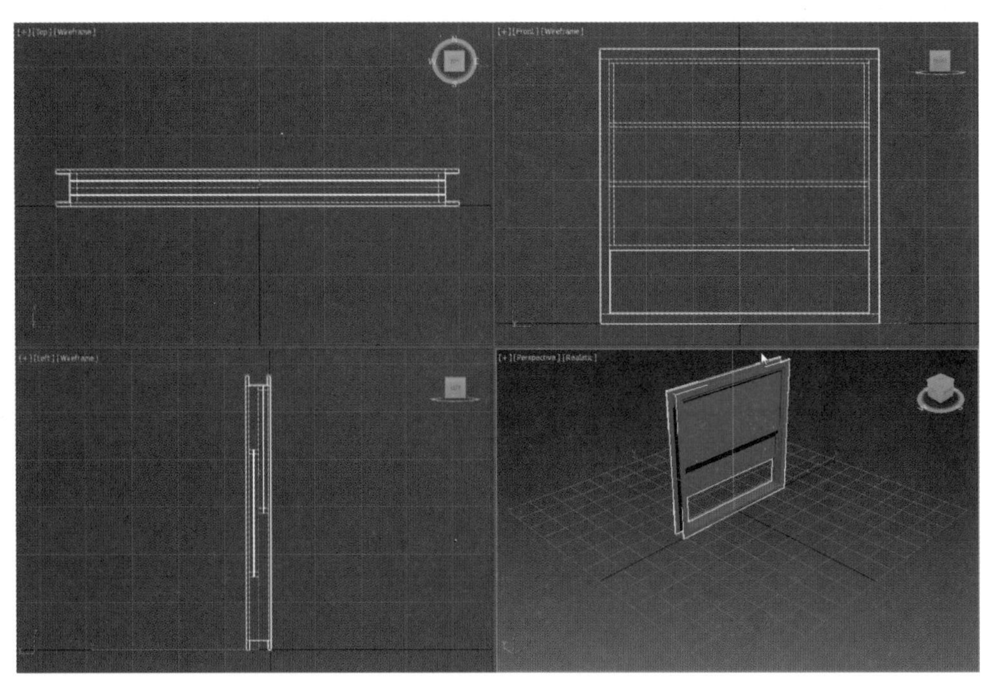

图 2-84　Sliding Window（推拉窗）效果

Sliding Window（推拉窗）创建完毕后进入修改命令面板中，Sliding Window 的修改命令面板中只有 Parameters（参数）卷展栏，如图 2-85 所示。

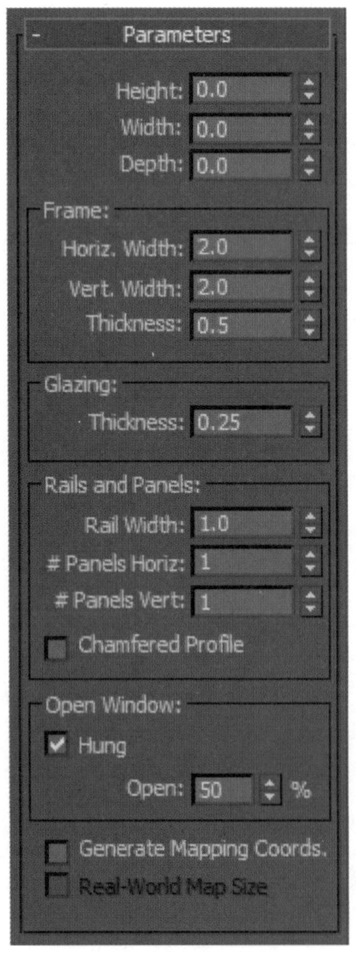

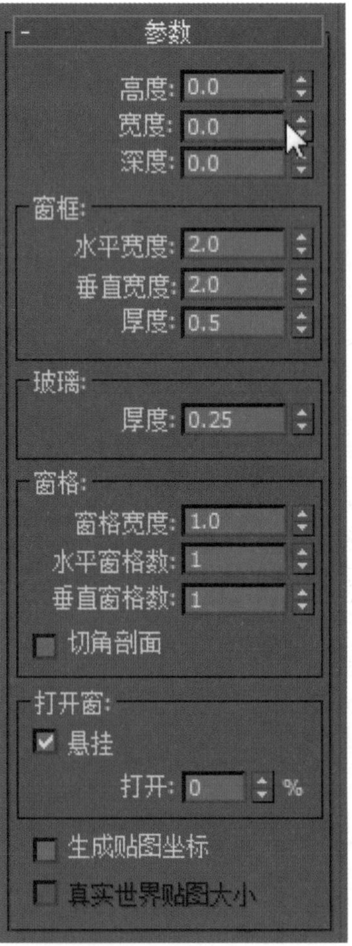

图 2-85　Sliding Window（推拉窗）参数卷展栏

- Height\Width\Depth（高度 \ 宽度 \ 深度）：设置窗户的尺寸。

（1）Frame（窗框）选项组。

- Horiz.Width（水平宽度）：设置窗户水平方向上的宽度。
- Vert.Width（垂直宽度）：设置窗户垂直方向上的宽度。
- Thickness（厚度）：设置框架的厚度。

（2）Glazing（玻璃）选项组。

- Thickness（厚度）：设置玻璃的厚度。

（3）Rails and Panels（窗格）选项组。

- Rail Width（窗格宽度）：设置外围窗格的宽度。
- # Panels Horiz（水平窗格数）：设置水平窗格的数量。
- # Panels Vert（垂直窗格数）：设置垂直窗格的数量。
- Chamfered Profile（切角剖面）：勾选此选项时，中间的窗格为圆形，不勾选时，中间的窗格为方形。

（4）Open Window（打开窗）选项组。

- Open（打开）：设置窗户打开的程度。

【本章小结】

本章主要介绍了各种常用几何体的创建方法及其参数解释，其中标准几何体是最常用的三维模型。本章还介绍了 AEC（建筑工程设计）物体的创建方法，利用本章学习的一些特殊参数还能创建不同形态的三维模型。

【拓展练习】

一、选择题

（1）下列选项中不属于扩展基本体的有哪几项？（　　）

A. 软管　　B. 圆柱体

C. 切角长方体　　D. 环形结

（2）Torus Knot 是三维建模中的什么？（　　）

A. 环形结　　B. 切角长方体

C. 几何球体　　D. 螺旋体

（3）下列选项中不属于复合对象建模的有哪几项？（　　）

A. 变形　　B. 布尔

C. 超级布尔　　D. 栏杆

二、填空题

（1）在 3ds Max 中可创建的扩展基本体有________、________、________、________、________、________、________、________、________、________、________、________、________。

（2）在 3ds Max 中可创建的标准基本体有＿＿＿＿＿＿、＿＿＿＿＿＿、＿＿＿＿＿＿、＿＿＿＿＿＿、＿＿＿＿＿＿、＿＿＿＿＿＿、＿＿＿＿＿＿、＿＿＿＿＿＿、＿＿＿＿＿＿、＿＿＿＿＿＿。

三、实验

根据本章所学内容制作樱花树池，效果如图 2-86 所示。

樱花树池视频教学资源

图 2-86　樱花树池

第3章 标准修改功能

【学习要求】

（1）熟练掌握修改命令面板的基本操作方法。

（2）掌握 Skew（倾斜）修改命令的修改参数及修改后产生的效果。

（3）掌握 Twist（扭曲）修改命令的修改参数及修改后产生的效果。

（4）掌握 Bend（弯曲）修改命令的修改参数及修改后产生的效果。

（5）掌握 Taper（锥化）修改命令的修改参数及修改后产生的效果。

（6）掌握 Lattice（晶格）修改命令的修改参数及修改后产生的效果。

前两章着重讲述了利用创建命令面板来建立三维几何体的方法，这是创建物体的基本方法之一，但仅仅使用创建命令面板是不可能完全创建出物体的，因此，还要对物体进行修改。在物体被创建好后，它们就拥有了创建参数，在进入修改命令面板后，不仅能修改原有的创建参数，还能对物体添加各种各样的修改命令，并对每次修改进行记录，最终创建出完美的造型。

3.1 认识修改命令面板

修改命令面板大致可分为 4 个区域：名称与颜色区、修改器列表、修改器堆栈、参数区，如图 3-1 所示。下面分别介绍。

• 名称与颜色区：在名称文本框中用户可以随时输入物体的名称，单击颜色小方框，弹出物体颜色选择面板，用户在此可以修改物体的颜色，如图 3-2 所示。

• 修改器列表：单击修改器列表，弹出下拉菜单，其中列出了 3ds Max 为用户提供的所有修改命令，如图 3-3 所示。

• 修改器堆栈：它是 3ds Max 软件提供的记录创建物体及修改物体过程中参数与信息的重要记录器，相当于 Photoshop 中的历史面板。利用它可以方便地修改物体的某一个过程。参数卷展栏保存物体创建的各种参数，在这里用户可以修改不满意的参数。一个物体从创建到删除过程的重要信息都被记录在修改器堆栈里面。修改器堆栈如图 3-4 所示。下面简单介绍修改器堆栈中的各个按钮的含义及用法。

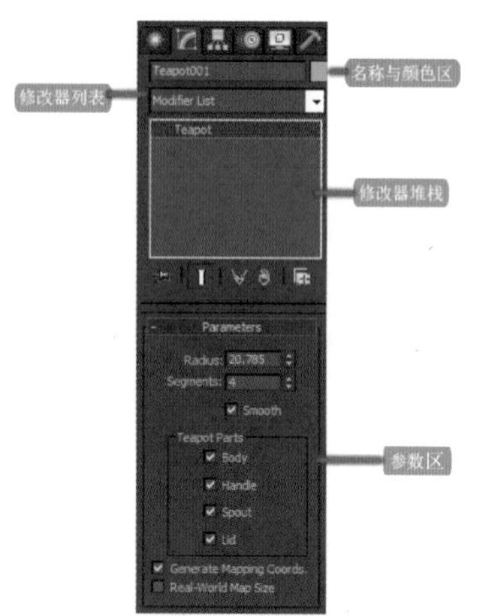

图 3-1　修改命令面板

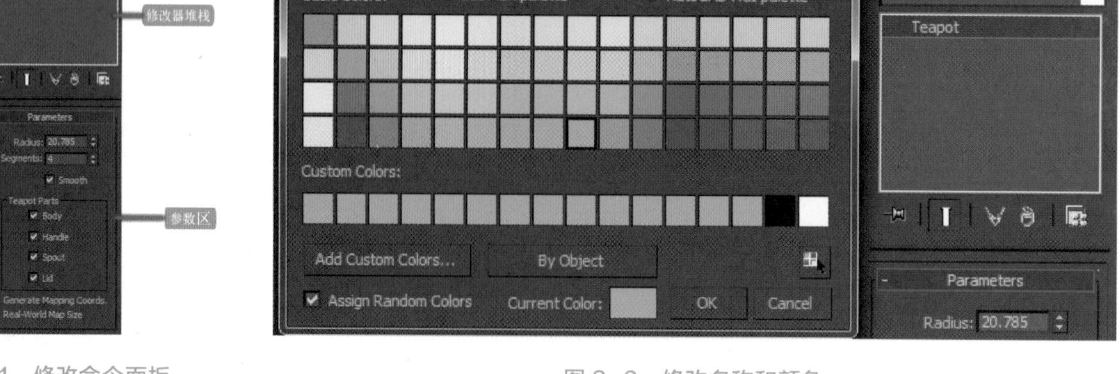

图 3-2　修改名称和颜色

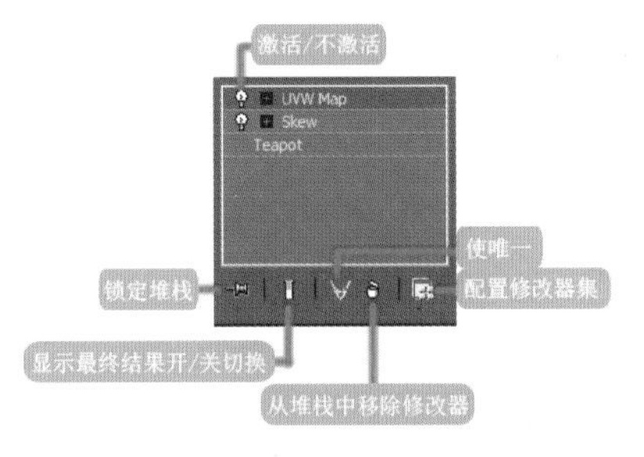

图 3-4　修改器堆栈

图 3-3　Modifier List（修改器列表）下拉菜单

• / ：On/Off（激活 / 不激活），此开关的作用为是否使修改结果立即对选择物体起作用。

• ：Pin Stack（锁定堆栈），此按钮可以冻结堆栈的当前状态。它可以在场景变换时，保持原来选择物体的修改命令处于激活状态。值得注意的是，如果当前修改命令处于次物体选择模式下，锁定堆栈会失败，即不允许变换到其他物体。

• / ：Show End Result On/Off Toggle（显示最终结果开 / 关切换），此按钮可以确定是否显示堆栈中的其他修改命令的作用结果。图 3-5 是显示与关闭两种状态的对比图。

• ：Make Unique（使唯一），此按钮可以使物体关联修改命令独立，此按钮用来去除共享同一修改命令的其他物体的关联。

• ：Remove Modifier from the Stack（从堆栈中移除修改器），它可以从堆栈中删除选择的修改命令，即取消选择的修改命令对物体产生的效果，该操作不影响其他修改命令产生的效果。

• ：Configure Modifier Sets（配置修改器集），单击该工具按钮，会打开修改命令下拉列表框快捷菜单。用户可以通过快捷菜单对修改命令的显示和修改命令集合进行设置。

（a）显示最终效果

（b）关闭最终效果

图 3-5　显示最终效果 / 关闭最终效果

3.2　Skew 修改命令

Skew 修改命令
视频教学资源

3ds Max 为用户提供了大量的修改功能，本章只重点讲解几种常用的标准修改功能。Skew（倾斜）用于对物体或物体的次物体集合进行倾斜操作，使其在指定的轴向上产生倾斜变形。倾斜的修改效果如图 3-6 所示，其参数设置面板如图 3-7 所示。

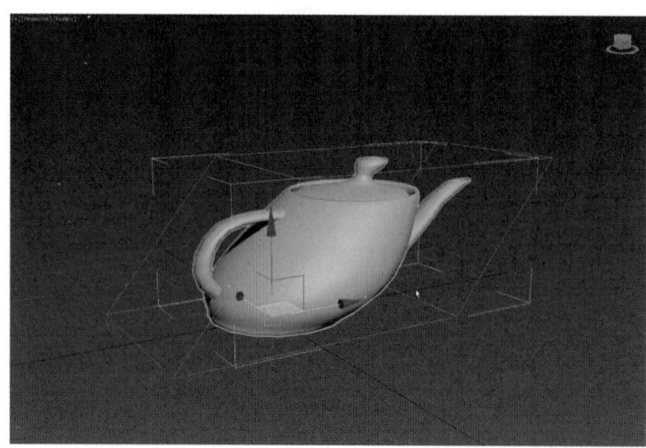

图 3-6　倾斜效果

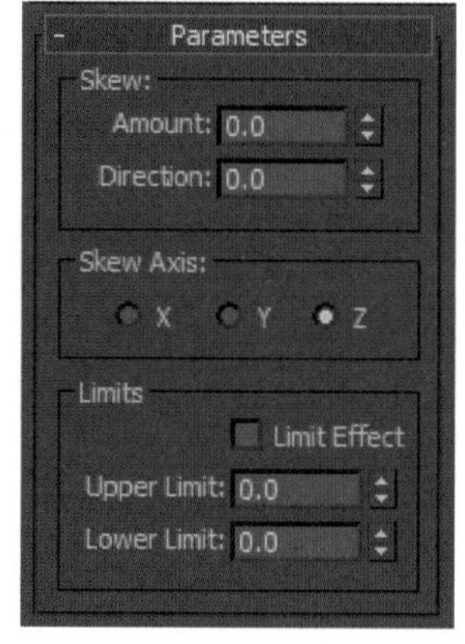

图 3-7　倾斜参数设置面板

参数卷展栏下有三个选项组：倾斜、倾斜轴、限制。

（1）Skew（倾斜）选项组。

• Amount（数量）：设置与垂直平面倾斜的角度。其取值范围为 1°～360°，值越大，倾斜程度也就越大。

• Direction（方向）：设置倾斜的方向（即与 XY 平面所成的角度）。其取值范围为 1°～360°。

（2）Skew Axis（倾斜轴）选项组。

• X/Y/Z：设置指定倾斜的轴向。注意，这里所指的坐标轴也是相对于倾斜自身的坐标系，而不是相对于所选中的实体。

（3）Limits（限制）选项组。

• Upper Limit/Lower Limit（上限 / 下限）：指物体在某一指定范围内发生扭转，只有当选中 Limit Effect（限制效果）复选框后，调节上下限才会起作用。

下面以制作倾斜的茶壶为例介绍 Skew 修改功能的具体运用方法，制作倾斜茶壶的步骤如下。

（1）单击命令面板中的 / / Teapot（茶壶）按钮，在 [Perspective] 视图中，创建一个参数设置如图 3-8 所示的茶壶。再在命令面板中单击按钮，进入修改命令面板中，展开 Modifier List 下拉列表框，并选择 Skew（倾斜）命令，如图 3-9 所示。

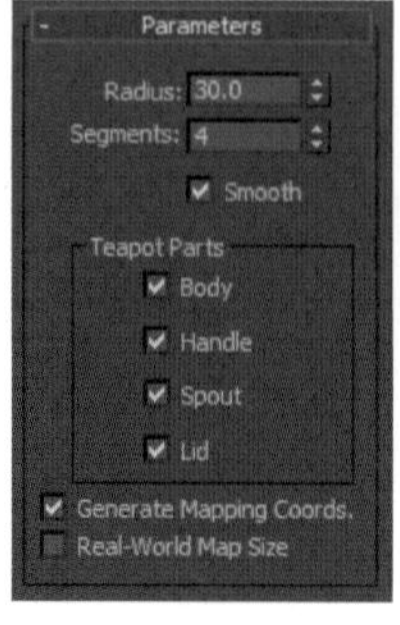

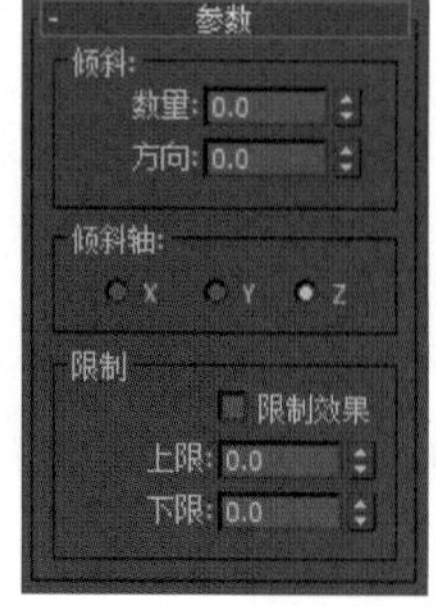

图 3-8　茶壶参数设置

图 3-9　茶壶效果图

（2）勾选 Skew Axis（倾斜轴）选项组的 Y 轴单选框，设置 Y 轴为倾斜轴。

（3）设置 Skew 选项组的参数 Amount（数量）为 50，Direction 参数为 −10；再勾选 Limits 选项组中的 Limit Effect（限制效果）复选框，对上限和下限范围进行设置；参数设置如图 3-10 所示。倾斜的茶壶制作完成，效果如图 3-11 所示。

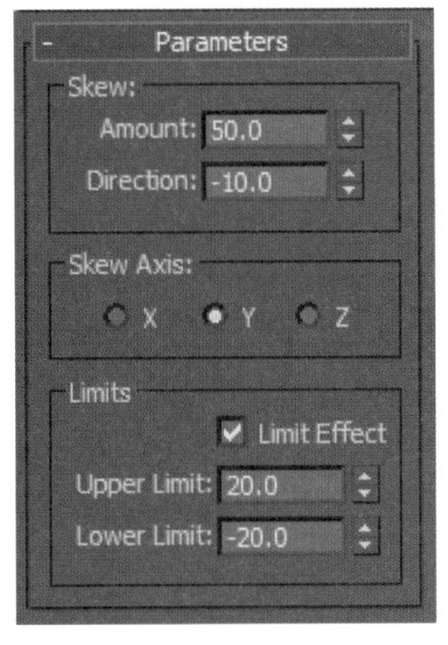

图 3-10　倾斜参数设置

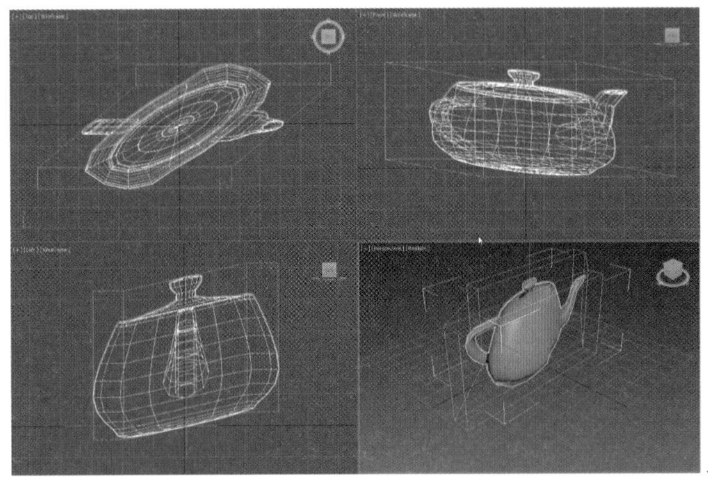

图 3-11　茶壶倾斜效果

3.3　Twist 修改命令

Twist 修改命令
视频教学资源

Twist（扭曲）修改命令可沿指定的轴向扭曲物体表面的顶点，产生扭曲的表面效果，如图 3-12 所示，其参数设置面板中英文对照如图 3-13 所示。可以通过设置 Limits 选项组中的参数限制物体局部受到扭曲的程度。

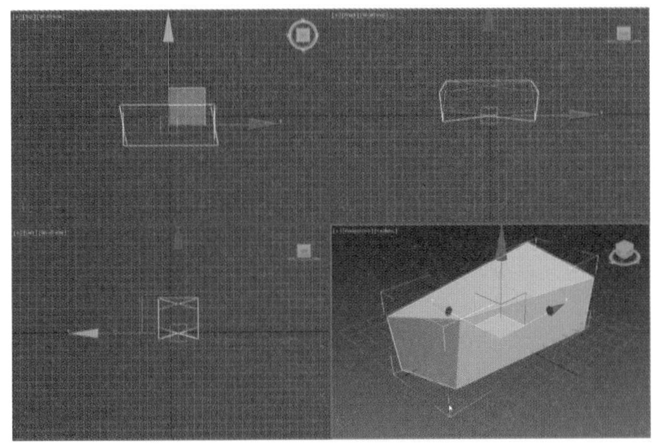

图 3-12　扭曲效果

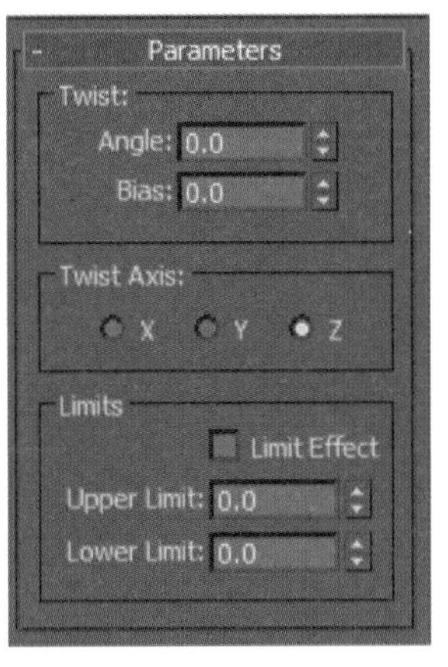

图 3-13　扭曲参数设置面板中英文对照

扭曲参数卷展栏下有三个选项组：扭曲、扭曲轴、限制。

（1）Twist（扭曲）选项组。

- Angle（角度）：设置扭曲的角度大小。
- Bias（偏移）：设置扭曲向上或向下的偏移程度。其取值范围为 −100 ~ 100。

（2）Twist Axis（扭曲轴）选项组。

• X/Y/Z：设置指定扭曲的轴向。

（3）Limits（限制）选项组。

• Upper Limit/Lower Limit（上限 / 下限）：指物体在某一指定范围内发生扭曲，只有当选中 Limit Effect（限制效果）复选框后，调节上下限的值才会起作用。

下面以制作染色体为例介绍 Twist（扭曲）修改功能的具体运用方法，制作染色体的步骤如下。

（1）启动 3ds Max，进入操作界面，单击命令面板的 \ \ Standard Primitives 下拉按钮，在弹出的下拉菜单中单击 Extended Primitives（扩展基本体）选项，并单击命令面板中的 ChamferCyl 按钮。

（2）在 [Perspective] 视图中，创建一个参数设置如图 3-14 所示的切角圆柱体。单击工具栏的按钮，在 [Top] 视图中，按住键盘上的“Shift”键，沿 X 轴向右移动克隆物体，效果如图 3-15 所示。

（3）单击命令面板的 \ \ ChamferCyl 按钮，在 [Left] 视图中，创建一个参数如图 3-16 所示的切角圆柱体。单击工具栏的按钮，在 [Front] 视图中，按住键盘上的“Shift”键，沿 Y 轴向上移动克隆 15 个物体，效果如图 3-17 所示。

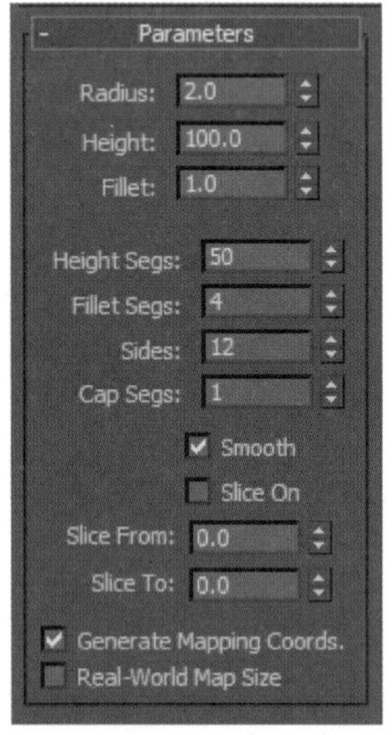

图 3-14　切角圆柱体参数 1

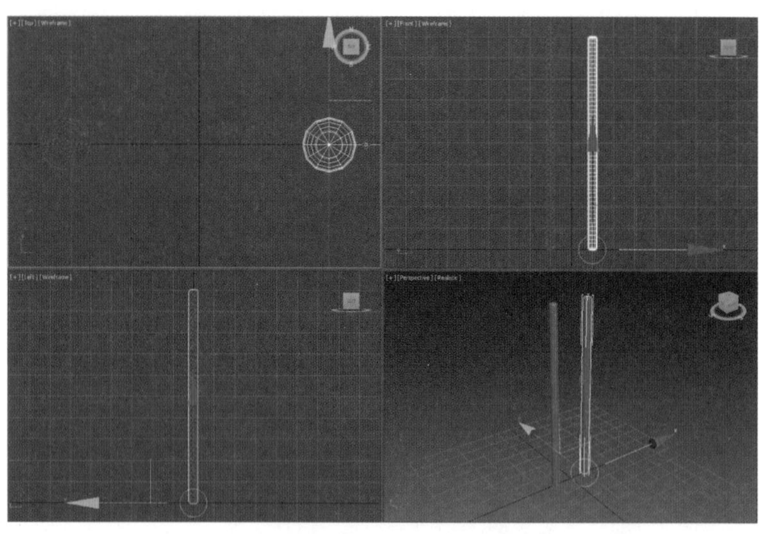

图 3-15 沿 X 轴克隆切角圆柱体后效果

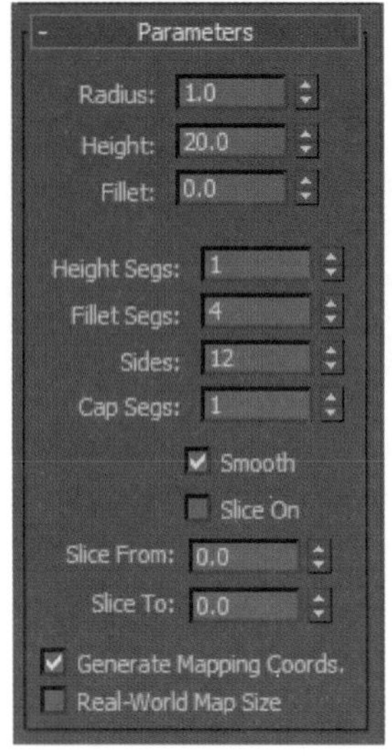

图 3-16　切角圆柱体参数 2

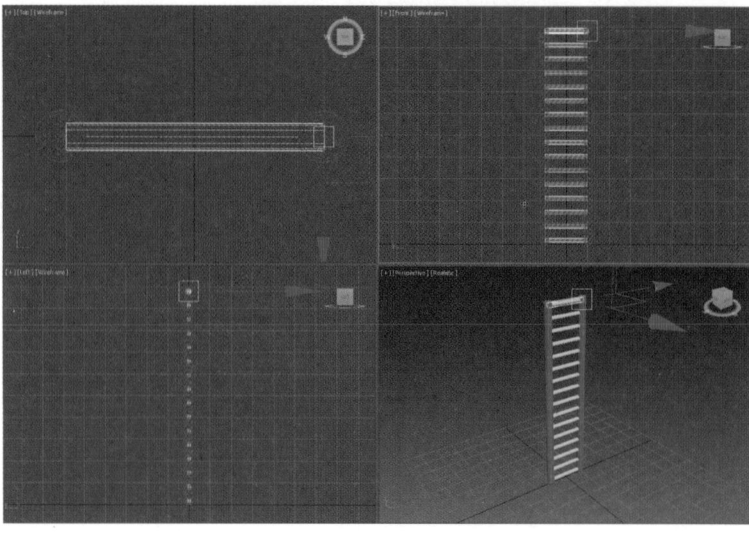

图 3-17　沿 Y 轴克隆切角圆柱体后效果

（4）在场景资源管理器中按住键盘上的“Shift+Ctrl”键，鼠标左键单击 ChamferCyl001，再次单击 ChamferCyl033 选中场景中创建的所有对象，如图 3-18 所示。再在命令面板中单击按钮，进入修改命令面板，展开 Modifier List 下拉列表框，并选择 Twist 命令，如图 3-19 所示。沿用 Twist Axis 选项组，默认设置选择 Z 轴为扭曲轴。

（5）设置 Twist 选项组中的参数 Angle 为 300，Bias 参数为 0，效果如图 3-20 所示。

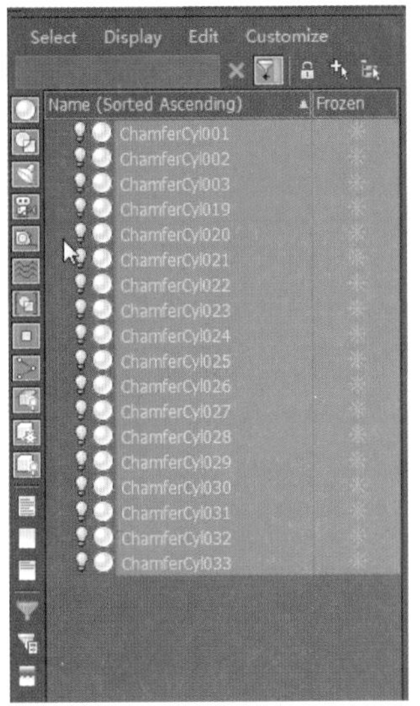

图 3-18　选中所有对象

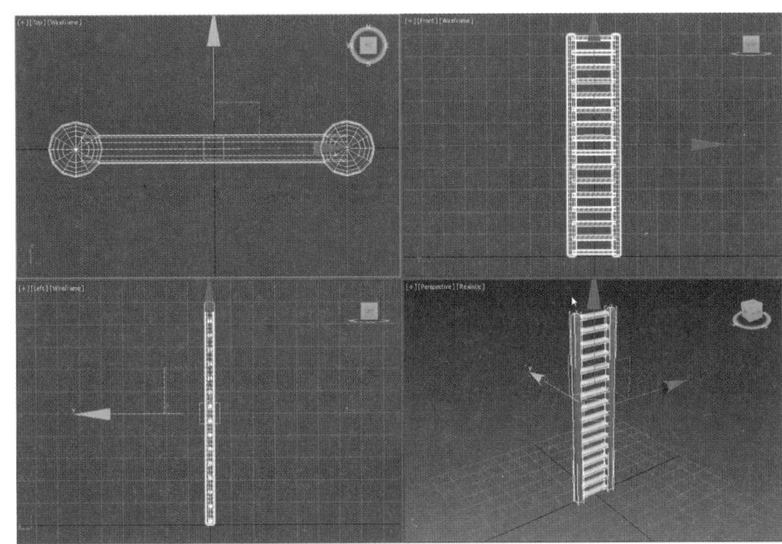

图 3-19　在 Modifier List 下拉列表框中选择 Twist 命令

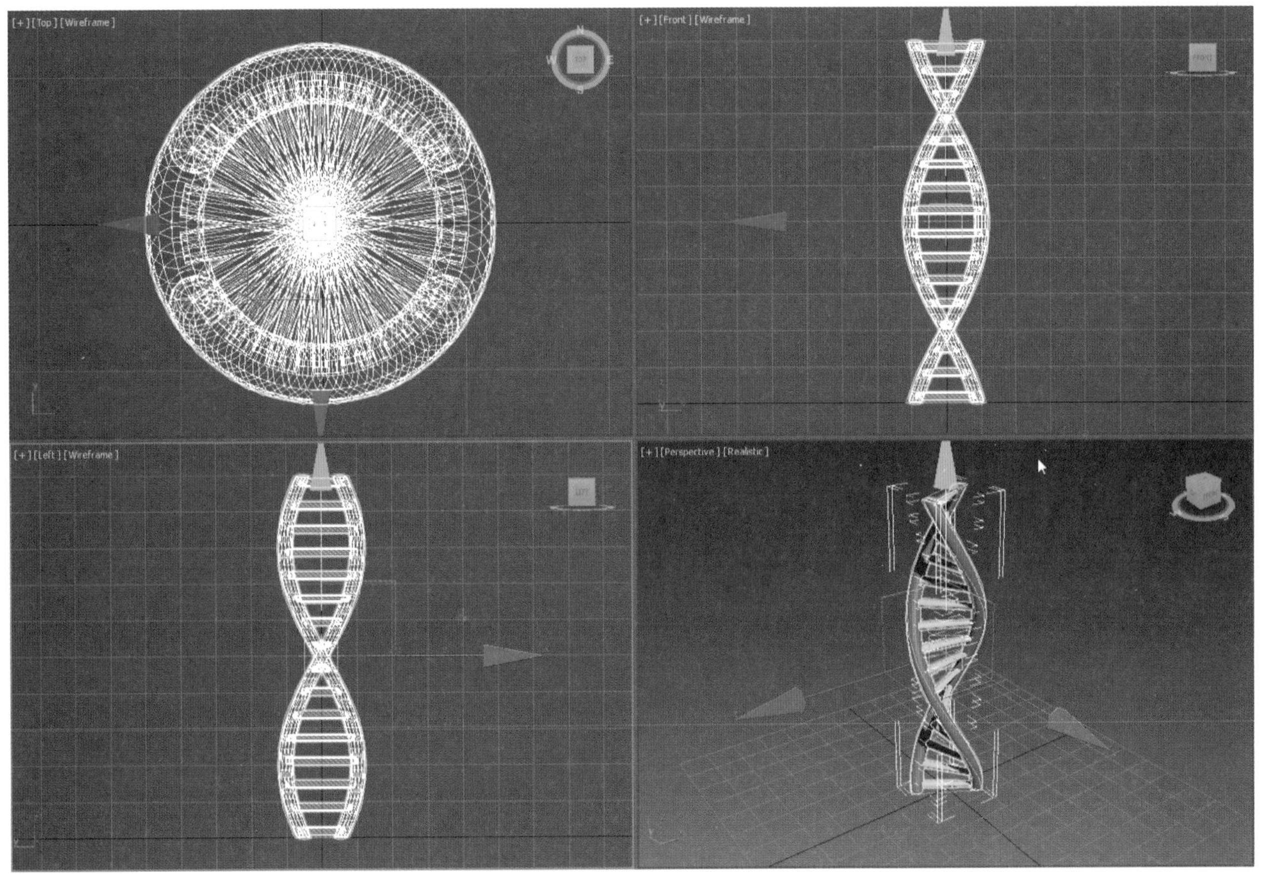

图 3-20　设置 Angle 参数后效果

（6）重新设置 Twist 选项组中的参数 Bias 参数为 50，效果如图 3-21 所示。再将其 Bias 参数改为 0，并勾选 Limit Effect 复选框，将 Upper Limit 参数设置为 30，效果如图 3-22 所示。

（7）再在 Limits 选项组设置 Lower Limit 参数为 −30，效果如图 3-23 所示。

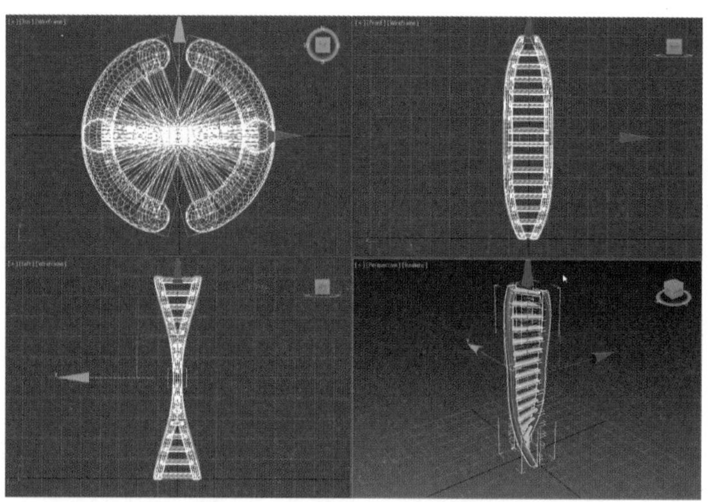

图 3-21　设置 Bias 参数后效果

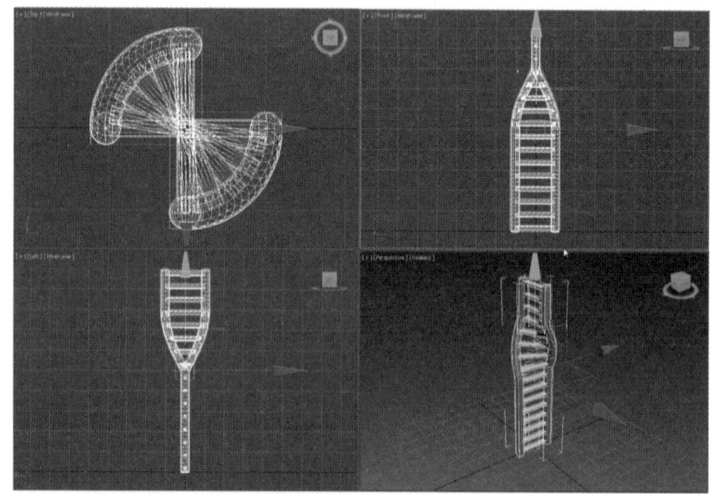

图 3-22　设置 Upper Limit 参数后效果

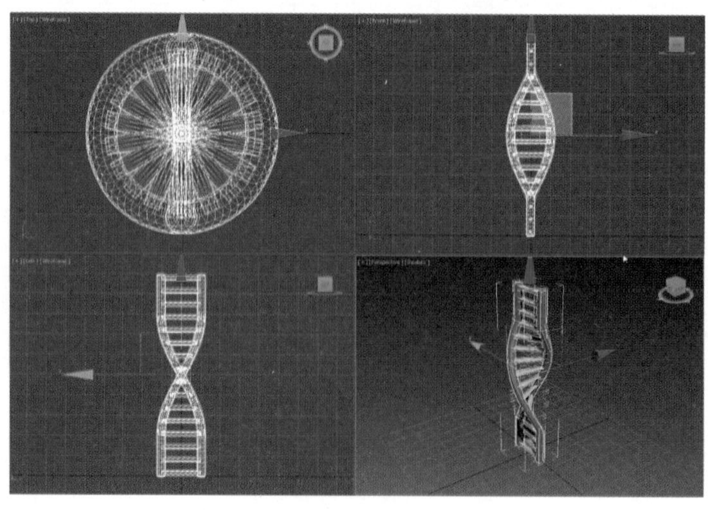

图 3-23　设置 Lower Limit 参数后效果

3.4 Bend 修改命令

Bend 修改命令
视频教学资源

Bend（弯曲）是对物体进行弯曲处理，调节弯曲的角度和方向，以及弯曲所依据的坐标轴向，还可以将弯曲修改限制在一定的区域之内，弯曲效果如图 3-24 所示。其参数设置面板中英文对照如图 3-25 所示。

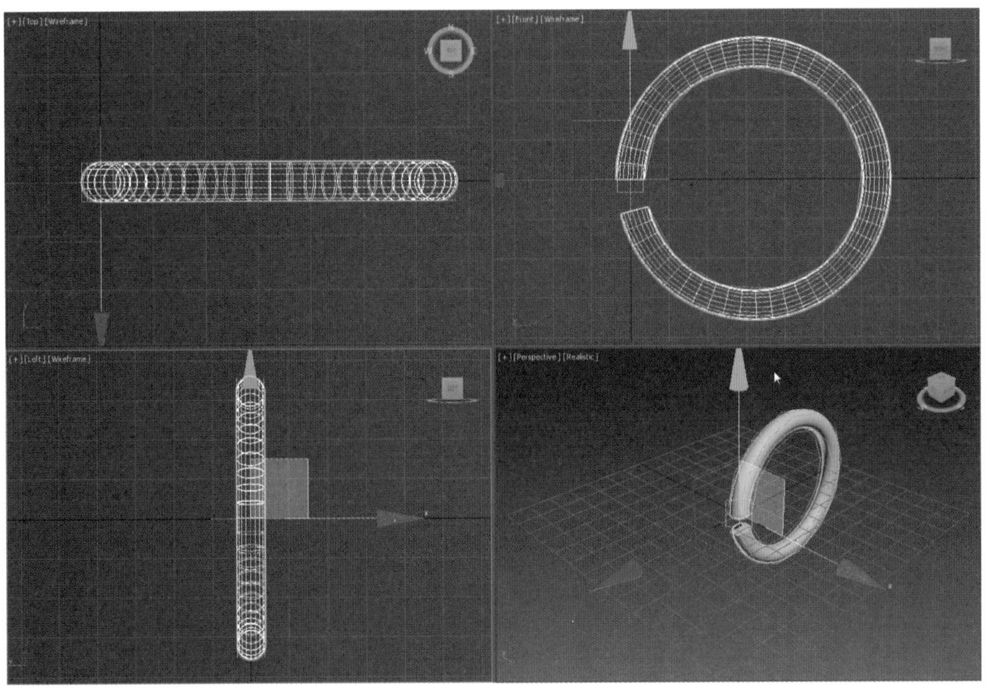

图 3-24　弯曲效果

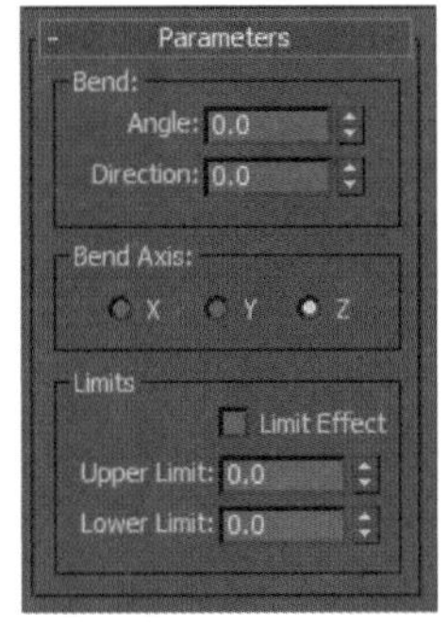

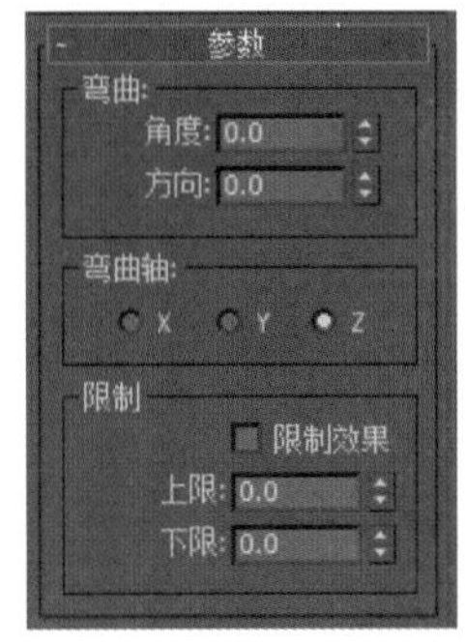

图 3-25　弯曲参数设置面板中英文对照

弯曲参数卷展栏下有三个选项组：弯曲、弯曲轴、限制。

（1）Bend（弯曲）选项组。

• Angle（角度）：设置沿垂直面弯曲的角度大小，其取值范围为 −999 999.0 ~ 999999.0。

• Direction（方向）：设置弯曲相对于水平面的方向，其取值范围为 −999 999.0 ~ 999999.0。

（2）Bend Axis（弯曲轴）选项组。

• X/Y/Z：设置指定弯曲的轴向。

（3）Limits（限制）选项组。

• Upper Limit/Lower Limit（上限 / 下限）：指物体在某一指定范围内发生弯曲，只有在选中 Limit Effect（限制效果）复选框后，调节上下限的值才会起作用。

下面以制作手镯为例介绍 Bend 修改功能的具体运用方法，制作手镯的步骤如下。

（1）启动 3ds Max，进入操作界面，并单击命令面板中的 / / Box 按钮。

（2）在 [Perspective] 视图中，创建一个参数设置如图 3-26 所示的长方体。

（3）在 [Perspective] 视图中选择长方体，再在命令面板中单击按钮，进入修改命令面板，展开 Modifier List 下拉列表框，选择 Twist 命令，并设置 Twist 选项组中的参数 Angle 为 1550，Bias 为 3.5，选中 Limit Effect（限制效果）复选框，设置 Upper Limit 为 280，Lower Limit 为 20，效果如图 3-27 所示。

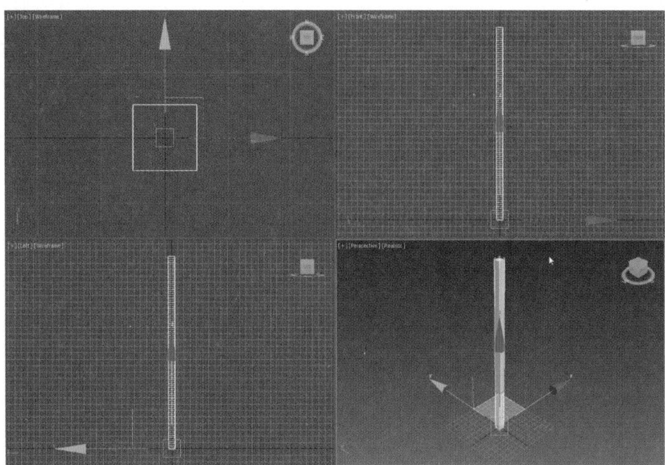

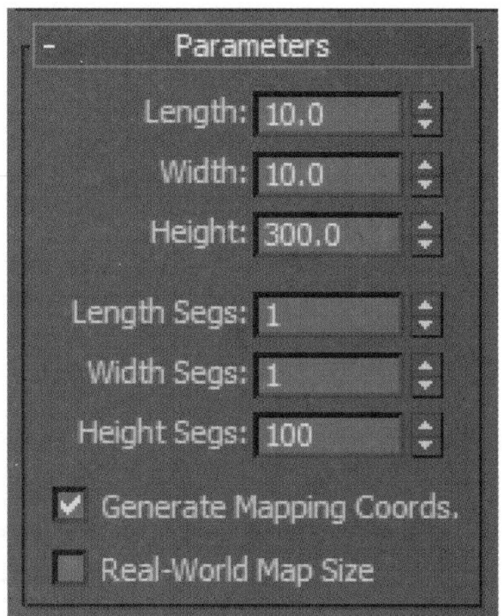

图 3-26　长方体效果与参数

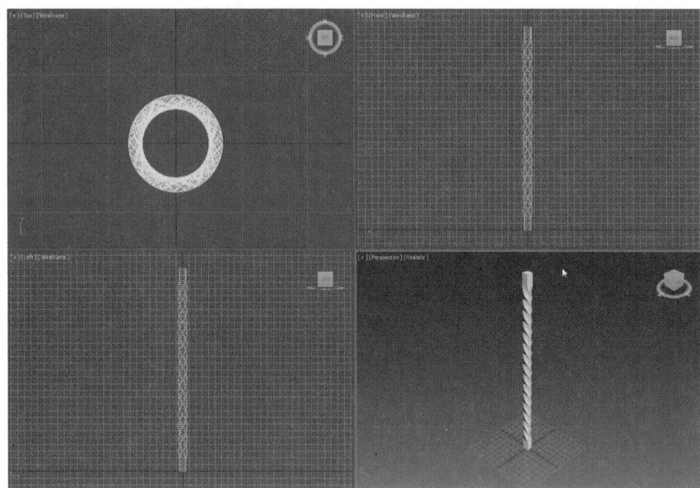

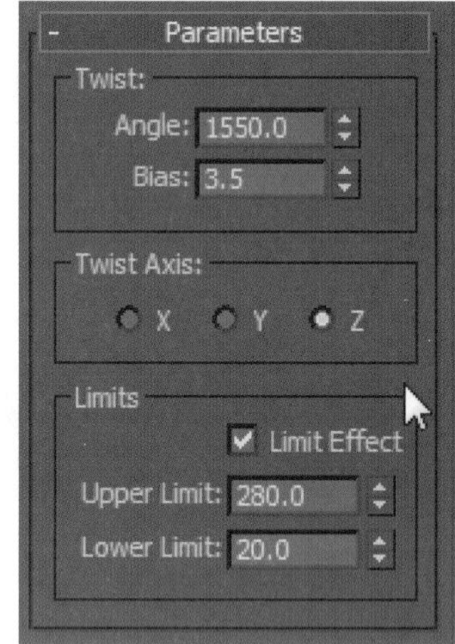

图 3-27　添加 Twist 效果与参数

（4）在修改命令面板中，展开 Modifier List 下拉列表框，并选择 Bend（弯曲）修改命令，如图 3-28 所示。在修改命令面板中，设置 Bend 选项组中的参数 Angle 为 350，效果如图 3-29 所示。

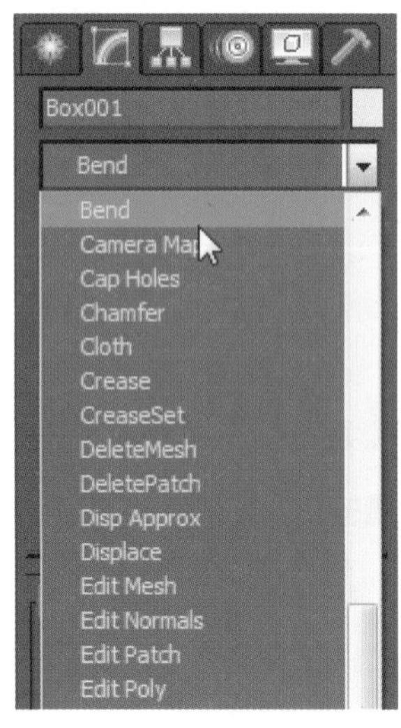

图 3-28　添加 Bend 命令

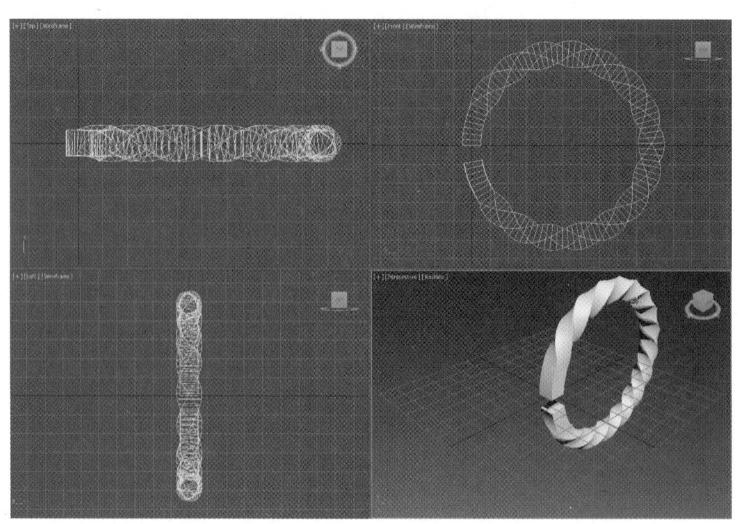

图 3-29　手镯最终效果

3.5 Taper 修改命令

Taper 修改命令
视频教学资源

Taper（锥化）修改命令通过缩放对象的两端产生锥形轮廓来修改造型，同时还可以加入光滑的曲线轮廓。允许用户控制锥化的倾斜度、曲线轮廓的曲度，还可以限制局部的锥化效果。锥化效果如图 3-30 所示，其参数设置面板中英文对照如图 3-31 所示。

图 3-30 锥化效果

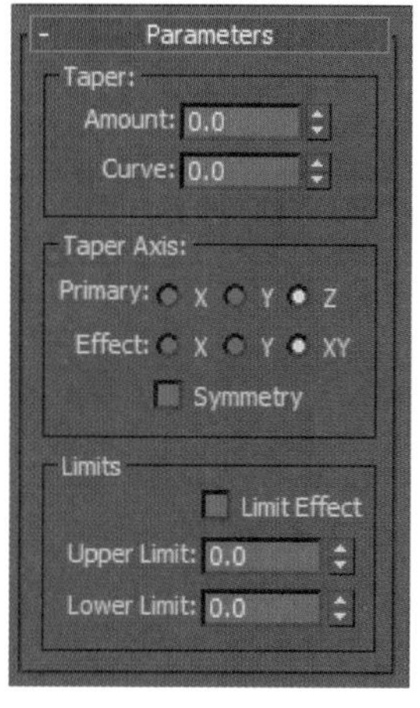

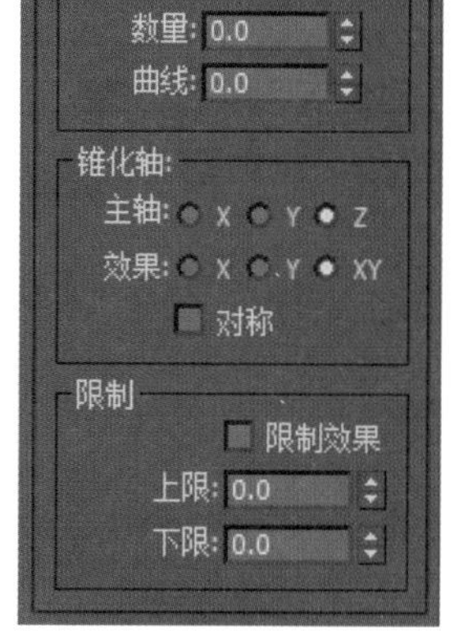

图 3-31 锥化参数设置面板中英文对照

锥化参数卷展栏下有三个选项组：锥化、锥化轴、限制。

（1）Taper（锥化）选项组。

- Amount（数量）：设置导边倾斜的程度。
- Curve（曲线）：设置导边曲线的弯曲程度。

（2）Taper Axis（锥化轴）选项组。

- Primary（主轴）：设置锥化的轴向。
- Effect（效果）：设置锥化所影响的轴向。
- Symmetry（对称）：设置对称的影响效果。

（3）Limits（限制）选项组。

- Upper Limit/Lower Limit（上限 / 下限）：指物体在某一指定范围内发生锥化，只有当选中 Limit Effect（限制效果）复选框后，调节上下限的值才起作用。

下面以制作陀螺为例介绍 Taper 修改功能的具体运用方法，制作陀螺的步骤如下。

（1）启动 3ds Max，进入操作界面，并单击命令面板中的 / / Cylinder 按钮。

（2）在 [Perspective] 视图中，创建一个参数设置如图 3-32 所示的圆柱体。单击菜单栏 Edit/Clone，在弹出的克隆窗口里选择 Copy 克隆方式，再单击“OK”按钮，并修改参数，如图 3-33 所示。

（3）在 [Perspective] 视图中，选择高度 20 的圆柱体，单击按钮进入修改命令面板，展开 Modifier List 下拉列表框，并选择 Taper 修改命令，如图 3-34 所示。

（4）在 Taper（锥化）参数卷展栏下，设置 Taper 选项组中的参数 Amount 为 10，Curve 为 10，效果如图 3-35 所示。

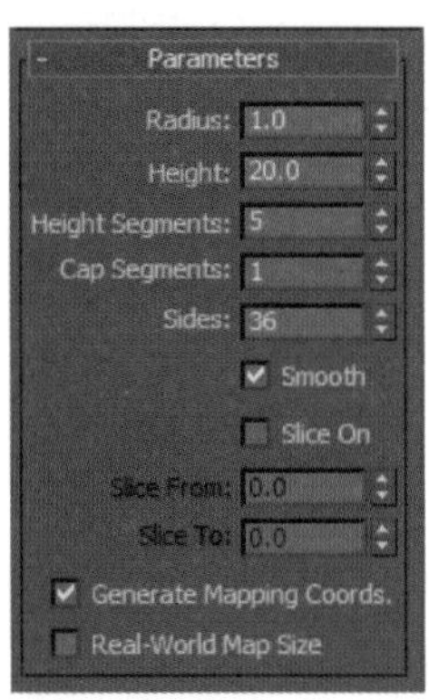

图 3-32　圆柱体参数设置

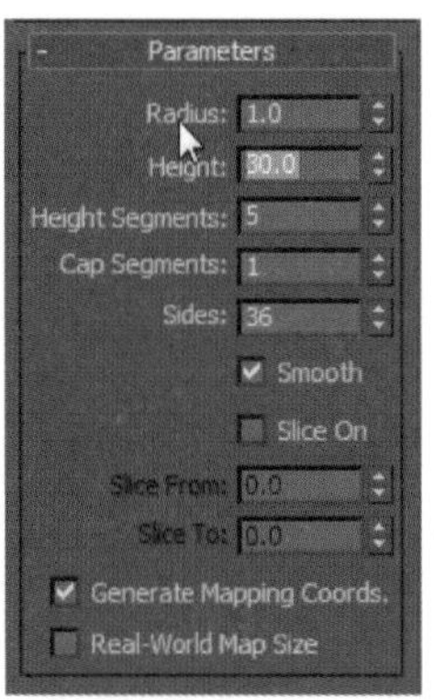

图 3-33　修改克隆的圆柱的参数

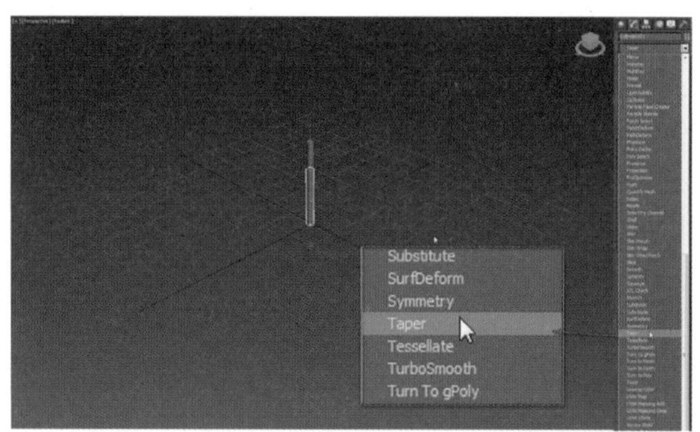

图 3-34　选择 Taper 修改命令

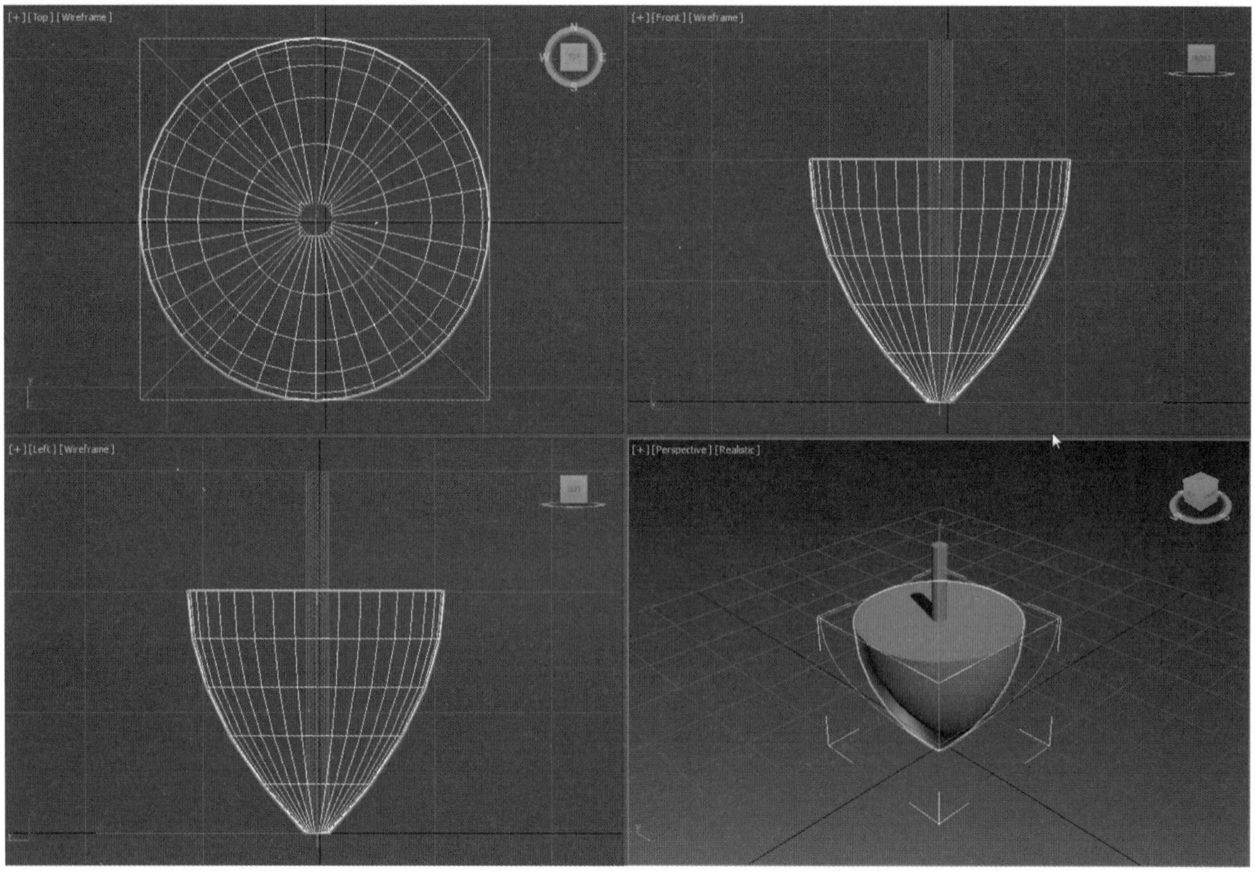

图 3-35　锥化后效果

3.6　Lattice 修改命令

Lattice（晶格）可以将网格对象进行线框化，是在造型上完成了真正的线框转化。Lattice 修改命令可将交叉点转化成节点造型，将线框转化成连接支柱造型，效果如图 3-36 所示，其参数设置面板中英文对照如图 3-37 所示。

晶格参数卷展栏下有四个选项组：Geometry（几何体）、Struts（支柱）、Joints（节点）、Mapping Coordinates（贴图坐标）。

Lattice 修改命令视频教学资源

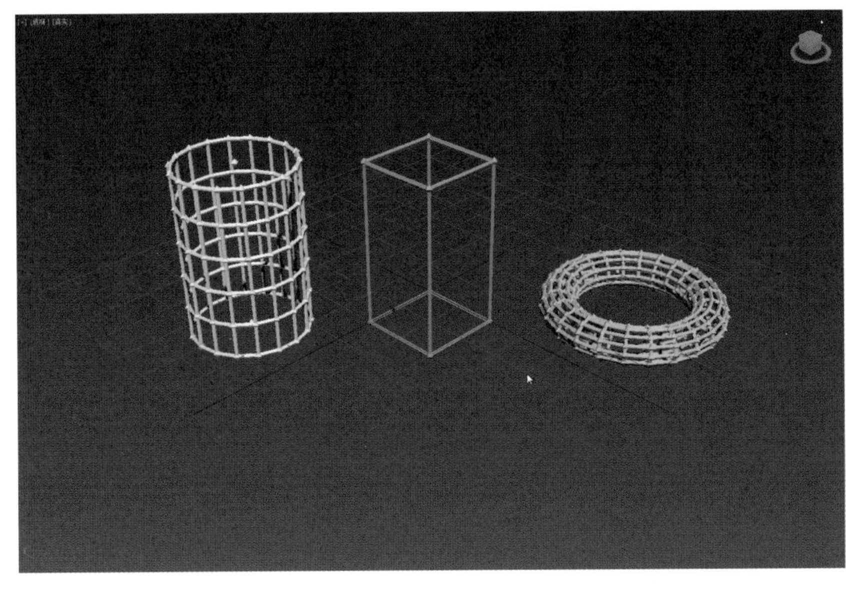

图 3-36　晶格效果

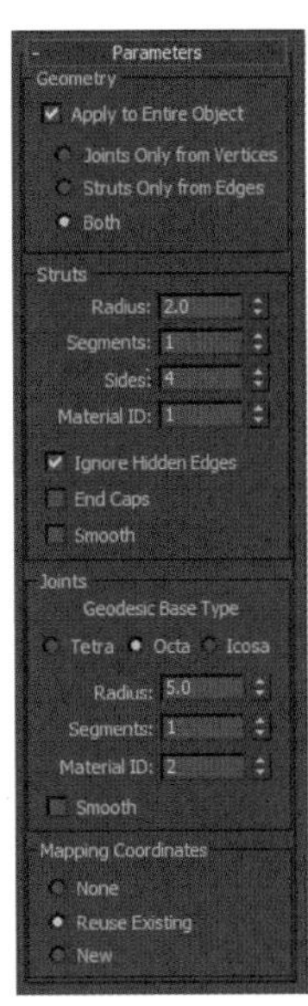

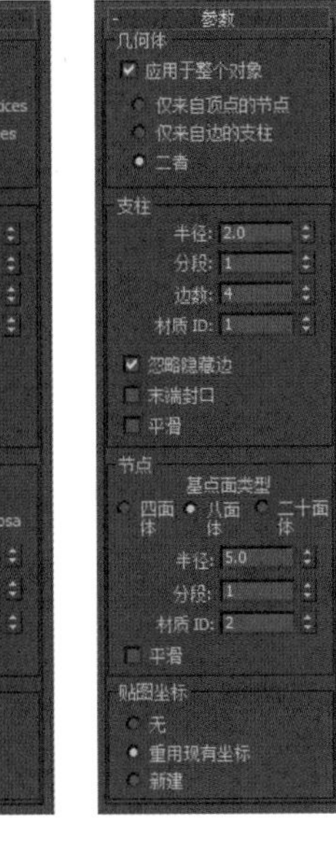

图 3-37　晶格参数设置面板中英文对照

（1）Geometry（几何体）选项组。

• Apply to Entire Object（应用于整个对象）：未选中该复选框，将可以对修改器堆栈中上传的次对象选择集使用框架修改，默认情况下，该选项是选中的，此时则可对对象中的所有边界和线段应用框架修改。

• Joints Only from Vertices（仅来自顶点的节点）：框架中只显示边的交点，即节点。

• Struts Only from Edges（仅来自边的支柱）：框架中只显示边，即支柱造型。

• Both（二者）：框架中将同时显示节点和支柱。

（2）Struts（支柱）选项组。

• Radius（半径）：设置支柱截面的半径，即支柱的粗细。

• Segments（分段）：设置支柱长度上的片段划分数。

• Sides（边数）：设置支柱截面图形的侧边数，即为支柱设置正多边形的截面。

• Material ID（材质 ID）：为支柱设置特殊的材质 ID。

• Ignore Hidden Edges（忽略隐藏边）：选中该复选框，将只对可见边做框架修改，即只把可见边转化为支柱。

• End Caps（末端封口）：选中该复选框，将为支柱两端加盖，使其成为封闭的造型。

• Smooth（平滑）：选中该复选框，将对支柱表面自动进行光滑处理，以产生圆柱体的光柱。

（3）Joints（节点）选项组。

• Geodesic Base Type（基点面类型）：用来设置以何种几何体作为节点的基本造型。系统提供了 Tetra（四面体）、Octa（八面体）和 Icosa（二十面体）三种类型。

• Radius（半径）：用来设置节点造型的半径，即节点的大小。

• Segments（分段）：用来设置节点造型的片段划分数。值越大，面越多，其造型也越接近球体。

• Material ID（材质 ID）：为节点造型设置特殊的材质 ID。

• Smooth（平滑）：选中该复选框，将对节点表面进行自动光滑处理，以产生球体效果。

（4）Mapping Coordinates（贴图坐标）选项组。

• None（无）：不指定贴图坐标。

• Reuse Existing（重用现有坐标）：使用当前对象本身的贴图坐标。

• New（新建）：为节点和支柱指定新建的贴图坐标。系统将为支柱指定柱形贴图坐标，而为节点指定球形贴图坐标。

下面以制作铁笼为例介绍 Lattice 修改功能的具体运用方法，制作铁笼的步骤如下。

（1）启动 3ds Max，并单击命令面板中的 / / Box 按钮，在 [Perspective] 视图中，创建一个参数设置如图 3-38 所示的长方体。

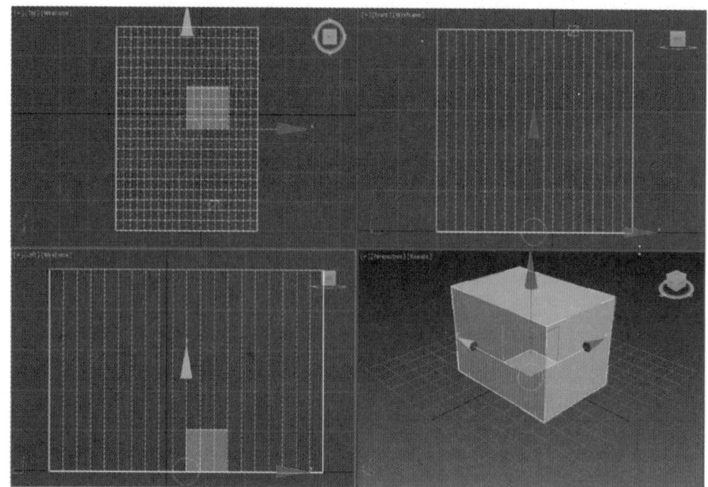

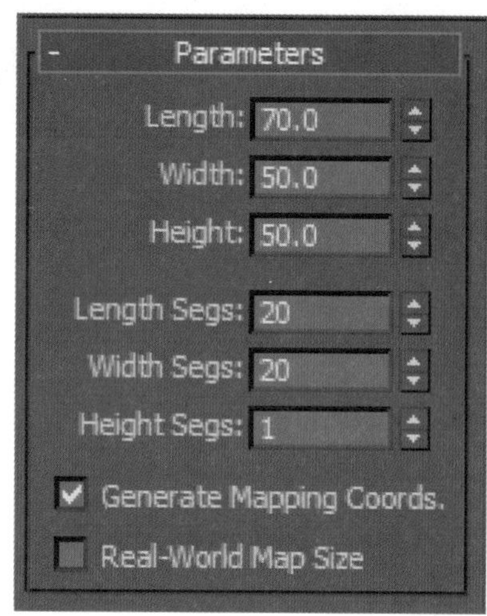

图 3-38　长方体参数与效果

（2）在 [Perspective] 视图中选择长方体，单击命令面板中按钮，进入修改命令面板，展开 Modifier List 下拉列表框，并选择 Lattice 命令，并勾选 Geometry 选项组中的 Struts Only from Edges 单选框，再设置其 Struts 选项组的参数，如图 3-39 所示。

（3）选中 Box001，单击鼠标右键，在弹出的对话框中选择 Clone（克隆），再在弹出的克隆对话框中选择 Copy（复制）方式，点击“OK”按钮。修改克隆出来 Box002 参数设置如图 3-40 所示。效果如图 3-41 所示。

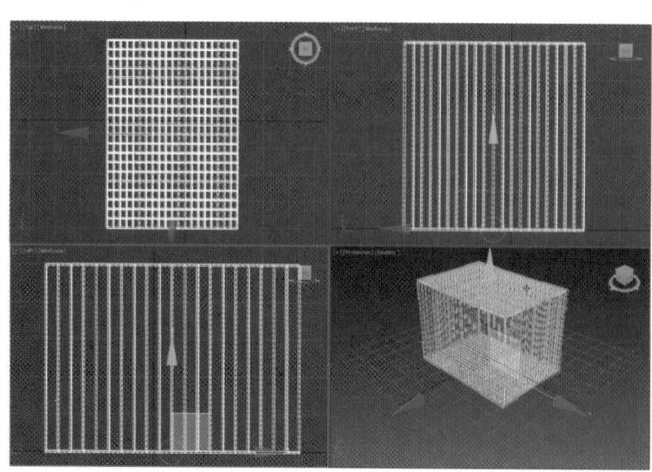

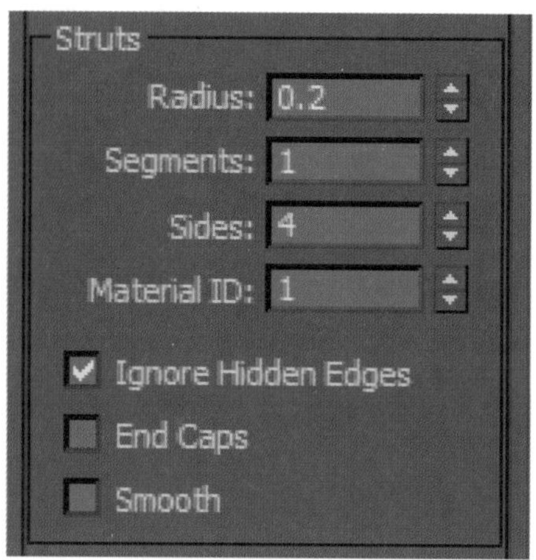

图 3-39　Lattice 命令参数设置与效果

图 3-40　Box002 参数设置

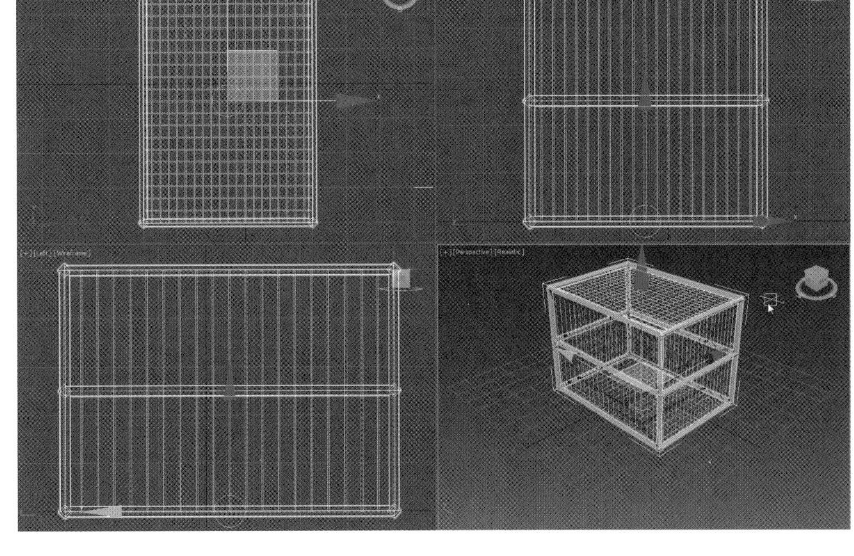

图 3-41　Box002 修改后效果

（4）重复步骤（3），修改 Box003 的参数如图 3-42 所示，单击按钮，将 Box003 移动到如图 3-43 所示位置。

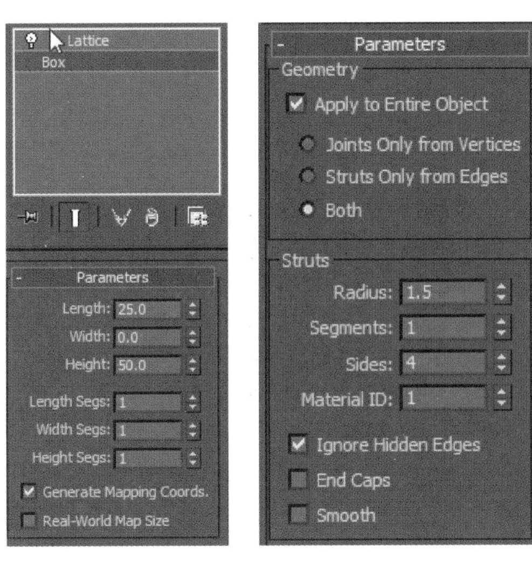

图 3-42　Box003 参数设置

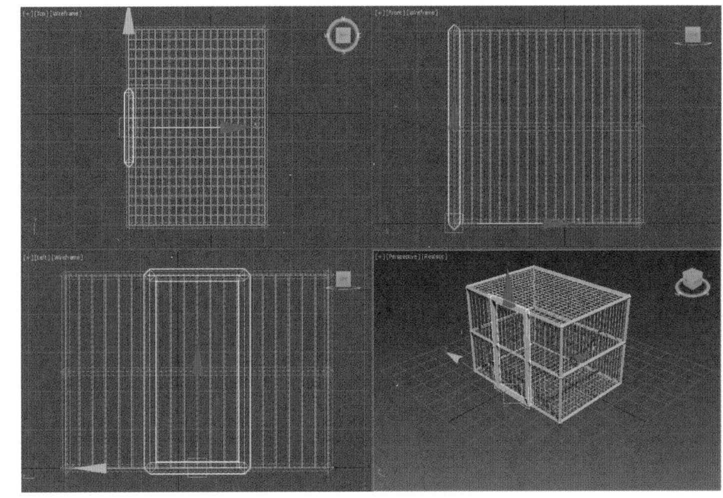

图 3-43　Box003 修改和移动后效果

【本章小结】

本章主要介绍了修改命令面板及几种常用的标准修改功能，分别是 Skew（倾斜）修改功能、Twist（扭曲）修改功能、Bend（弯曲）修改功能、Taper（锥化）修改功能、Lattice（晶格）修改功能。

【拓展练习】

一、选择题

（1）下面（　　）按钮为修改器堆栈工具栏中的显示最终结果开 / 关切换命令按钮。

A.　　B.

C.　　D.

（2）在 Twist（扭曲）修改命令中，（　　）参数是设置偏移角度的。

A. Angle　　B. Amount

C. Direction　　D. Skew Axis

（3）在 Bend（弯曲）修改命令中，勾选（　　）复选框，能限制弯曲命令的开始点或者结束点的位置。

A. Apply to Entire Object　　B. Joints Only from Vertices

C. Struts Only from Edges　　D. Limit Effect

二、填空题

（1）修改命令面板大致可分为__________、__________、__________、__________区域。

（2）Twist（扭曲）卷展栏中选项组有__________、__________、__________。

三、实验

利用本章所学知识制作出如图 3-44 所示的手链。

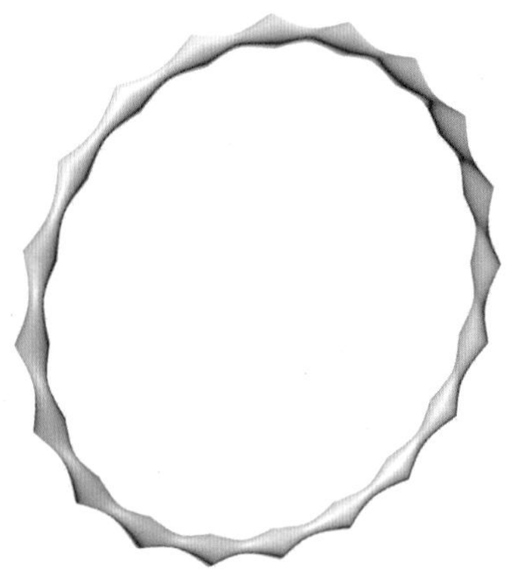

图 3-44　手链

手链视频教学资源

第 4 章 2D 转 3D 建模方法

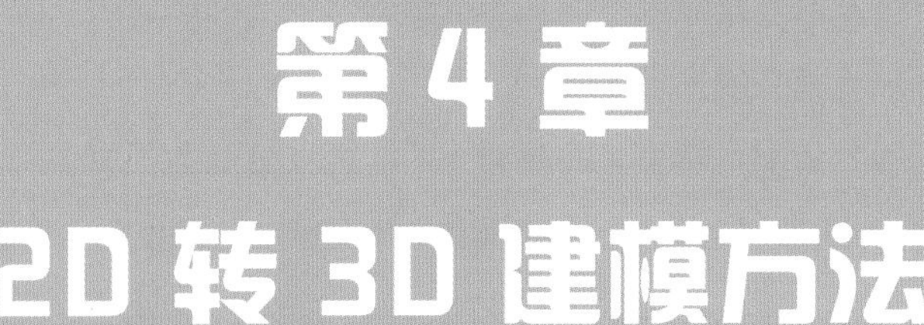

【学习要求】

（1）熟练掌握二维图形的创建方法。

（2）熟练掌握二维图形的修改方法。

（3）熟练掌握 2D 转 3D 的常用修改命令 Extrude 建模。

（4）熟练掌握 2D 转 3D 的常用修改命令 Lathe 建模。

（5）熟练掌握 2D 转 3D 的常用修改命令 Bevel 建模。

（6）熟练掌握 2D 转 3D 的常用修改命令 Bevel Profile 建模。

除前面三章介绍的三维几何体外，还有许多二维图形建模。通过对二维图形的讲解，我们可学会二维图形的创建及修改，再通过对二维图形的挤出、车削、倒角、倒角剖面等，又可将众多二维图形转成三维几何体，这样可在很大程度上开拓创作空间。

4.1 二维画线功能

二维图形又称平面图形，它是复杂三维造型的基础，通过对创建好的二维图形进行进一步的编辑加工，可创造出较为复杂的三维几何体。

创建二维图形一般有两种方法：一种是菜单法；另一种便是使用创建命令面板中的创建命令来实现。这里我们只介绍第二种方法，单击创建命令面板中的按钮，打开二维图形的创建命令面板，如图 4-1 所示。

图 4-1 二维图形的创建命令面板中英文对照

在创建二维图形之前，先介绍一个很重要的复选框——Start New Shape（开始新图形）复选框。一般其默认为选中状态，表示当前处于“开始新图形”模式，在此状态下新创建的每一个图形都会分别成为一个新的独立图形。如果取消该复选框，则所有新创建的图形都会作为当前图形的一部分，即在此状态下创建的所有图形一起构成一个新的图形，而不是一个单独的物体。

4.1.1 Line（线）

1. 创建线的基本方法

线是最简单的二维图形，是由节点组成的。创建线时，只要在视图中单击，确定节点的位置，系统就会自动进行连接。创建线的基本方法如下。

（1）单击创建命令面板的 \ \ Line 按钮，在 Top 视图中单击确定起点。

（2）移动鼠标，在鼠标和节点之间延伸出一条线，再次单击第二个节点，可以看到两点之间产生了一条线如图 4-2 所示。

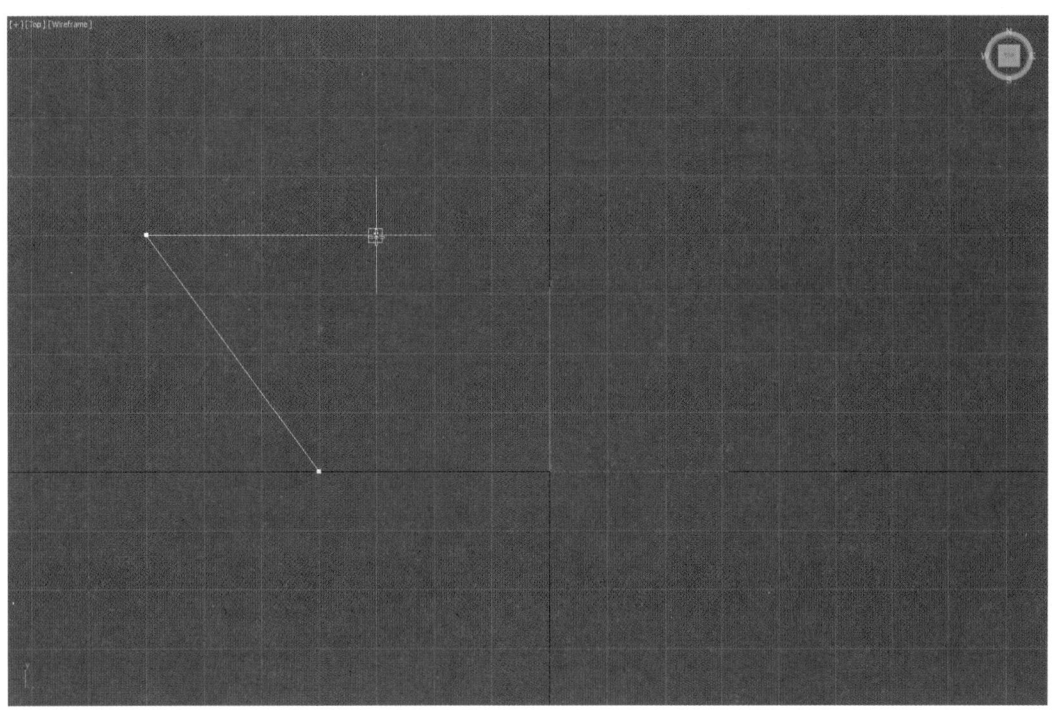

图 4-2　画线

（3）重复上述步骤分别确定图形的各条边。

（4）最后将鼠标移动到图形的第一个节点处单击，屏幕上会弹出如图 4-3 所示对话框。单击“是”按钮，一个封闭完整的图形就完成了，如图 4-4 所示。

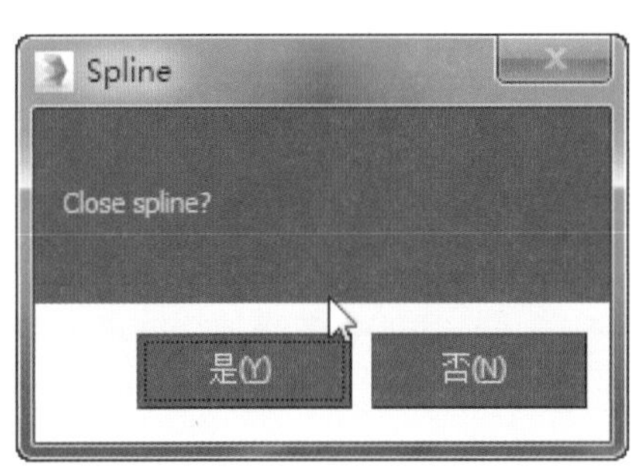

图 4-3　是否封闭样条线对话框

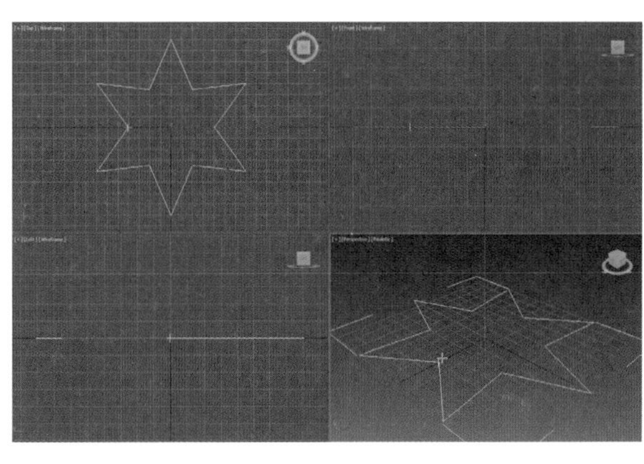

图 4-4　封闭的二维线框

2. 创建线的基本参数

（1）Creation Method（创建方法）卷展栏。

在 Creation Method 卷展栏中，有两个选项组：Initial Type（初始类型）和 Drag Type（拖动类型）。初始类型选项组用来设置在单击方式下节点的曲线形式，起点类型有 Corner（角点）和 Smooth（平滑）两个单选按钮；拖动类型选项组用于设置在单击并拖动方式下节点的曲线形式，拖动类型选项组中有 Corner（角点）、Smooth（平滑）和 Bezier（贝塞尔）三个单选按钮，如图 4-5 所示。下面分别介绍这三个单选按钮的用法。

- Corner（角点）单选按钮：其作用是经过该点的曲线以该点为顶点组成一条折线。
- Smooth（平滑）单选按钮：其作用是经过该点的曲线以该点为顶点组成一条平滑曲线。
- Bezier（贝塞尔）单选按钮：其作用是经过该点的曲线以该点为顶点组成一条贝塞尔曲线。

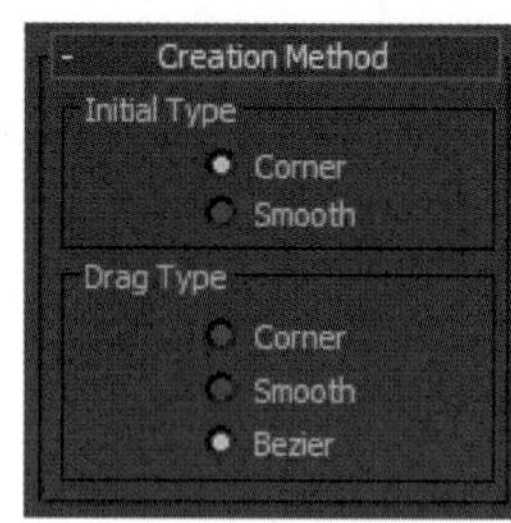

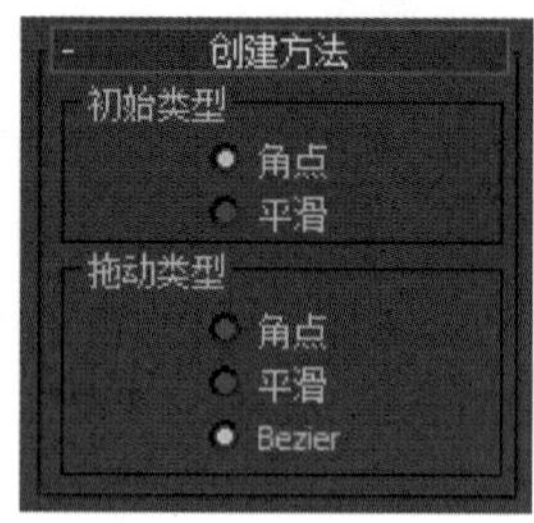

图 4-5　线的创建方法卷展栏

（2）Keyboard Entry（键盘输入）卷展栏。

该卷展栏参数用来让用户精确指定线段上各点的位置。线的键盘输入卷展栏如图 4-6 所示。

- X、Y、Z 参数输入栏：用来输入 X、Y、Z 值，确定加入点的位置。
- Add Point（添加点）：单击该按钮，则在视图中为指定的 X、Y、Z 坐标位置加入一个端点。
- Close（关闭）：单击该按钮，将末端点和首端点相连，使折线和曲线闭合。
- Finish（完成）：单击该按钮，结束建立。

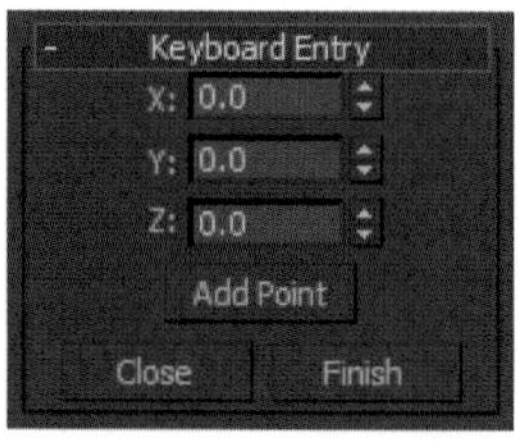

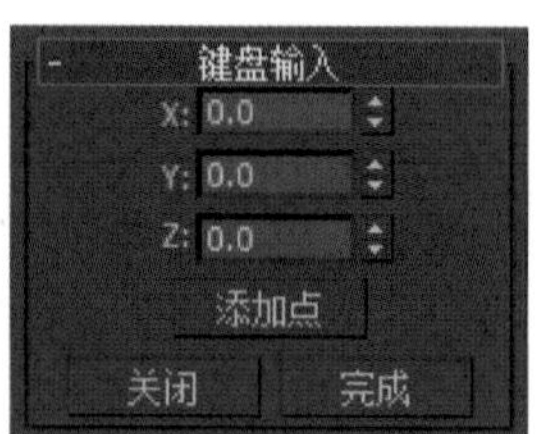

图 4-6　线的键盘输入卷展栏

（3）Rendering（渲染）卷展栏。

该卷展栏参数用来设置线形的渲染特性，利用它可以选择是否对线形进行渲染，并设定线形的厚度，甚至可以为线形分配贴图。线的渲染卷展栏如图 4-7 所示。

渲染卷展栏有如下各项参数。

- Enable In Renderer（在渲染中启用）：选中该复选框，将使用指定的参数来渲染线形，直线或曲线在渲染时将以管状体显示出来。未选中该复选框时，则不显示。
- Enable In Viewport（在视口中启用）：选中该复选框，将使用指定的参数在视口中以实体对象显示出来。未选中该复选框时，则不显示。

• Use Viewport Settings（使用视口设置）：在 Enable In Viewport（在视口中启用）选中时可启用，使用视图设置来显示由线形所产生的网格对象。

• Generate Mapping Coords.（生成贴图坐标）：自动指定贴图坐标，水平轴贴图将沿线形的厚度方向覆盖，而垂直轴贴图则沿线形的长度方向覆盖。

• Real-World Map Size（真实世界贴图大小）：按照系统默认的贴图坐标大小给对象定义坐标的大小。

• Viewport（视口）：选中该单选按钮，该卷展栏参数将用来设置视图中的线形厚度、侧边数和角度。

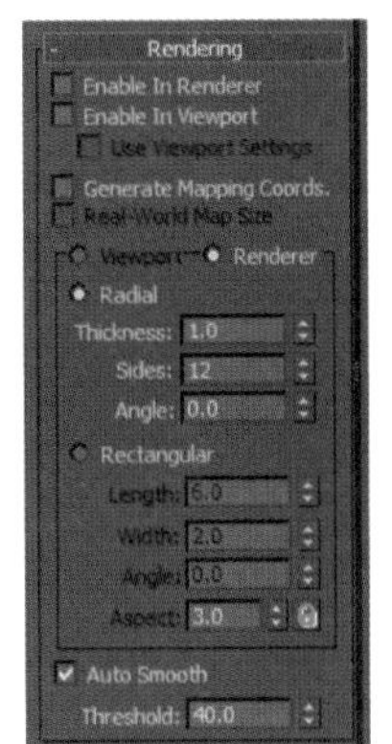

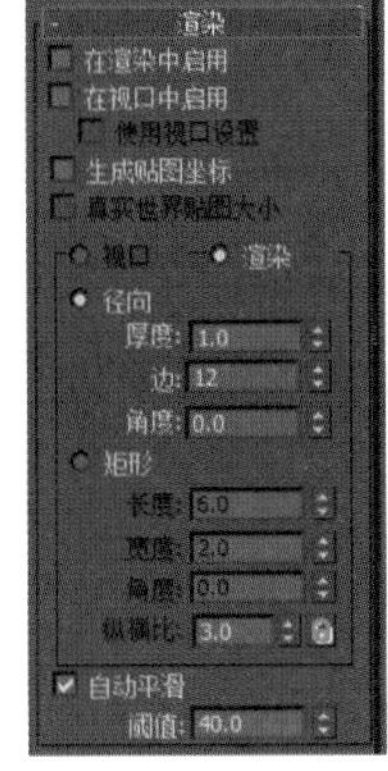

图 4-7　线的渲染卷展栏

• Renderer（渲染）：选中该单选按钮，该卷展栏参数将用来设置渲染中的线形厚度、侧边数和角度。

• Radial（径向）：设置显示的方式为圆管形式。

• Thickness（厚度）：用来设置视图或渲染中线形的直径大小。

• Sides（边）：用来设置视图或渲染中线形的侧边数，若其值设置为 4，则线形的截面是一个四边形。

• Angle（角度）：用来调整视图或渲染中线形的横截面旋转的角度。

• Rectangular（矩形）：用来设置显示的方式为矩形。

• Length（长度）：设置矩形显示方式的长度。

• Width（宽度）：设置矩形显示方式的宽度。

• Auto Smooth（自动平滑）：根据多边形间的角度设置平滑组。如果任何两个相邻多边形法线间的角度小于设置的阈值角度，则这两个多边形处于同一个平滑组中。

• Threshold（阈值）：设置 Auto Smooth（自动平滑）的阈值。

（4）Interpolation（插值）卷展栏。

Interpolation 卷展栏的各项参数如图 4-8 所示。

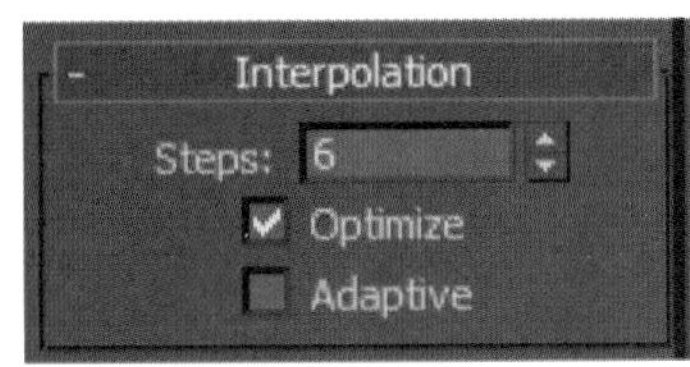

图 4-8　线的插值卷展栏

4.1.2　Rectangle（矩形）

1. 创建矩形的基本方法

使用矩形命令能够创建出各种各样的矩形和正方形，创建矩形的基本方法如下。

（1）单击创建命令面板的 \ \ Rectangle 按钮，如图 4-9 所示。

（2）在 Front 视图中单击任一处以确定矩形的起点，按住鼠标左键并拖动它至另一点，松开左键即确定矩形的长和宽，完成矩形的创建，如图 4-10 所示。

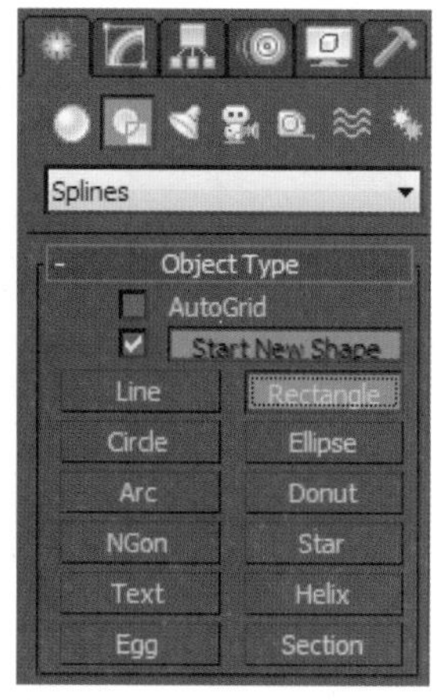

图 4-9　矩形创建按钮

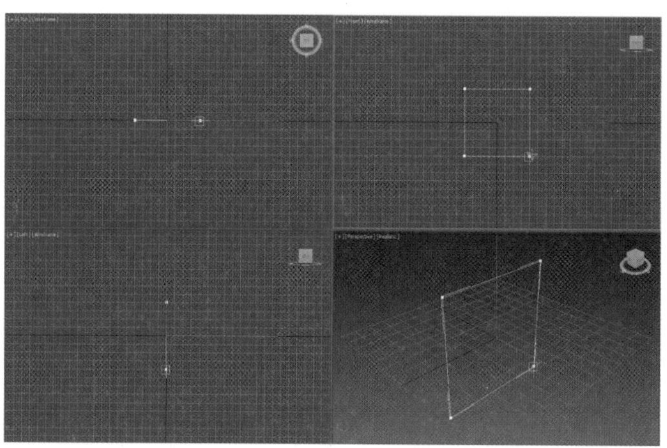

图 4-10　矩形效果

2. 创建矩形的基本参数

（1）Creation Method（创建方法）卷展栏。

Creation Method 卷展栏中有两个单选按钮：一个是 Edge（边）单选按钮，是以边为基点向外扩展；另一个是 Center（中心）单选按钮，是以中心为基点向外扩展，如图 4-11 所示。

（2）Parameters（参数）卷展栏。

用户可以通过 Parameters 卷展栏来编辑矩形，如图 4-12 所示。该卷展栏有如下参数。

• Length（长度）：设置矩形的长度参数。

• Width（宽度）：设置矩形的宽度参数。

• Corner Radius（角半径）：设置矩形的四角圆弧的圆角参数。将角半径的参数设置为 20 时，效果如图 4-13 所示。

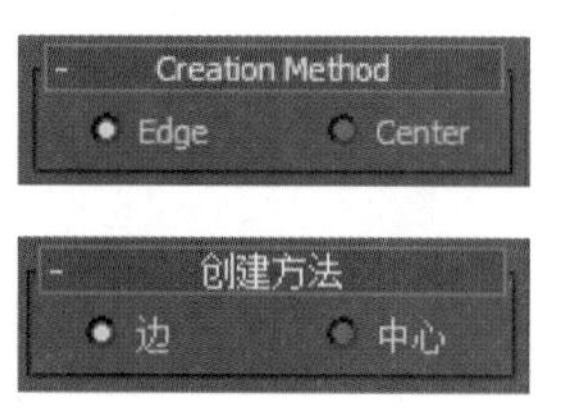

图 4-11　矩形的创建方法卷展栏

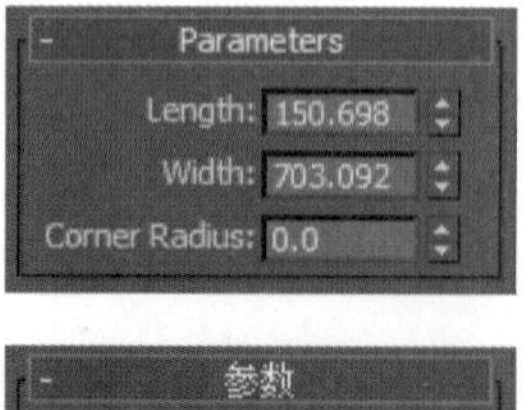

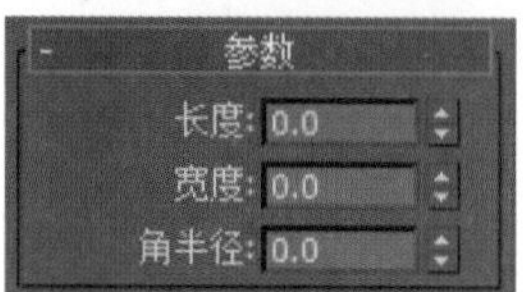

图 4-12　矩形的参数卷展栏

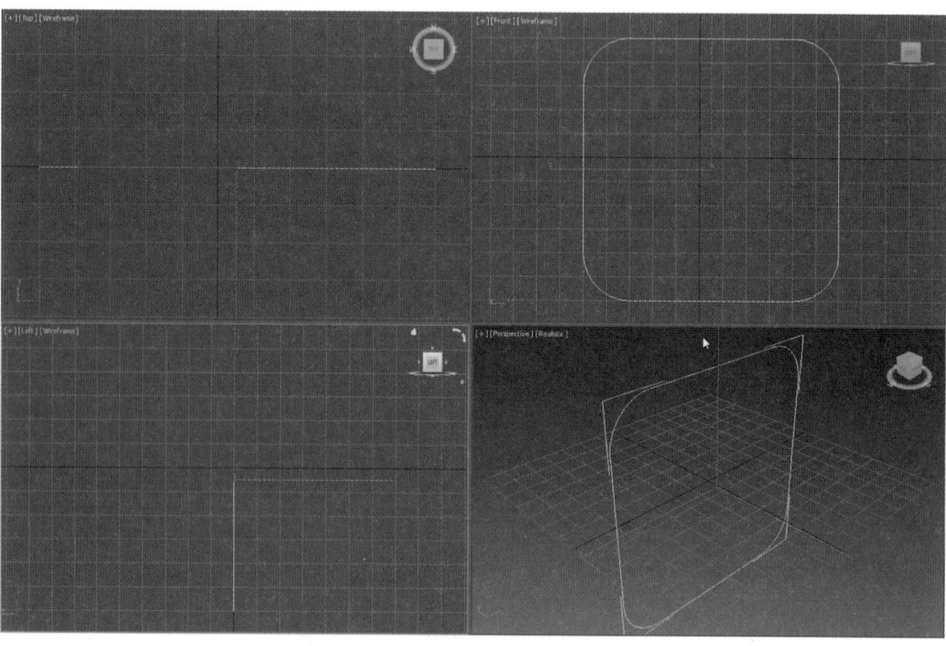

图 4-13　设置角半径参数后效果

4.1.3 Circle（圆）

使用圆命令可创建出圆形，创建圆的基本方法如下。

（1）单击创建命令面板的 \ \ Circle 按钮，如图 4-14 所示。

（2）在 Front 视图中单击任一处以确定圆的中心点，按住鼠标左键并向外拖动，松开左键即确定圆的半径，完成圆的创建，如图 4-15 所示。

圆的 Creation Method（创建方法）卷展栏与矩形的相同。用户可以通过圆的 Parameters（参数）卷展栏来编辑圆，此卷展栏只有一个参数值。

- Radius（半径）：设置圆的半径参数。

图 4-14 圆创建按钮

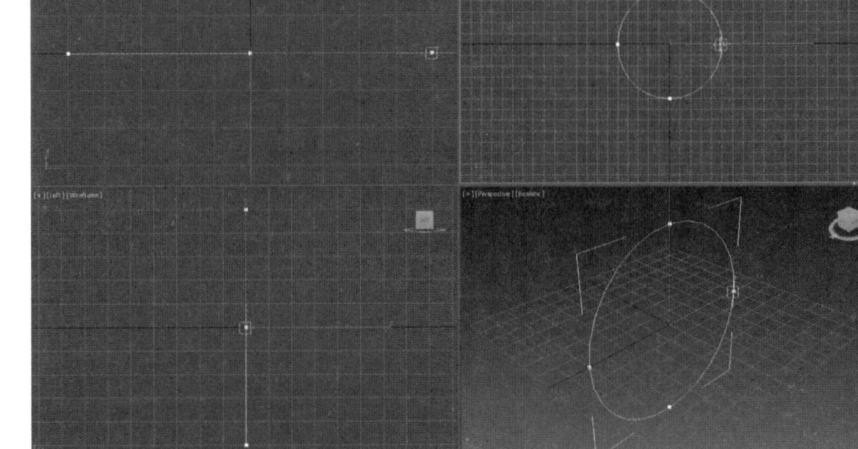

图 4-15 圆效果

4.1.4 Ellipse（椭圆）

使用椭圆命令可创建出椭圆，创建椭圆的基本方法如下。

（1）单击创建命令面板的 \ \ Ellipse 按钮，在 Front 视图中单击任一处以确定圆的起点，按住鼠标左键并拖动到另一点，松开左键即确定椭圆的长和宽，参数设置如图 4-16 所示。

（2）完成椭圆的创建，如图 4-17 所示。

椭圆的 Creation Method（创建方法）卷展栏与圆的相同，系统默认选择 Edge（边）创建方法。

椭圆的 Parameters（参数）卷展栏有如下设置。

- Length（长度）：设置椭圆的长度参数。
- Width（宽度）：设置椭圆的宽度参数，当长度与宽度的参数相同时，椭圆将变成圆形。

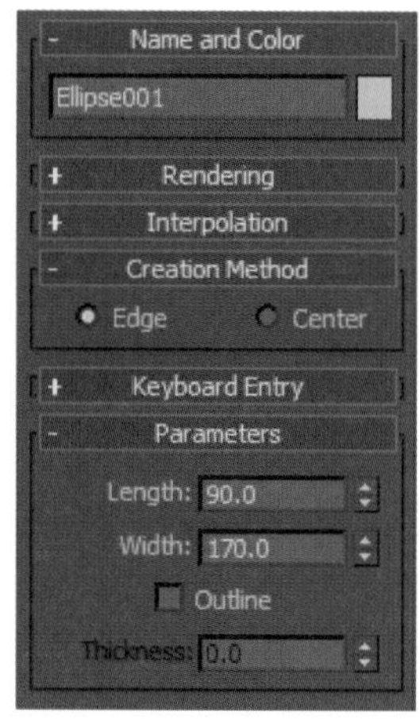

图 4-16　椭圆参数

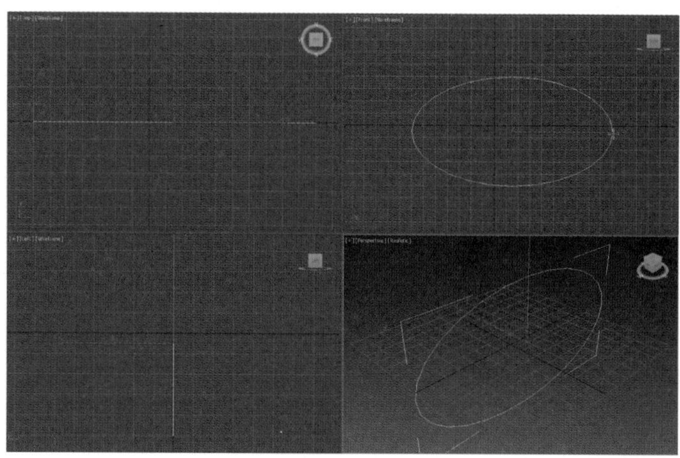
图 4-17　椭圆效果

4.1.5　Arc（弧）

1. 创建弧的基本方法

使用弧命令能够创建出各种各样的弧和扇形，创建弧的基本方法如下。

（1）单击创建命令面板的 \ \ Arc 按钮，如图 4-18 所示。

（2）在 Front 视图中单击任一处以确定弧的起点，按住鼠标左键并拖动至另一点，松开左键即确定弧的弦长。

（3）移动鼠标调节弧的大小和开口方向，当弧的大小满足要求时，单击鼠标左键，这样一个弧就创建好了，效果如图 4-19 所示。

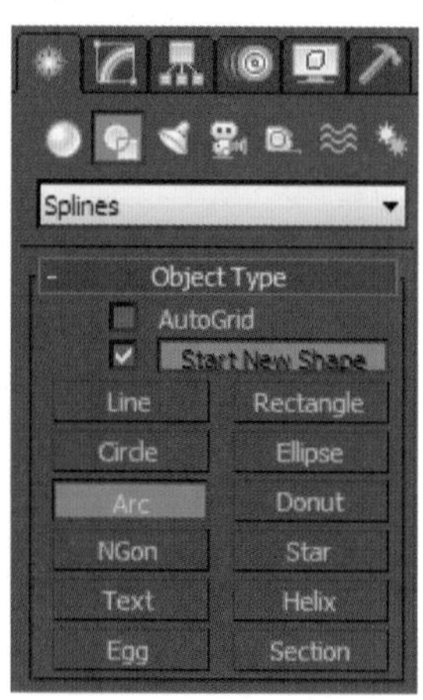

图 4-18　弧创建按钮

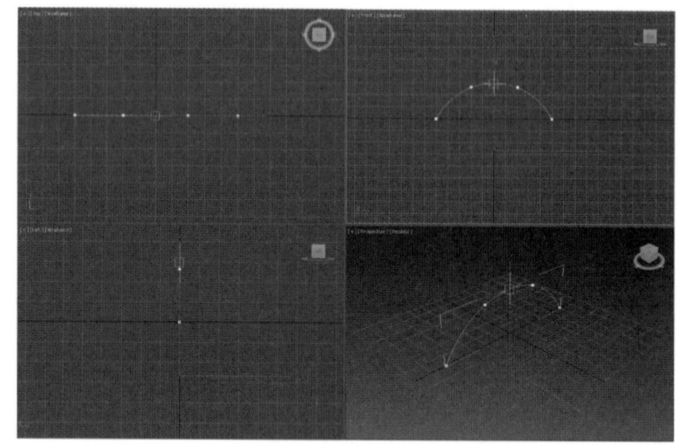
图 4-19　弧效果

2. 创建弧的基本参数

（1）Creation Method（创建方法）卷展栏。

Creation Method 卷展栏中有两个单选按钮：一个是 End-End-Middle（端点 - 端点 - 中央）单选按钮，即按照选项确定弦长；另一个是 Center-End-End（中间 - 端点 - 端点）单选按钮，选择此选项将采用先确定半径，再移动光标确定弧长的创建流程，如图 4-20 所示。

（2）Parameters（参数）卷展栏。

用户可以通过 Parameters 卷展栏来编辑弧，如图 4-21 所示。该卷展栏有如下参数。

- Radius（半径）：设置弧形所属圆形的半径。

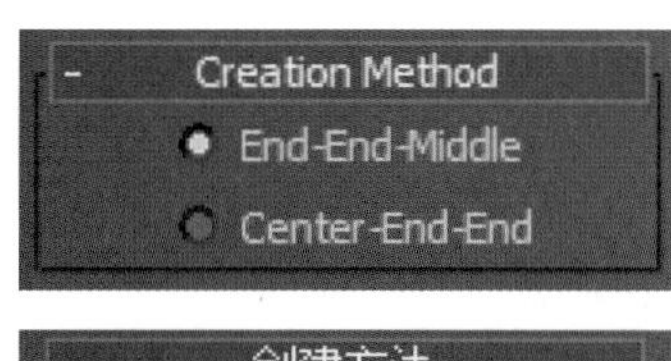

图 4-20　弧的创建方法卷展栏

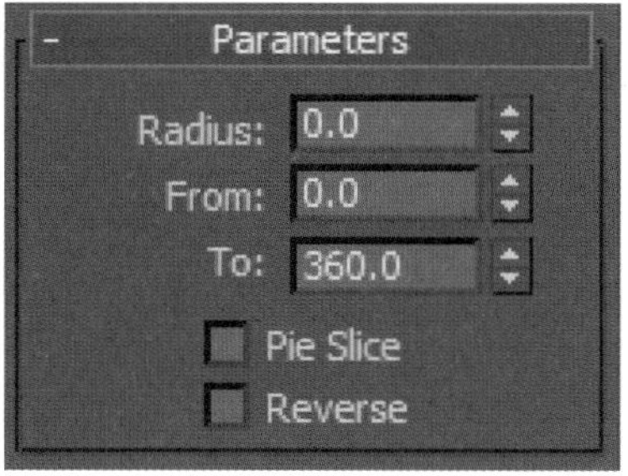

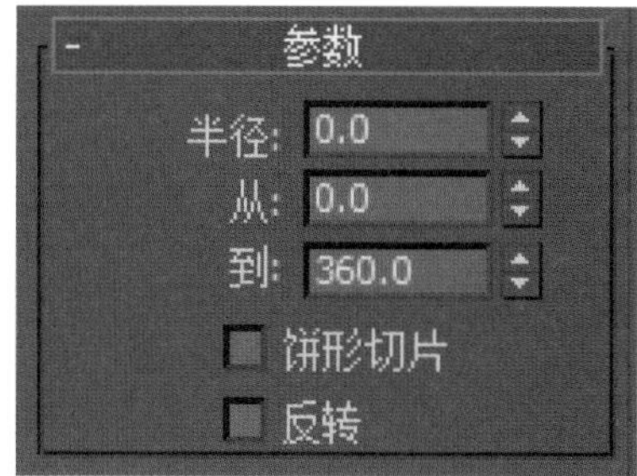

图 4-21　弧的参数卷展栏

• From（从）：设置弧的起始角度。

• To（到）：设置弧的终止角度。

• Pie Slice（饼形切片）复选框：勾选此复选框，将从圆心处至弧的两端分别添加两条半径，将弧封闭为扇形，如图 4-22 所示。

• Reverse（反转）：此复选框用于改变弧的方向。选中后会将弧的起始端点和终止端点进行互换。是否选中该复选框，并不会对图形的形状产生任何影响。当用户进入子物体编辑模式后，就可以看出端点的互换变化了。

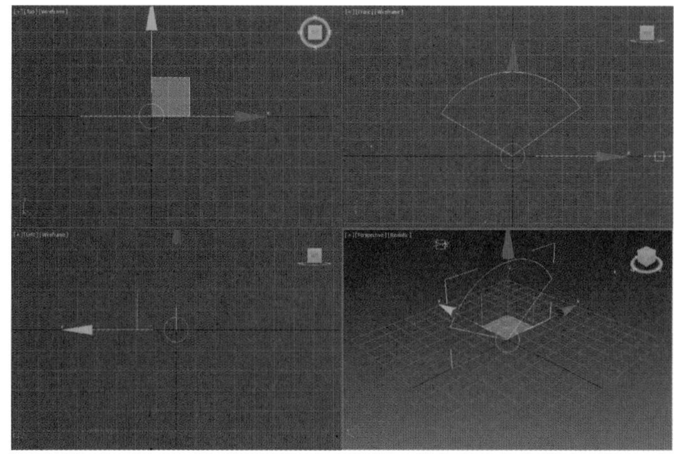

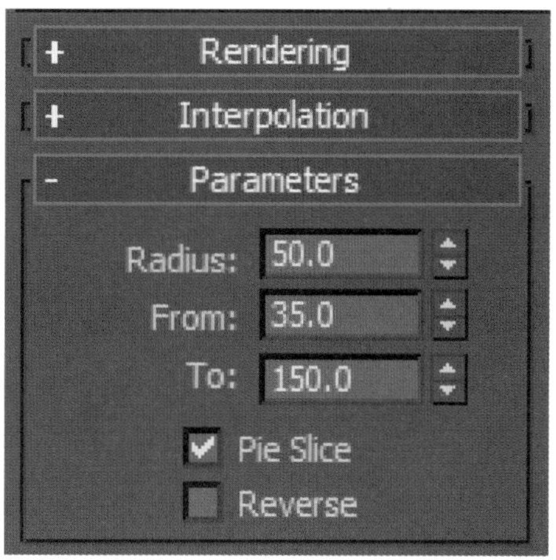

图 4-22　扇形封闭式弧

4.1.6　Donut（圆环）

使用 Donut（圆环）命令可创建出圆环，创建圆环的基本方法如下。

（1）单击创建命令面板的 \ \ Donut 按钮，在 Front 视图中单击任一处以确定圆的中心点，按住鼠标左键并向外拖动，松开左键即确定同心圆的内圆半径，松开鼠标并移动拉出外圆，单击鼠标左键确定外圆半径，参数设置如图 4-23 所示。

（2）同心圆效果如图 4-24 所示。

圆环的 Creation Method（创建方法）卷展栏与圆的相同，系统默认选择 Center（中心）创建方法。

圆环的 Parameters（参数）卷展栏有如下设置。

• Radius 1（半径 1）：设置内圆半径参数。

• Radius 2（半径 2）：设置外圆半径参数。

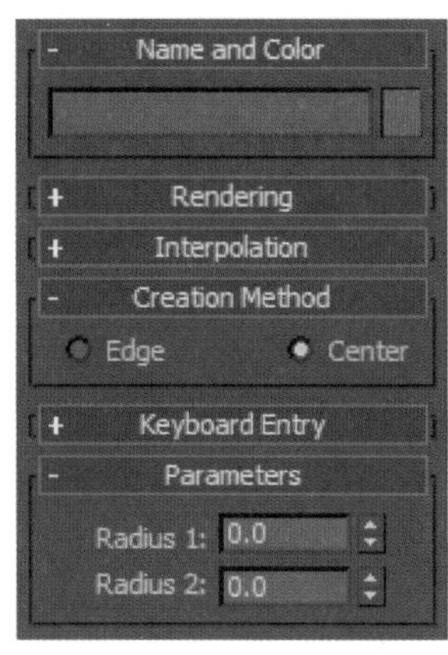

图 4-23　同心圆参数设置

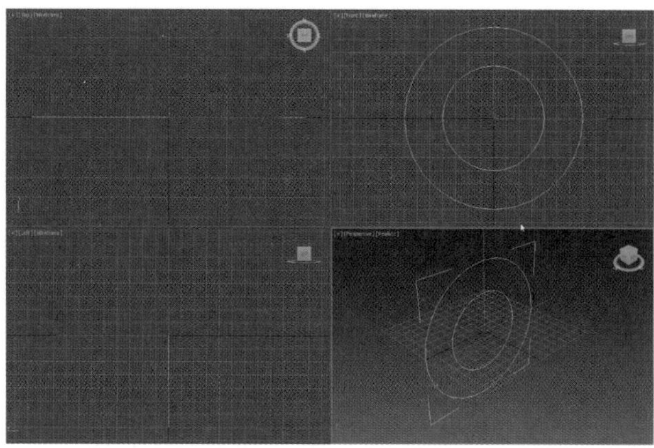

图 4-24　同心圆效果

4.1.7　NGon（多边形）

使用 NGon（多边形）命令可创建出多边形，创建多边形的基本方法如下。

（1）单击创建命令面板的 \ \ NGon 按钮，在 Front 视图中单击任一处以确定正多边形的中心点，按住鼠标左键并向外拖动，松开左键即确定多边形的半径，参数设置如图 4-25 所示。

（2）正多边形效果如图 4-26 所示。

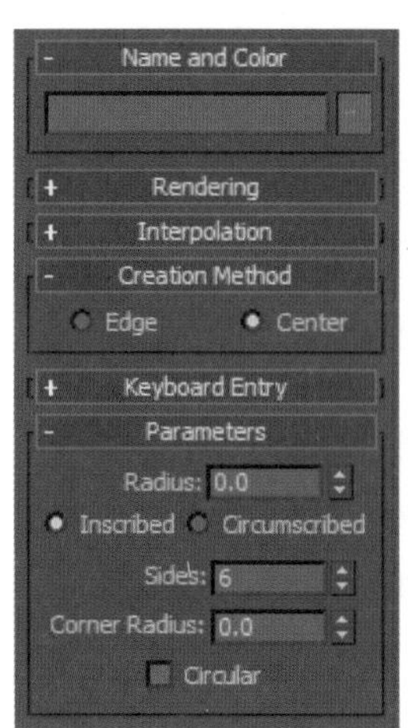

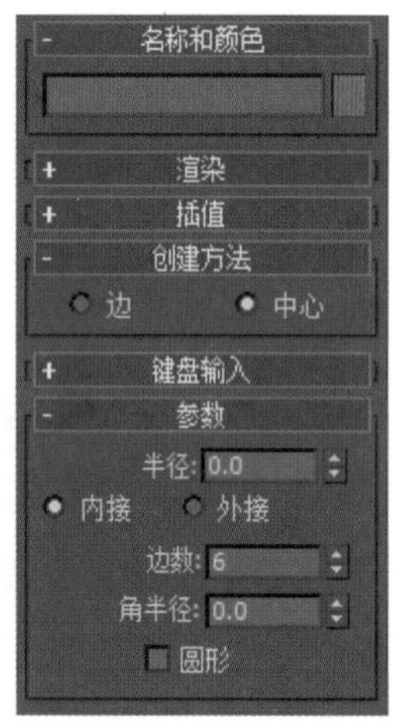

图 4-25　正多边形参数设置

图 4-26　正多边形效果

多边形的 Creation Method（创建方法）卷展栏与圆的相同，系统默认选择 Center（中心）创建方法。

多边形的 Parameters（参数）卷展栏有如下设置。

- Radius（半径）：设置正多边形半径参数。
- Inscribed\Circumscribed（内接 \ 外接）：设置正多边形以外切圆还是以内切圆半径作为正多边形的半径。
- Sides（边数）：设置正多边形的边数参数。
- Corner Radius（角半径）：设置正多边形的每个角的圆角半径参数。
- Circular（圆形）：设置正多边形成为圆形。

4.1.8 Star（星形）

星形的形状是由半径 1、半径 2、顶点数、扭曲、圆角半径 1 和圆角半径 2 这 6 个参数共同控制的。下面我们创建一个手里剑来介绍星形的参数设置和用法，创建手里剑的步骤如下。

（1）单击创建命令面板的 \ \ Star 按钮。

（2）在 Front 视图中按下鼠标左键确定星形中心，向外拖动鼠标，松开鼠标左键后，视图中出现圆内接多边形，向内移动光标生成如图 4-27 所示的星形。

在 Parameters 卷展栏中将点数设为 4，将扭曲参数设为 180，一个手里剑就制作完成了，效果如图 4-28 所示。

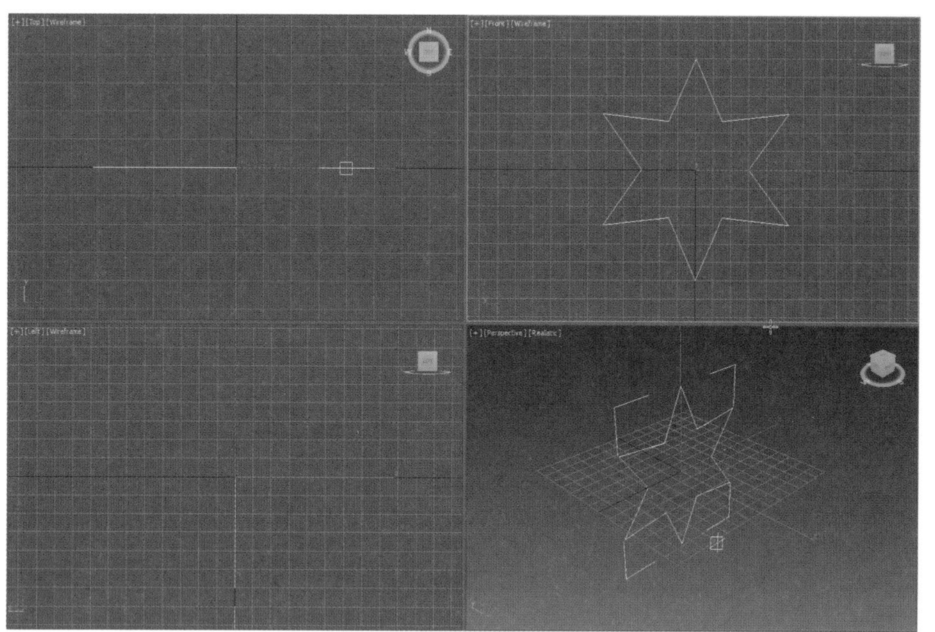

图 4-27　创建的星形效果

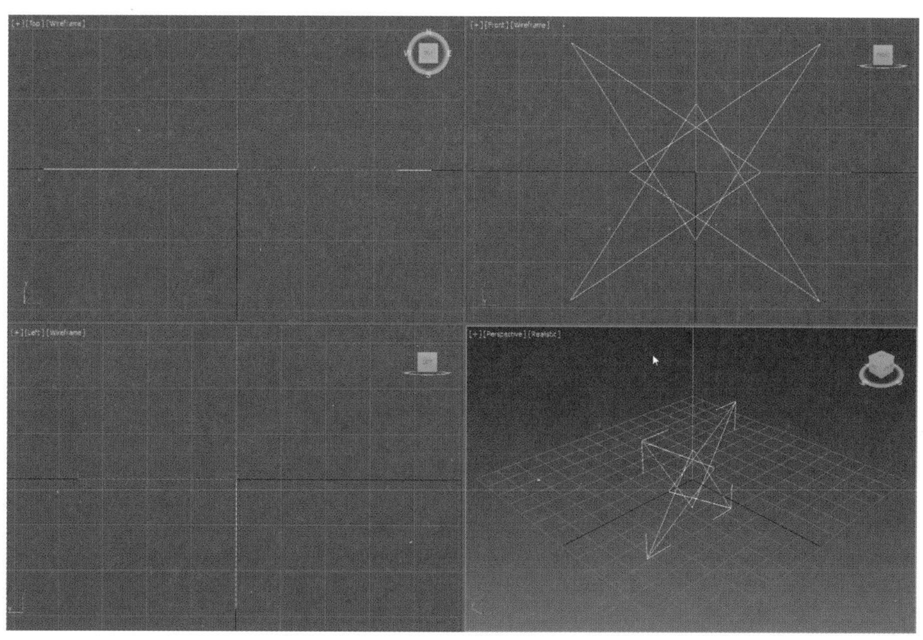

图 4-28　重新设置参数的效果

Parameters 卷展栏有如下设置。

• Radius 1\Radius 2（半径参数）：改变半径 1 和半径 2 两个参数，可以改变星形的大小和形状，当两参数值相等时，星形变为圆内接多边形，如图 4-29 所示。

• Points（点）：该参数用于决定星形的角数。图 4-27 中的星形使用的是系统默认初始值 6，如果输入 5 和 12，星形就会变成五角星和十二角星，如图 4-30 所示。

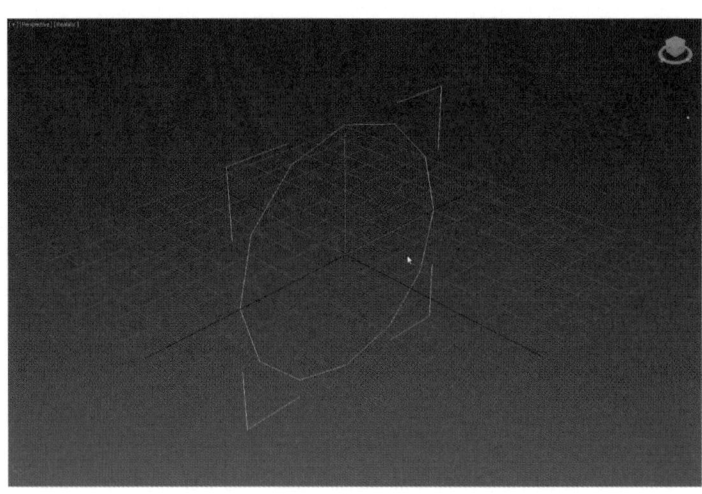

图 4-29　内接多边形的星形命令

图 4-30　Points 为 5 和 12 时的效果

• Distortion（扭曲参数）：该参数对星形起扭曲作用，其值范围是 0 ~ 180，系统初始默认值为 0。将其设为 40 时，图 4-30 中的五角星和十二角星将变为如图 4-31 所示的不规则图形。

• Fillet Radius 1\Fillet Radius 2（圆角半径）：该参数用于对星形进行倒角。若将二者的值均设为 50，并将扭曲参数的值重新恢复为 0，则图 4-30 中的五角星和十二角星会变为如图 4-32 所示的效果。

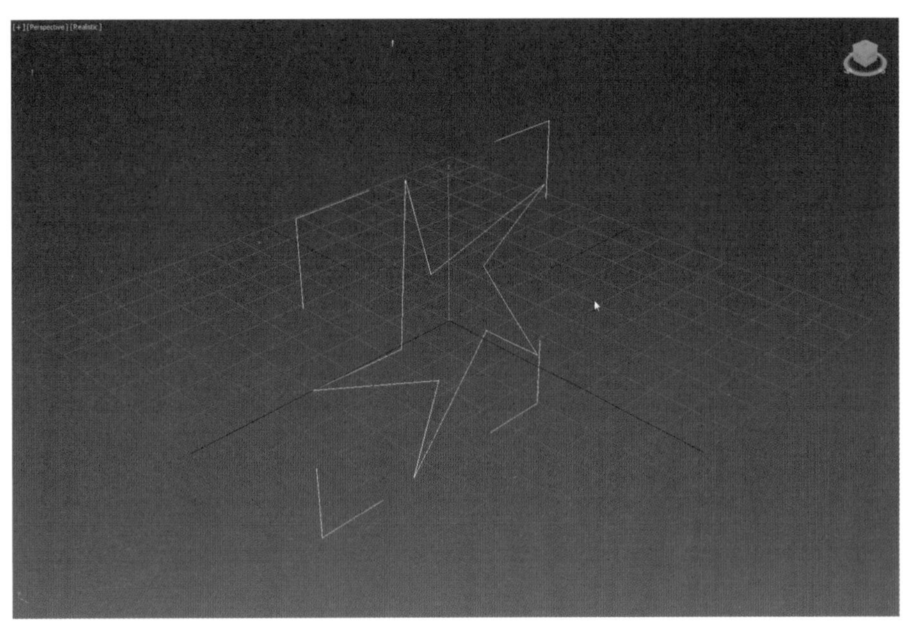

图 4-31　设置扭曲参数后效果

图 4-32　设置倒角参数后五角星和十二角星的效果

4.1.9　Text（文本）

文本是 3ds Max 中提供的一种很重要的二维图形，用户可以直接在场景中加入文本，它不但可以贴附于物体表面组成匾额、封皮等表面附有文本的物体，而且可以对它进一步编辑以形成独立的三维文本。文本的创建方式如下。

（1）单击创建命令面板的 \ \ Text 按钮。

（2）在 Front 视图中单击鼠标，视图中就出现了“MAX Text”的字样，如图 4-33 所示。

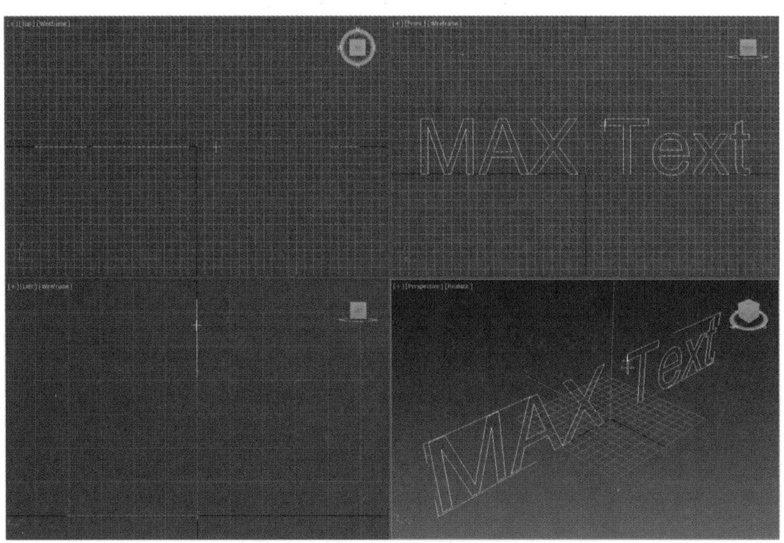

图 4-33 二维文本效果

文本的 Parameters（参数）卷展栏最顶端的下拉列表框用来选择文本的字体。系统的默认字体是 Arial，如果需要更改字体，单击下拉列表框右端的 按钮，在弹出的下拉列表框中选择需要的字体即可。

下拉列表框下面是一系列文本编辑按钮。文本编辑按钮下面是 Size（大小）、Kerning（字间距）、Leading（行间距）和 Text（文本）。Size（大小）用来设置文字的大小，系统的默认值为 100。Kerning（字间距）用来设置文字的间距，系统的默认值为 0。Leading（行间距）用来设置文字的行距，系统的默认值为 0。Text（文本）框用来输入文本内容。

文本框下面是 Update（更新）选项组，包括 Manual Update（手动更新）复选框和 Update（更新）按钮，用来设置文字的更新方式。

4.1.10 Helix（螺旋线）

螺旋线的形状由半径 1、半径 2、高度、圈数、偏移和顺时针、逆时针两个单选按钮确定。螺旋线的创建方式如下。

（1）单击创建命令面板的 \ \ Helix 按钮。

（2）在 Top 视图中任一处按下鼠标左键，并拉出一个圆形线框，然后向下移动光标，在适当的高度处单击以确定螺旋线的高度。

（3）最后上下移动鼠标确定半径 2 的值。这样一条螺旋线就创建好了，如图 4-34 所示。

螺旋线的 Parameters（参数）卷展栏有如下设置。

• Radius 1\Radius 2（半径参数）：半径 1 和半径 2 确定螺旋线的上下两个圆半径。

• Turns（圈数）：该参数决定螺旋体的旋转数，该参数值范围是 0 ~ 100。当其值为 0 时，螺旋线为一条直线，系统默认初始值为 1，即仅旋转一圈，设置该参数为 20 时，螺旋线将旋转 20 圈，如图 4-35 所示。

• Bias（偏移）：该参数用于设置螺旋线的旋转疏密分布。该参数的取值范围是 −1 ~ 1，系统默认初始值为 0。当该值为 1 时，螺旋线的顶部旋转数最多，底部旋转数最少，如图 4-36 所示。

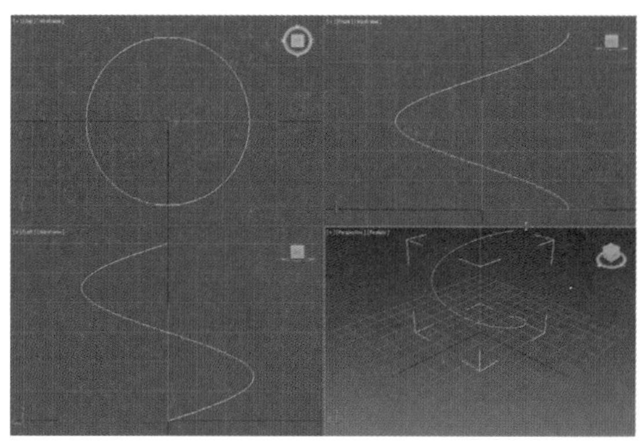
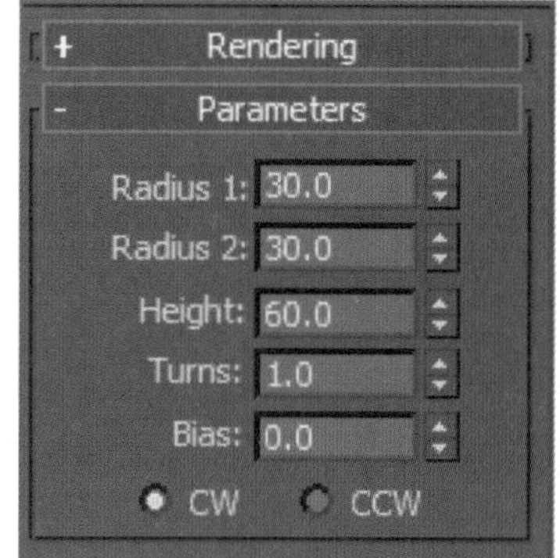

图 4-34 螺旋线效果

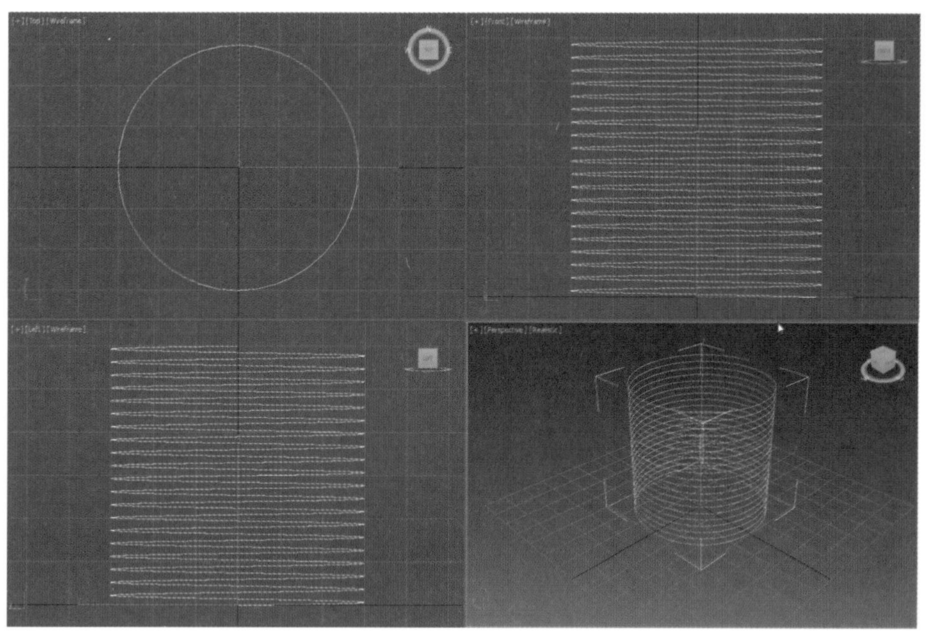

图 4-35 设置圈数参数后的效果

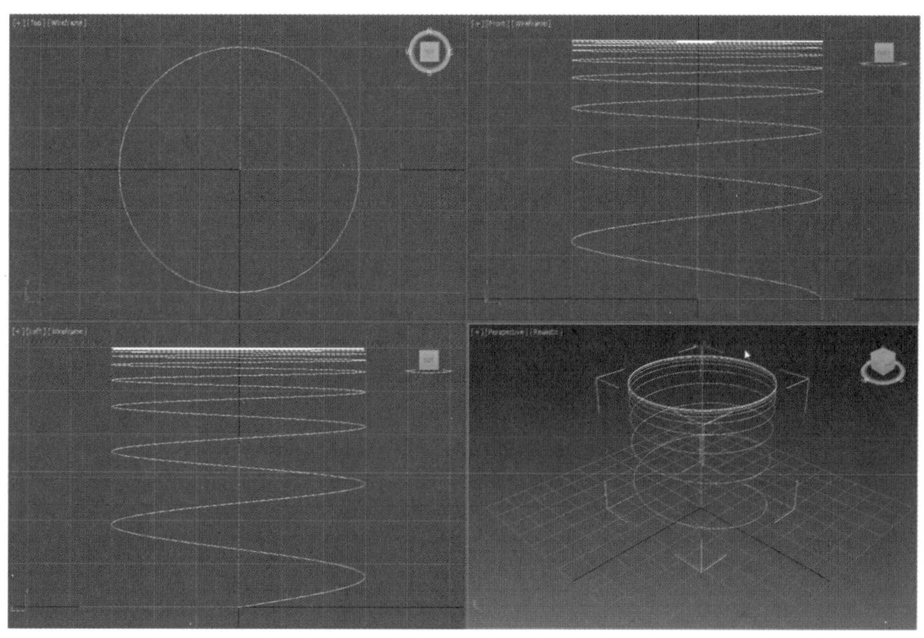

图 4-36 设置偏移参数后的效果

• CW\CCW（逆时针 \ 顺时针）：这两个单选按钮用来控制螺旋线的旋转方向。选择逆时针单选按钮使螺旋线的缠绕方向旋转上升，选择顺时针单选按钮，螺旋线缠绕方向旋转下降，如图 4-37 所示。

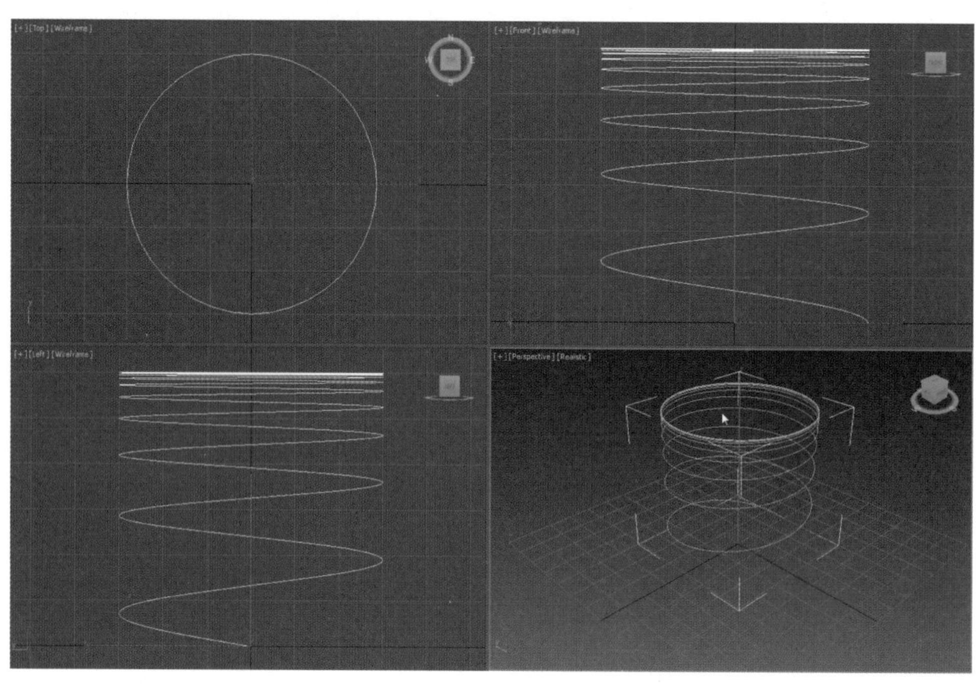

图 4-37　选择顺时针旋转时效果

4.1.11　Egg（卵形）

创建卵形图形的步骤：在视图窗口中按住鼠标左键拖动以创建卵形的初始大小，松开鼠标左键，上下移动光标，确定卵形的厚度，最后单击鼠标左键，即可创建卵形，如图 4-38 所示。

卵形的 Parameters（参数）卷展栏可以用来编辑矩形。该卷展栏有如下参数，如图 4-39 所示。

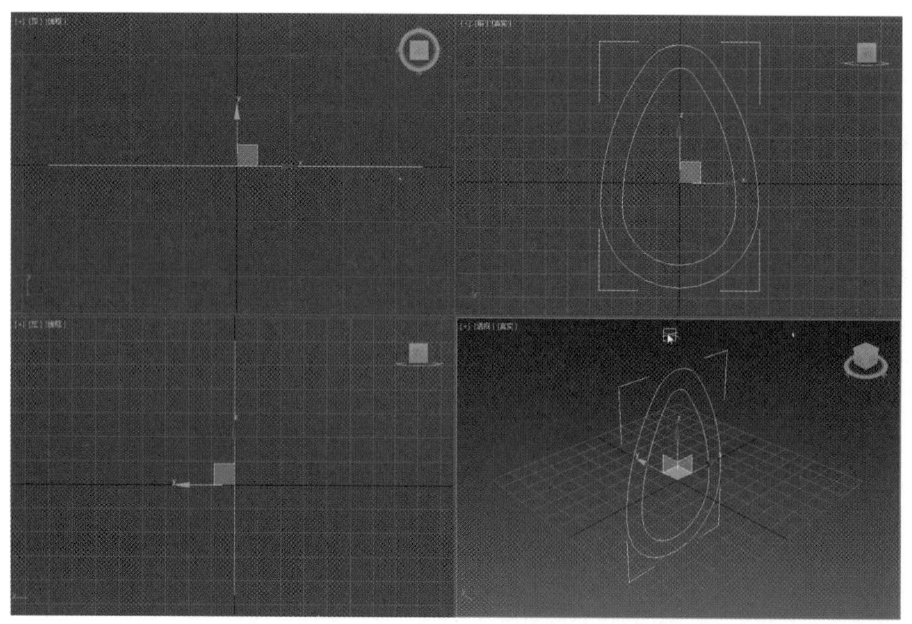

图 4-38　卵形效果

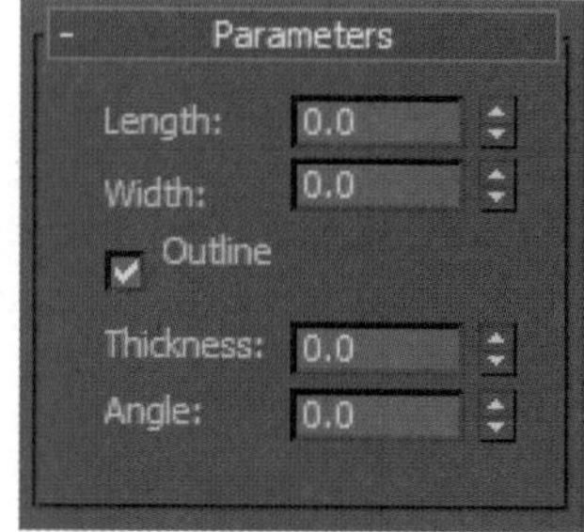

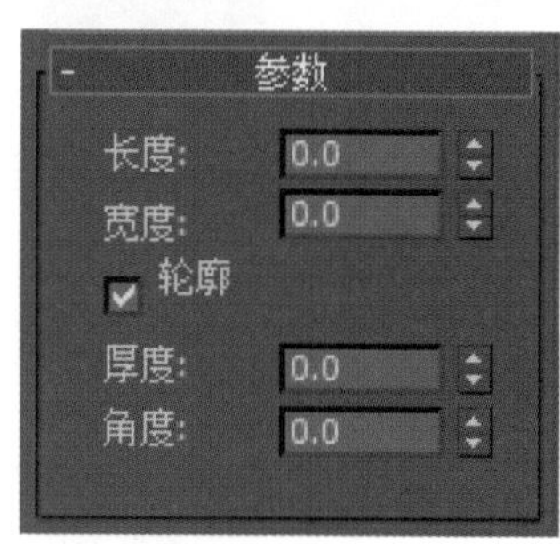

图 4-39 卵形的参数卷展栏中英文对照

4.1.12 Section（截面）

截面参数与截面大小卷展栏中英文对照如图 4-40 所示。

截面创建步骤如下。

（1）在操作视图中创建一个 Teapot（茶壶），再使用 Section（截面）命令，在 Top 视图中按住鼠标的左键拖动。

（2）单击“选择并移动”工具，将 Section（截面）对象移动到 Teapot（茶壶）的中心，如图 4-41 所示。

（3）单击“创建图形”按钮，生成截面所在位置的茶壶截面形状的二维图形，如图 4-42 所示。

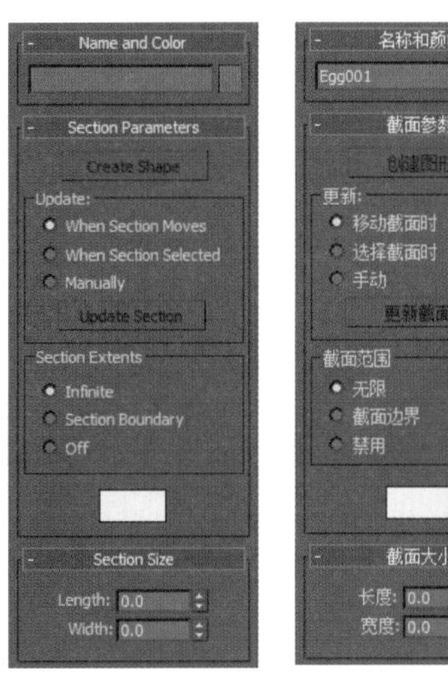

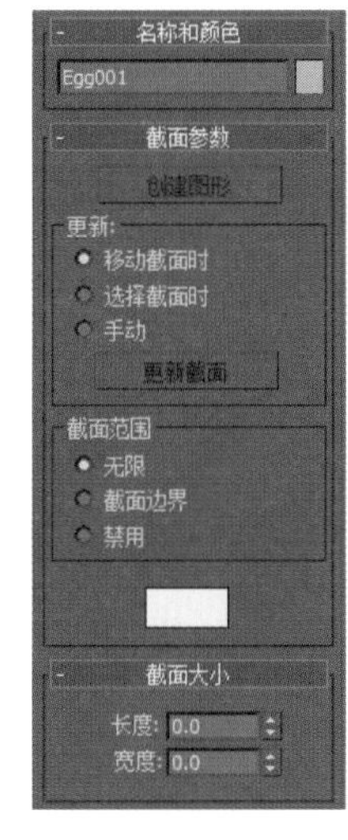

图 4-40　截面参数与截面大小卷展栏中英文对照

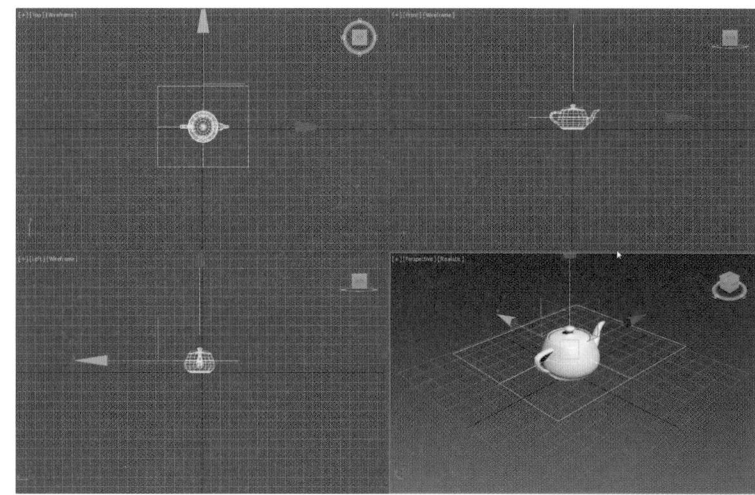

图 4-41　将截面移动到茶壶中心

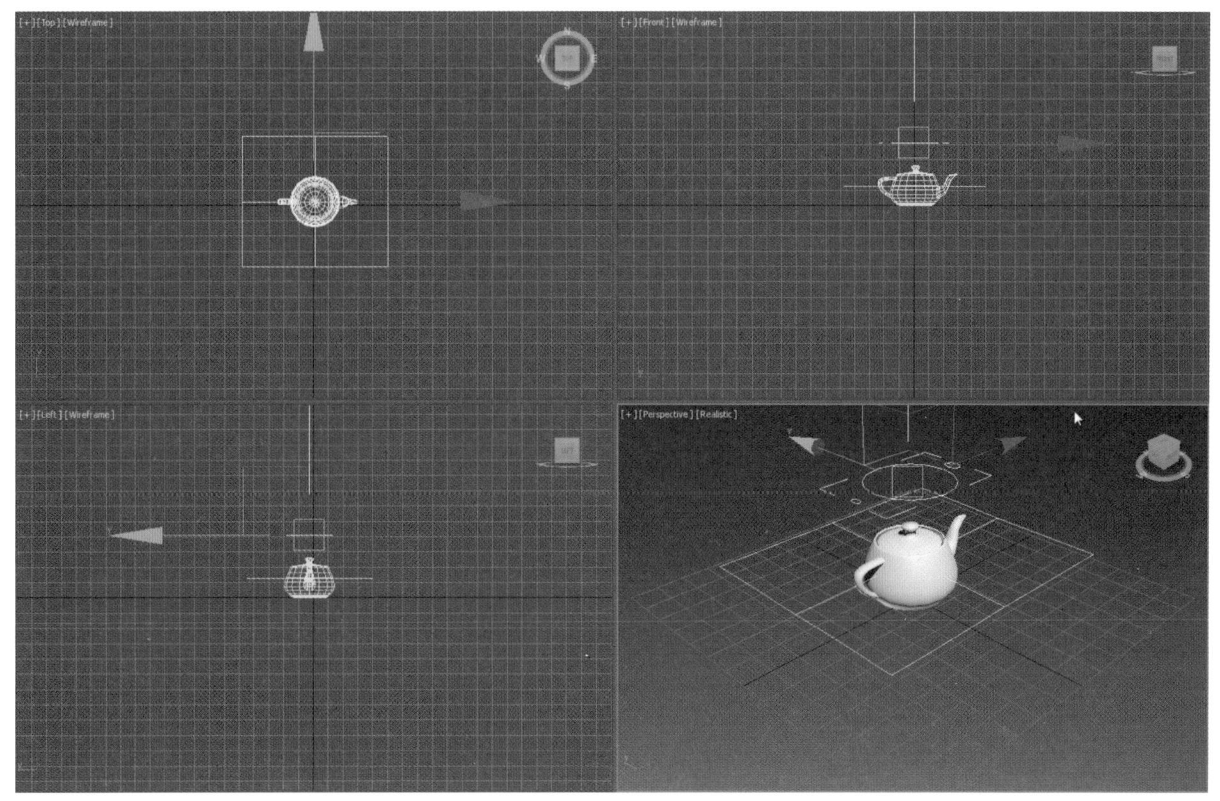

图 4-42　茶壶截面形状的二维图形

4.2 编辑二维图形

把简单的二维图形组合在一起可以创建出各种复杂的二维图形。在创建这类形体时，可以将多段形体组合成一个形体，或者在已有的二维图形基础上，使用修改命令面板中的“编辑多段线”命令创建出复杂的二维图形，下面举例说明创建复杂二维图形的方法。

4.2.1 在同一平面内生成复杂二维图形

在同一平面内生成复杂二维图形视频教学资源

为了进一步了解二维图形的编辑，以花形为例，其创建步骤如下。

（1）取消勾选命令面板下 \ 层级中的 Start New Shape 复选框。

（2）在 Front 视图中创建一个星形，再在星形中间创建一个多边形，如图 4-43 所示。

（3）继续以相同的轴心点创建一个同心圆，完成效果如图 4-44 所示。

（4）使用 Extrude（挤出）修改命令，修改参数后效果如图 4-45 所示。

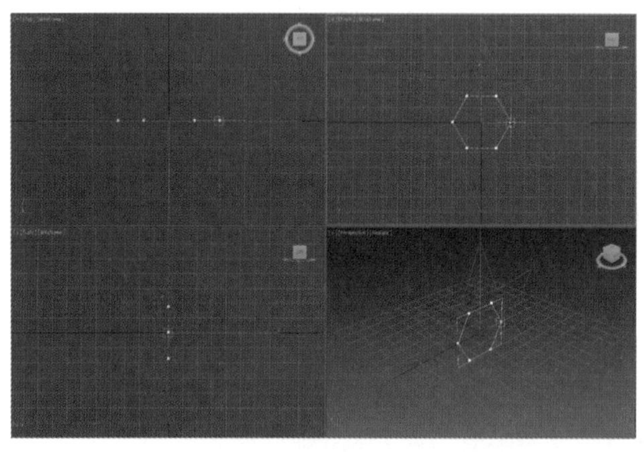

图 4-43　外为星形，内为正多边形

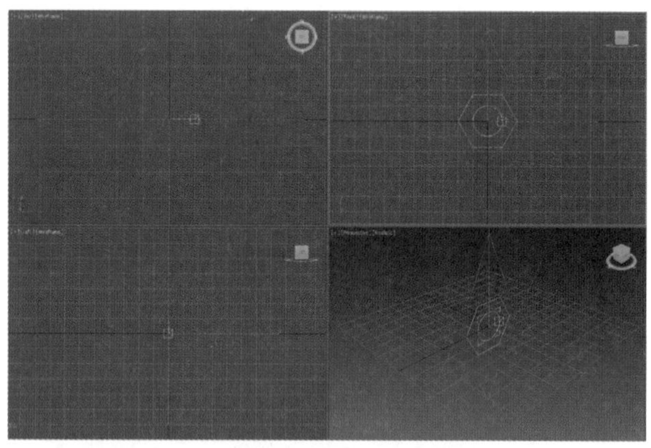

图 4-44　在正多边形内创建同心圆

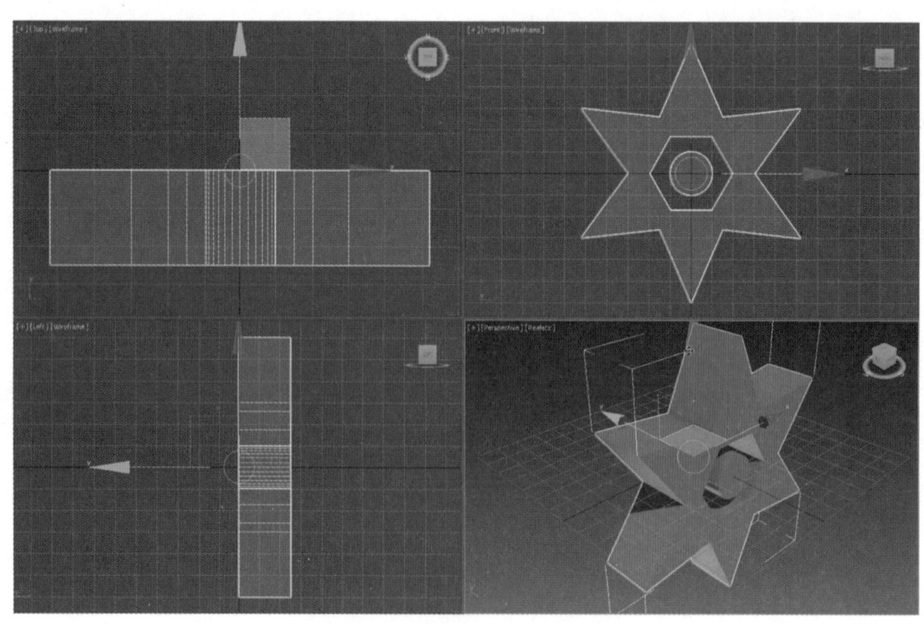

图 4-45　使用挤出命令修改后效果

4.2.2 曲线编辑命令的使用

曲线编辑命令的使用视频教学资源

1. Attach（附加）命令的使用

Attach（附加）命令用于创建多个对象并将其结合成一个新的对象。现在我们用修改命令面板中的编辑曲线命令下的 Attach（附加）命令，把多个独立的对象结合在一起形成一个新的二维对象。其操作步骤如下。

（1）在 Front 视图创建一个矩形，创建参数及效果如图 4-46 所示。

（2）在矩形的中间位置创建一个圆形，圆形参数与效果如图 4-47 所示。

（3）在矩形的左下角再创建一个矩形，矩形参数与效果如图 4-48 所示。

（4）在 Front 视图中选择矩形，再单击命令面板中的按钮，进入修改命令面板，为其添加 Edit Spline（编辑样条线）命令，如图 4-49 所示。

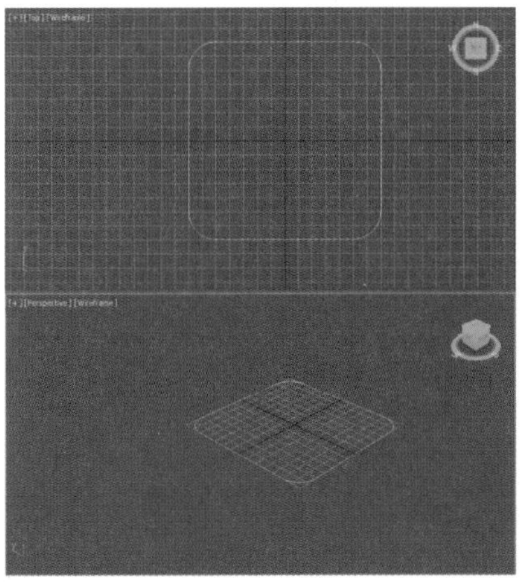

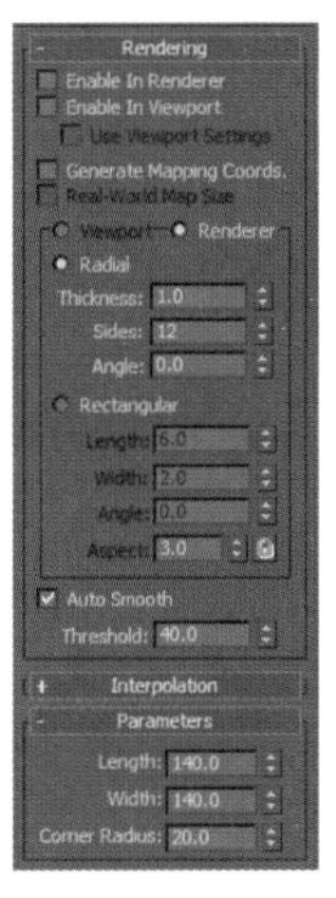

图 4-46　矩形参数与效果

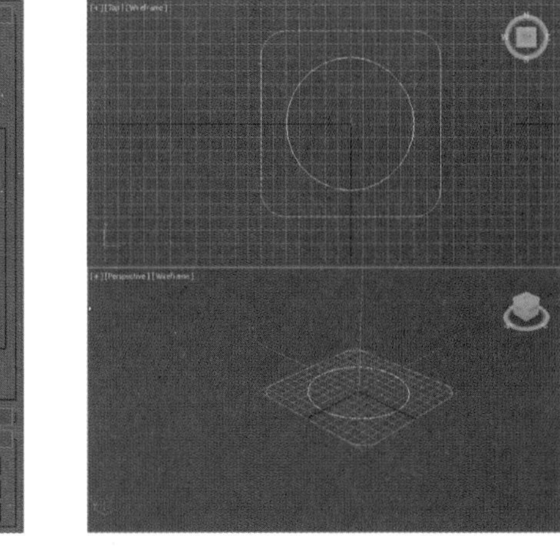

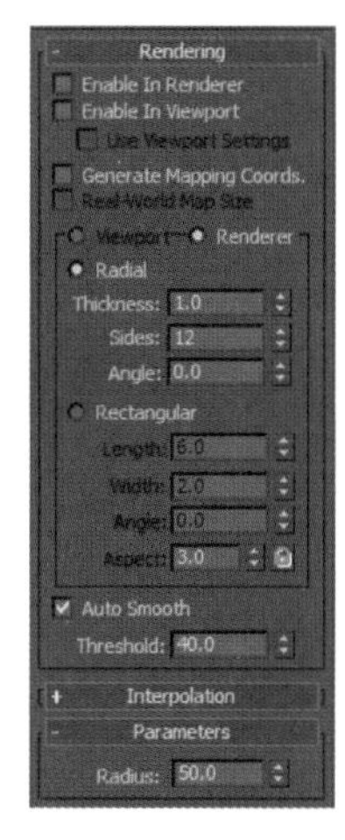

图 4-47　圆形参数与效果

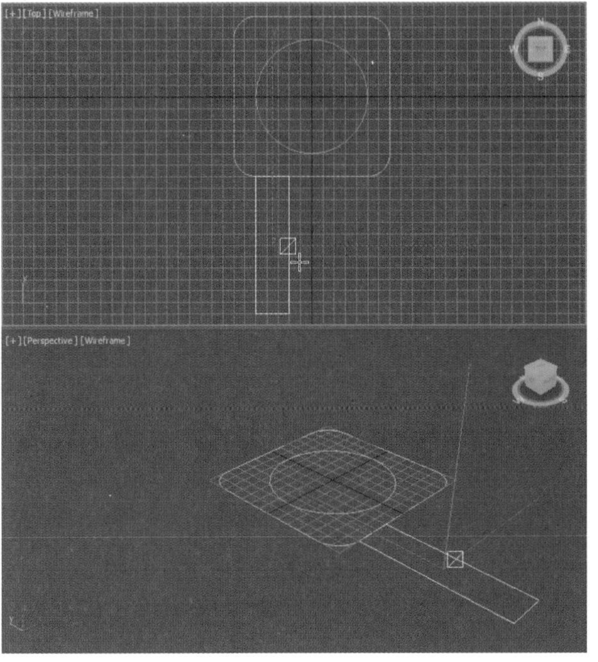

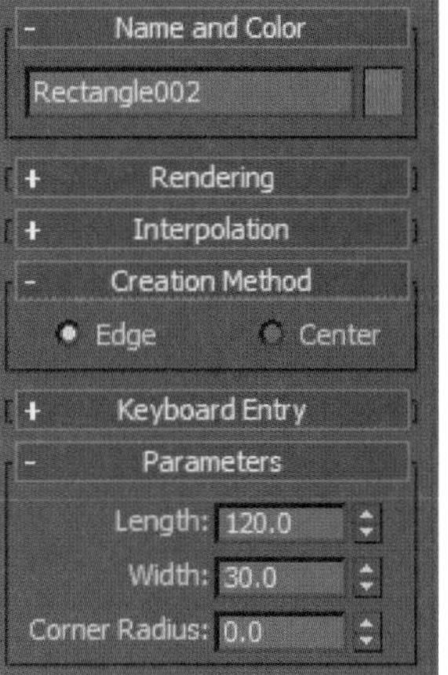

图 4-48　左下角矩形参数与效果

图 4-49　选择 Edit Spline（编辑样条线）命令

（5）使用 Attach （附加）命令或单击 Attach Mult. （附加多个）按钮，如图 4-50 所示，将三个图形结合在一起，如图 4-51 所示。

（6）使用 Extrude（挤出）修改命令将其挤出，Amount（数量）值为 40，如图 4-52 所示，挤出后效果如图 4-53 所示。

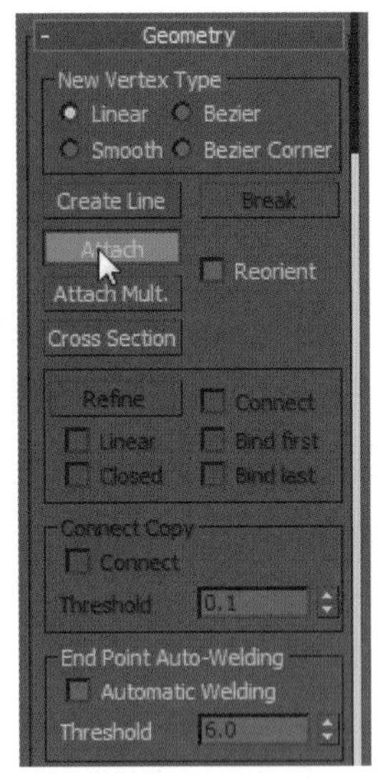

图 4-50　修改命令面板中的 Attach（附加）按钮

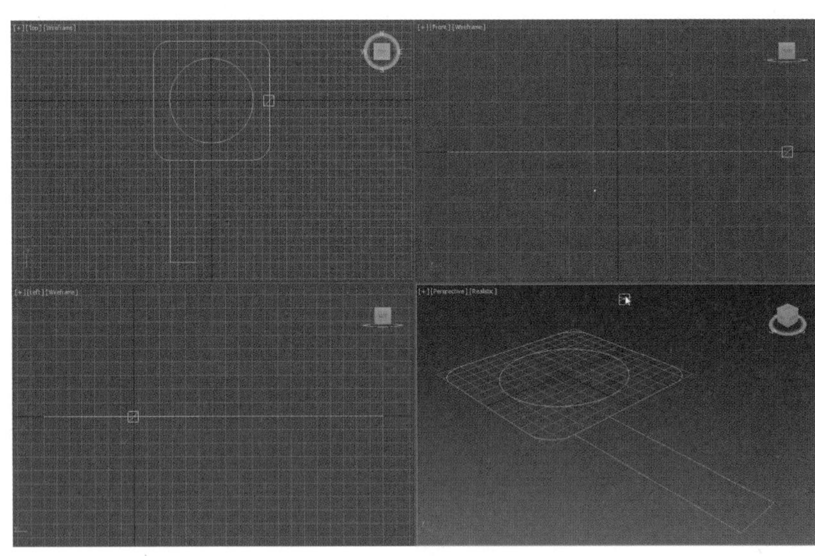

图 4-51　合并二维图形效果

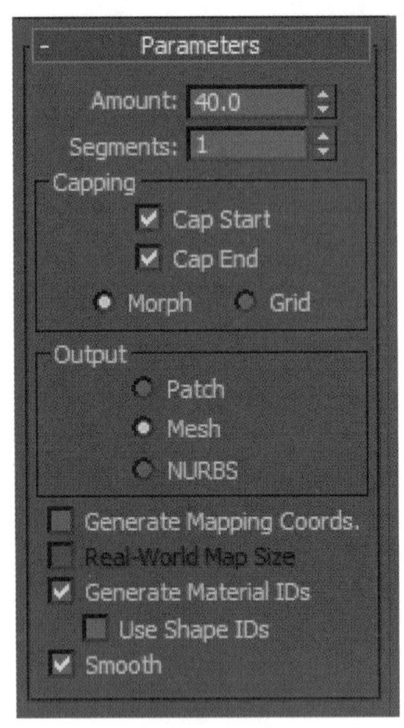

图 4-52　挤出命令参数设置

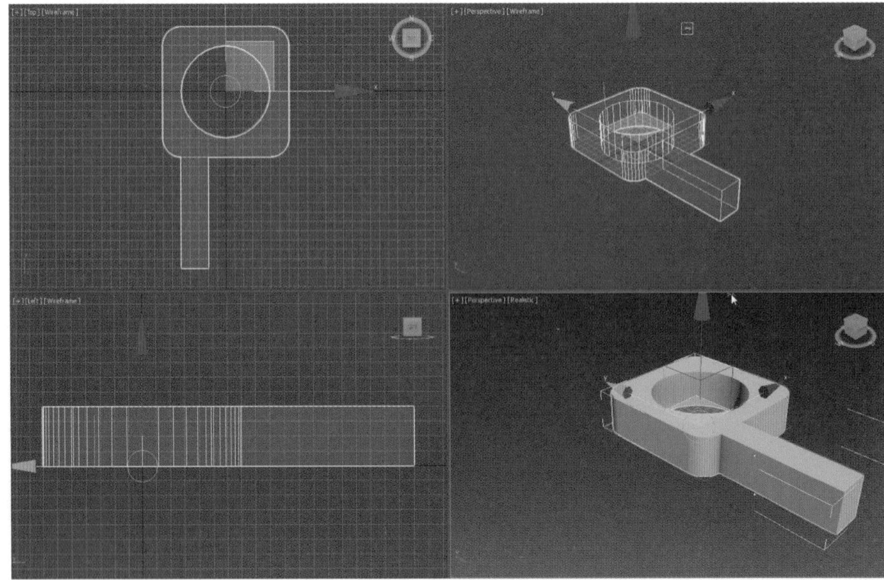

图 4-53　挤出后效果

2. Boolean（布尔）运算的使用

下面通过一个加工零件雏形的制作实例来讲解布尔运算的使用。其操作步骤如下。

（1）在 Top 视图中画一个多边形，如图 4-54 所示。

（2）在二维创建命令面板中，取消勾选 Start New Shape 复选框，再在 Top 视图中创建 3 个圆形，包括 2 个大圆和 1 个小圆，效果如图 4-55 所示。

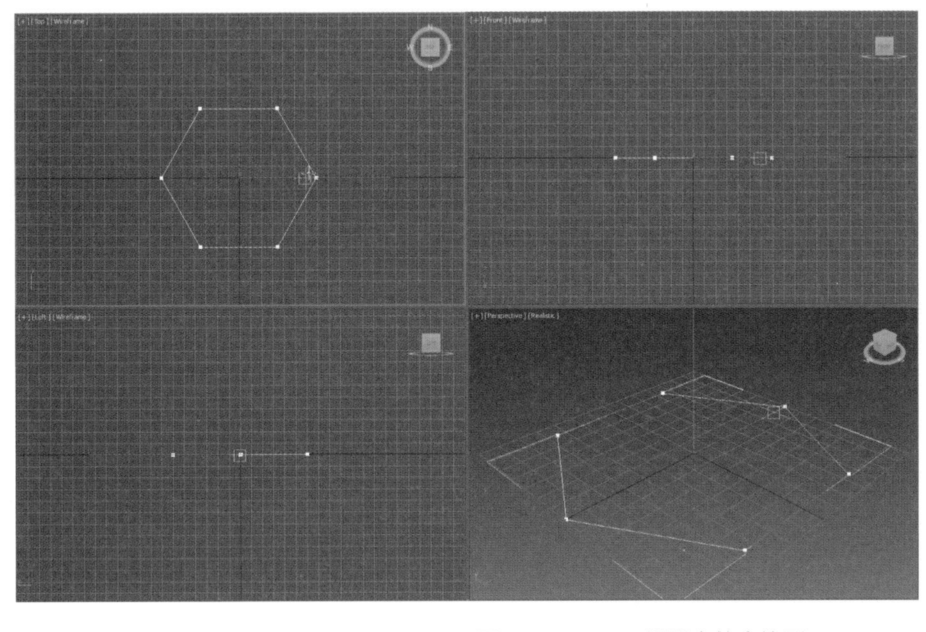

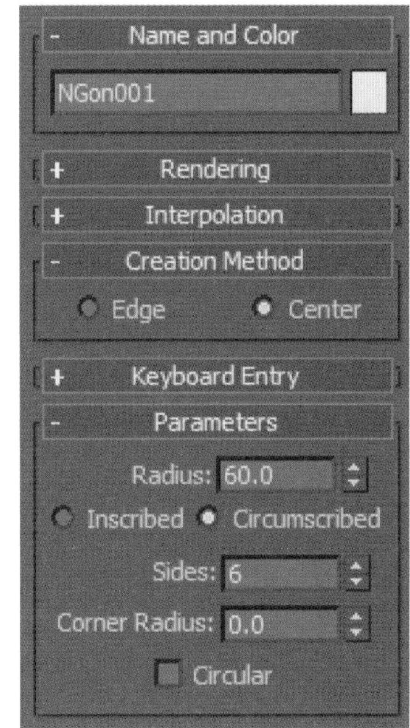

图 4-54　Top 视图中的多边形

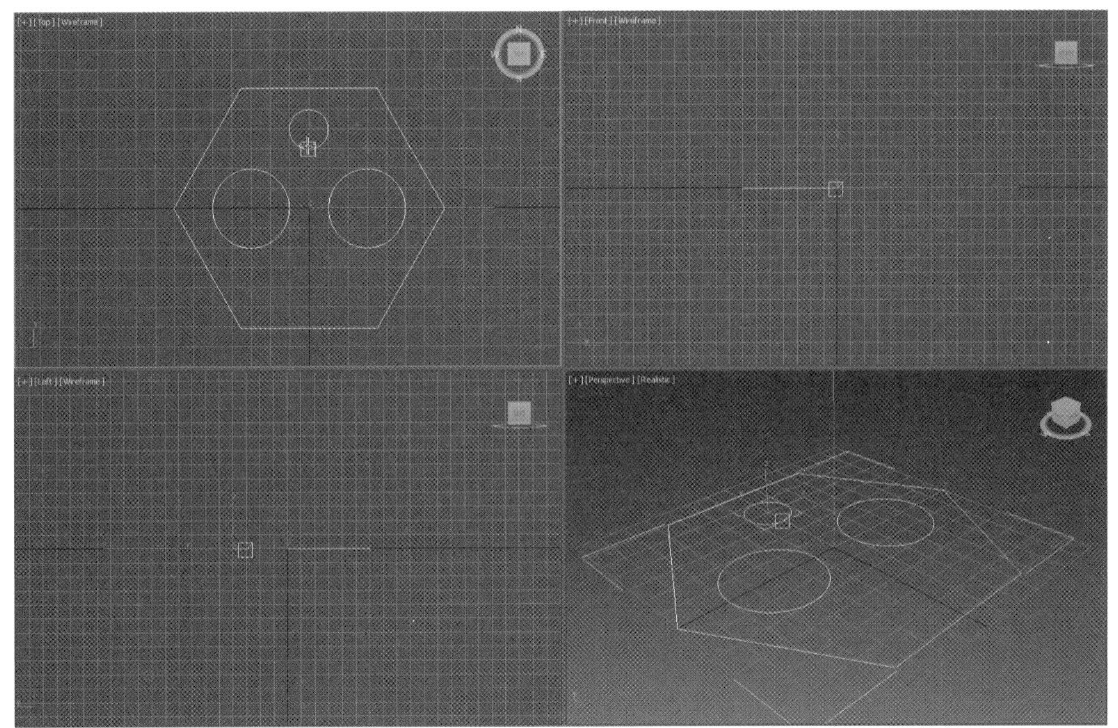

图 4-55　创建 3 个圆形效果

（3）在小圆的中心位置创建一个长方形，参数与效果如图 4-56 所示。

（4）在修改器堆栈中，单击 Editable Spline 命令前的“+”号，展开此命令并选择 Spline 子层级，如图 4-57 所示，并在 Top 视图中选择小圆。

（5）在 Geometry 卷展栏下，单击按钮并激活 Boolean 布尔运算按钮，然后在视图中用鼠标左键单击长方形，即可将二者结合，效果如图 4-58 所示。

（6）在样条线层级下，选择多边形，激活 Subtraction（相减）按钮，然后单击 Boolean 布尔运算按钮，在 Top 视图中单击前面合并的图形，效果如图 4-59 所示。加工零件的锥形效果如图 4-60 所示。

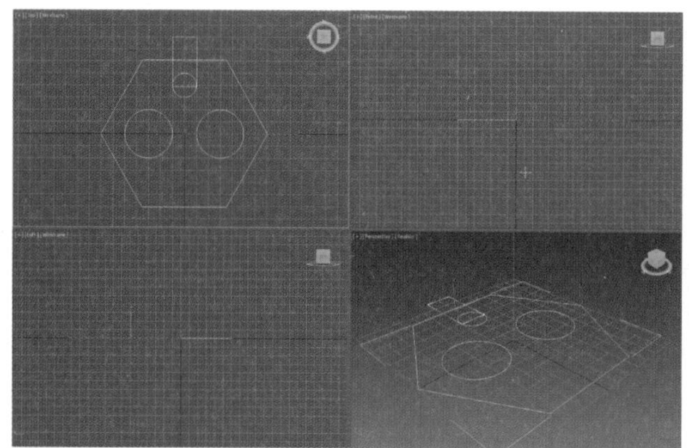

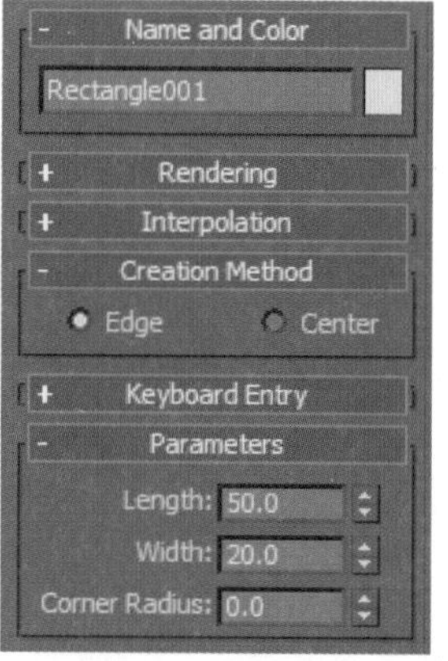

图 4-56　长方形参数与效果

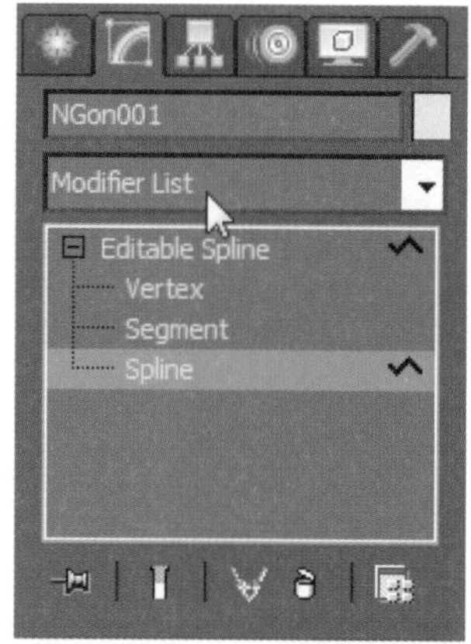

图 4-57　选择编辑样条线下的样条线子层级

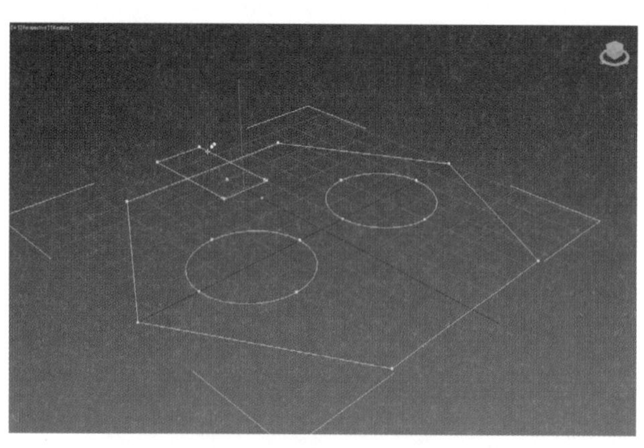

图 4-58　布尔运算合并步骤

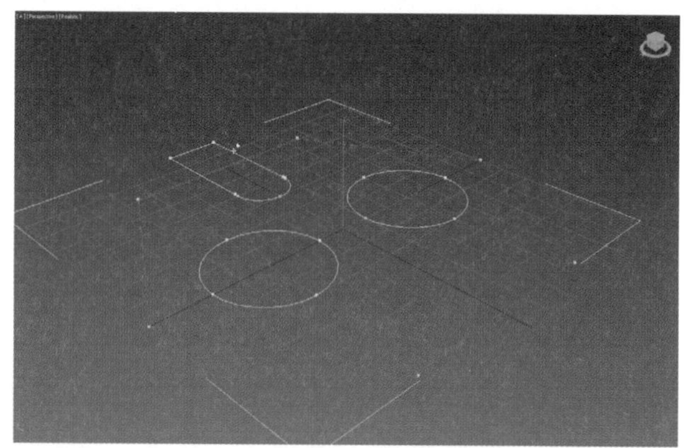

图 4-59　布尔运算相减步骤

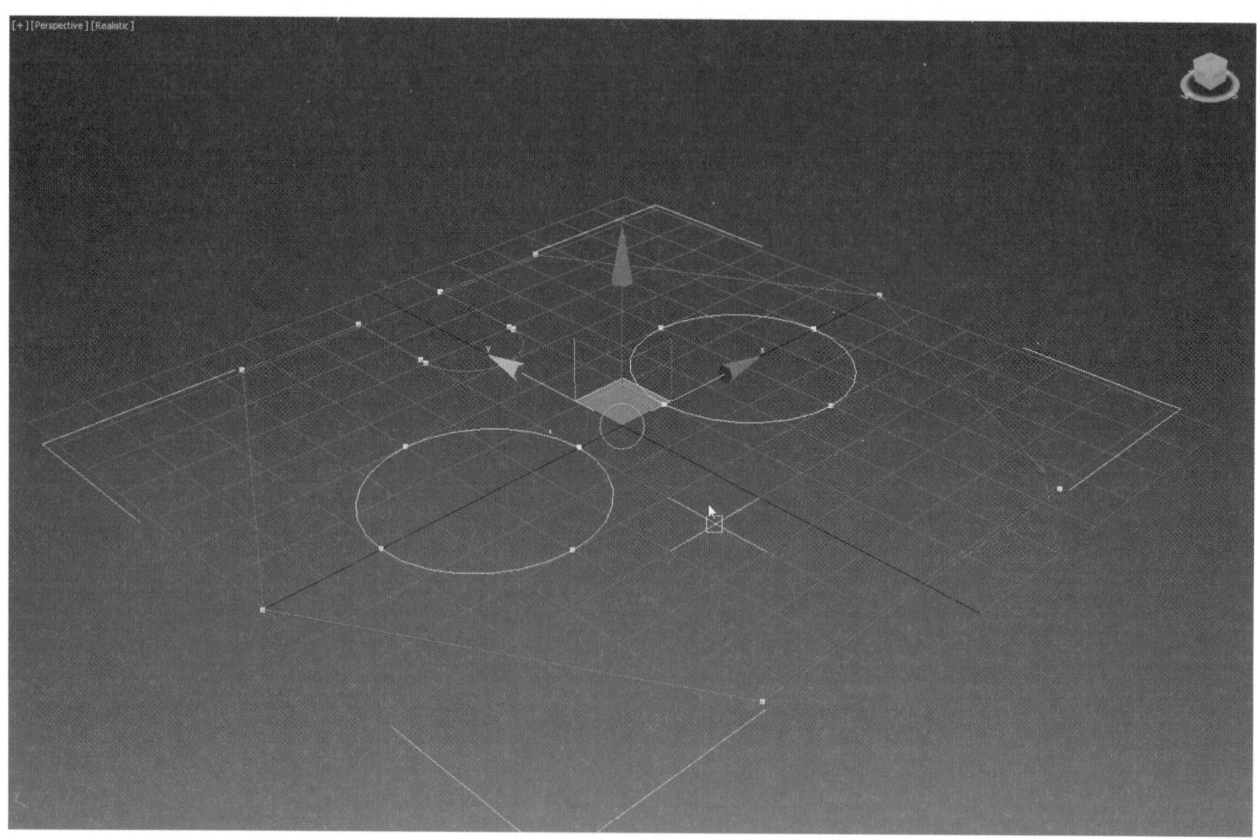

图 4-60　加工零件的锥形效果

4.3 常用 2D 转 3D 命令

4.3.1 Extrude（挤出）建模

Extrude（挤出）
建模视频教学资源

圆形可以通过挤出等操作变成一个钉子。

1. 制作钉子的圆形轮廓

制作钉子的圆形轮廓的操作步骤如下。

（1）单击创建命令面板的 \ \ Circle 按钮，在 [Perspective] 视图中创建一个圆形。单击按钮，以便看到整个圆形。

（2）在场景资源管理器中，选中 Circle001 对象，如图 4-61 所示。

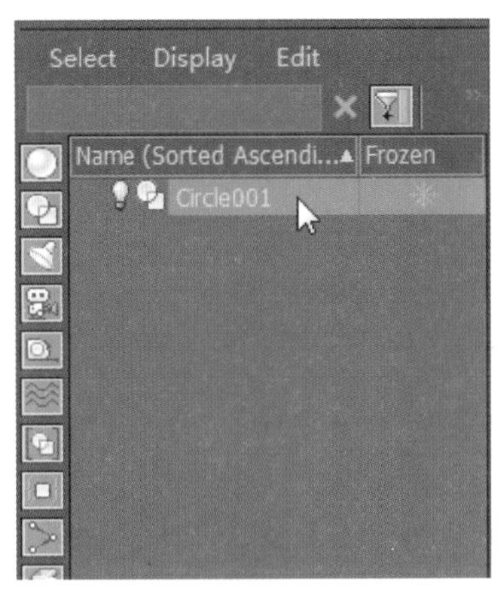

图 4-61　选择 Circle001 对象

（3）单击 Edit（编辑）\Clone（克隆）菜单选项，在弹出的对话框中选择 Clone（克隆）选项，然后单击“OK”按钮，得到一个新的圆形，修改圆半径大小，效果如图 4-62 所示。

现在两个圆形还在同一个平面上，只需把两个圆形向相反的方向挤出，即可制作钉子头和钉子身。

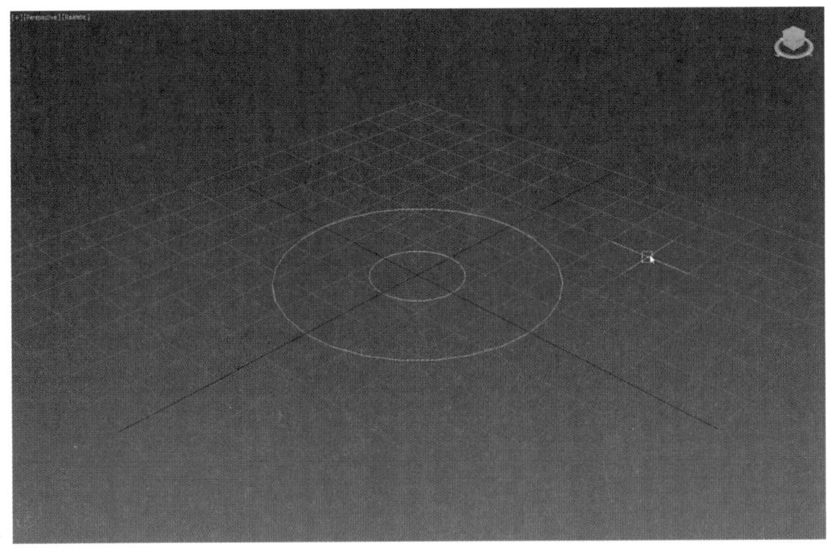

图 4-62　两个圆形效果

2. 用挤出命令得到钉子的长度

用挤出命令得到钉子长度的操作步骤如下。

（1）选定 Circle001 对象，执行“Modifiers（修改）\Mesh Editing（网格编辑）\Extrude（挤出）”菜单命令，如图 4-63 所示。在修改命令面板里设置 Amount 的值为 −8，即向下挤出 8 个单位。

（2）按下键盘上的“F3”键，图形可转换为线框模式（选中对象时，原来的实体图变成半透明图，不选中对象时，变成线框图），这时就可观察刚得到的物体，如图 4-64 所示。

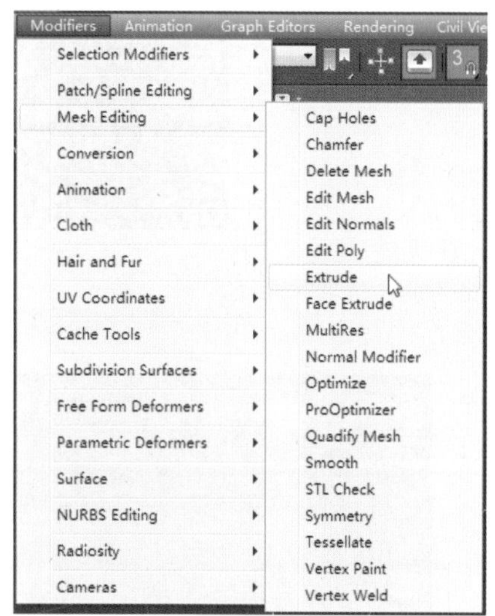

图 4-63 修改命令菜单下的挤出命令

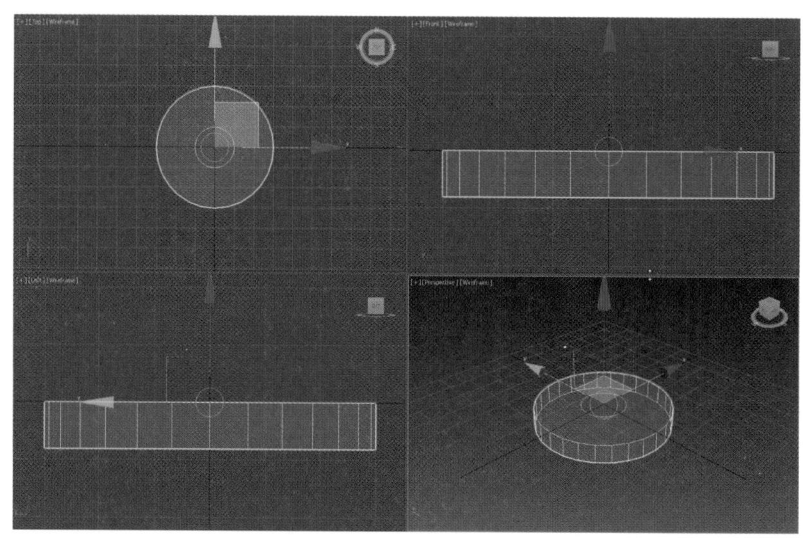
图 4-64 图形转换为线框模式

3. 制作钉子身

钉子身的制作步骤如下。

选择圆形，执行“Modifiers（修改）\Mesh Editing（网格编辑）\ Extrude（挤出）”命令，设置 Amount 的值为 200，如图 4-65 所示。

4. 制作钉子尖

钉子尖的制作步骤如下。

（1）选定钉子身，单击修改命令面板，设置 Segments 的值为 6，如图 4-66 所示。

（2）执行“Modifiers（修改）\Mesh Editing（网格编辑）\Edit Mesh（编辑网格）”命令，如图 4-67 所示。

（3）在修改命令面板中单击“+”号，在其下面选定 Polygon 子层级，如图 4-68 所示。在 Front 视图中，选定钉子上面的 1/6 部分，如图 4-69 所示。

（4）在参数设置面板中，单击 Collapse 按钮，将钉子顶面部分塌陷为一个点，完成效果如图 4-70 所示。

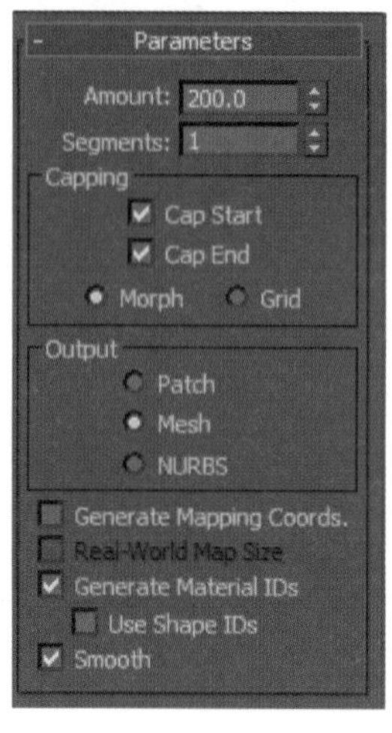

图 4-65 设置 Amount 的值为 200

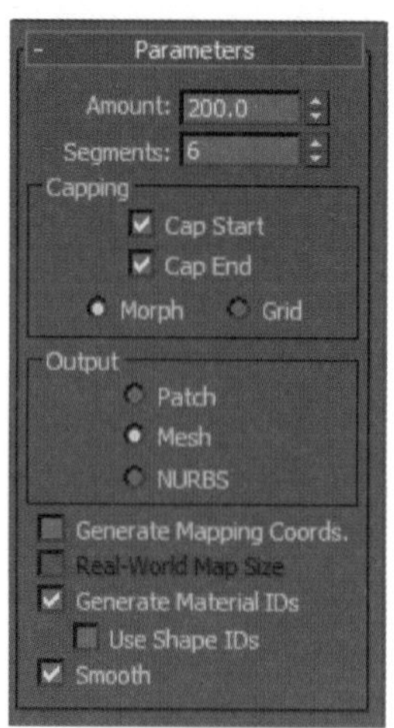

图 4-66 设置 Segments 的值为 6

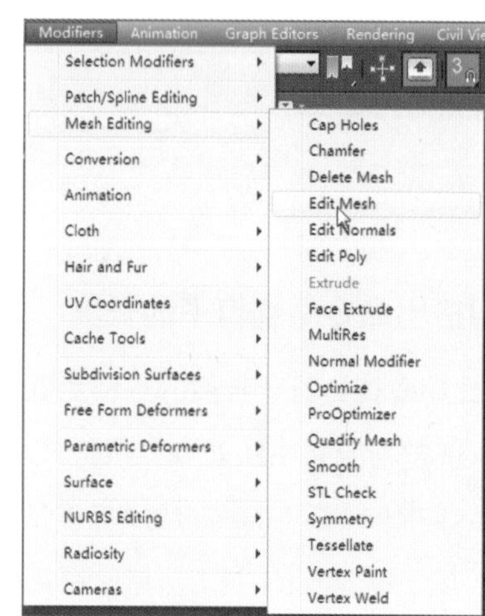

图 4-67 修改命令菜单下的 Edit Mesh（编辑网格）命令

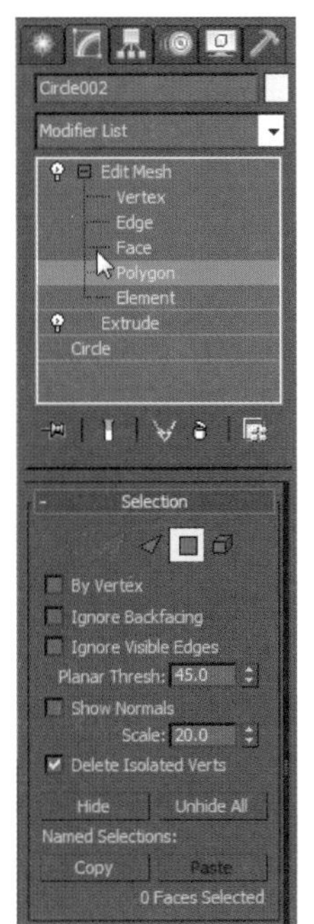

图 4-68　选择 Polygon 子层级

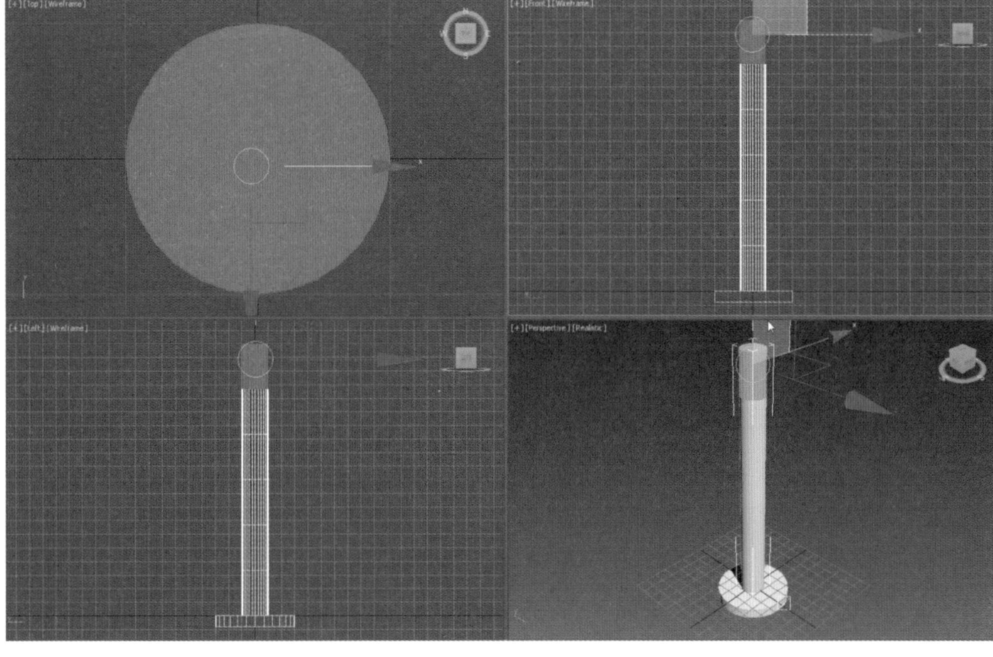

图 4-69　选定钉子上面的 1/6 部分

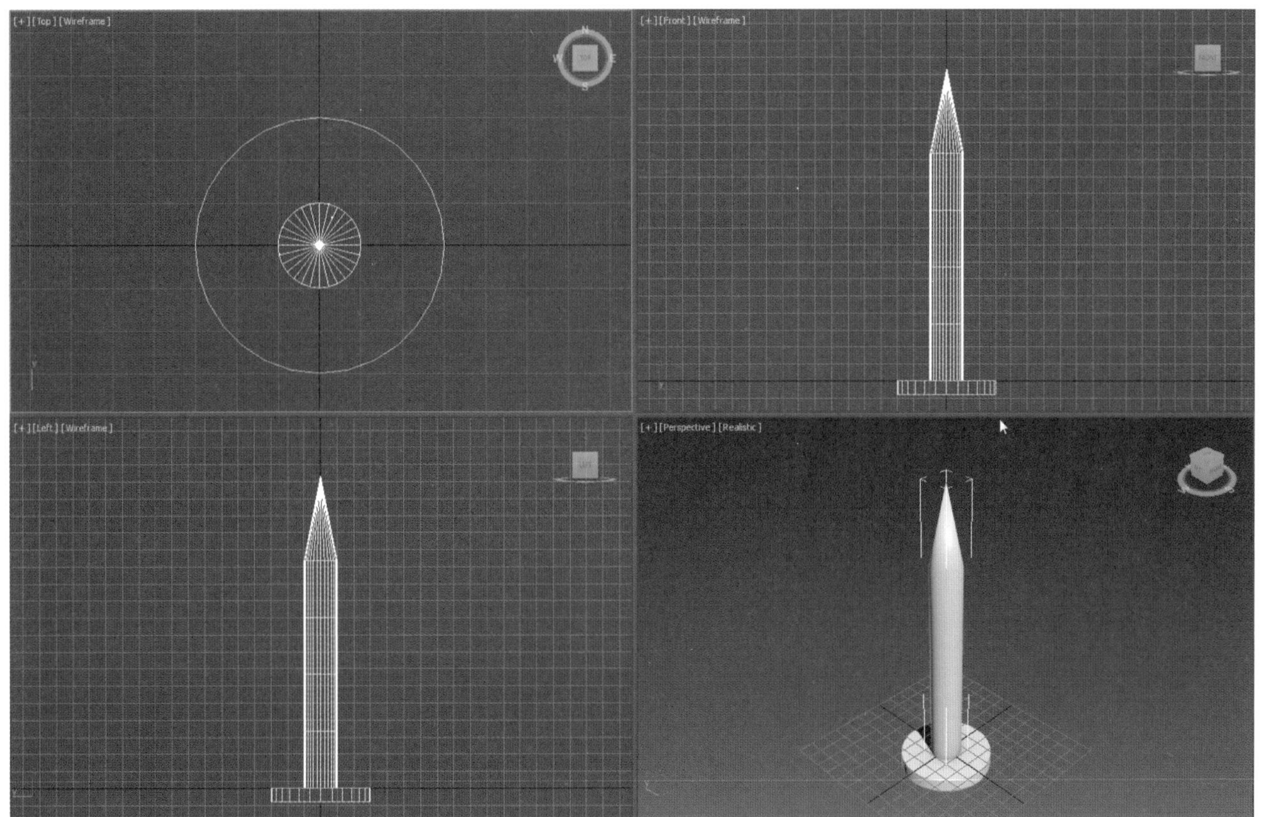

图 4-70　钉子顶面部分塌陷后效果

4.3.2 Lathe（车削）建模

Lathe（车削）
建模视频教学资源

1. 制作酒瓶

制作酒瓶的操作步骤如下。

（1）单击创建命令面板的 \ \ Line 按钮，在 Left 视图中创建一条曲线，即酒瓶横切面，如图 4-71 所示。

（2）进入修改命令面板，单击线选项前的“+”号，在展开的选项中单击 Vertex（顶点），进入点编辑状态。展开几何体菜单，选中直角顶点，单击 Fillet 圆角按钮，如图 4-72 所示。将光标移动到视图区对顶点做圆角处理，再配合移动工具调整顶点的位置，将曲线修改到如图 4-73 所示的样式。

（3）在修改器堆栈区选择曲线的 Spline 子层级，展开几何体菜单，选中样条线，单击 Outline 轮廓按钮，如图 4-74 所示。将光标移动到视图区对样条线做处理，并对顶点做完善处理，修改到如图 4-75 所示的样式。

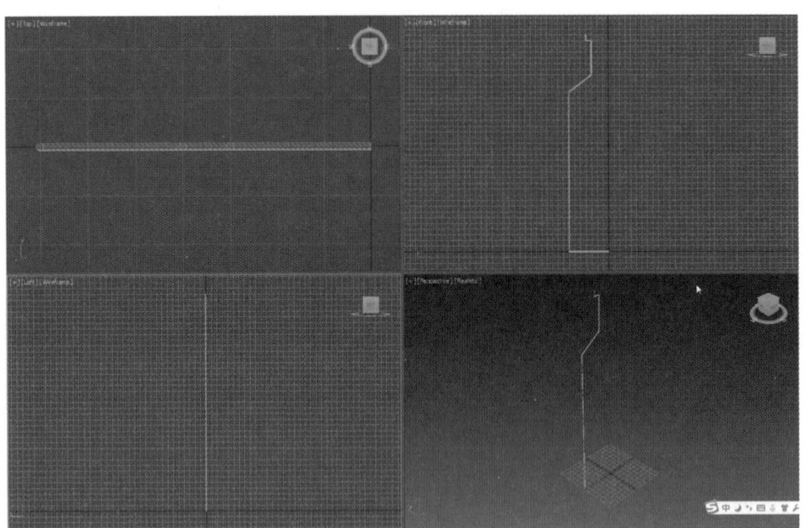

图 4-71　酒瓶横切面

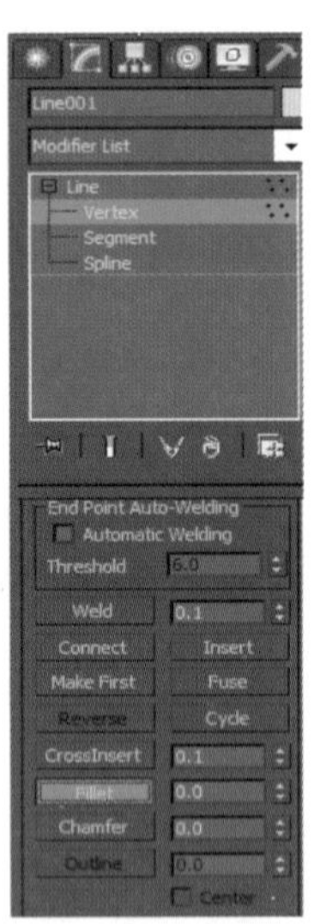

图 4-72　单击 Fillet（圆角）按钮

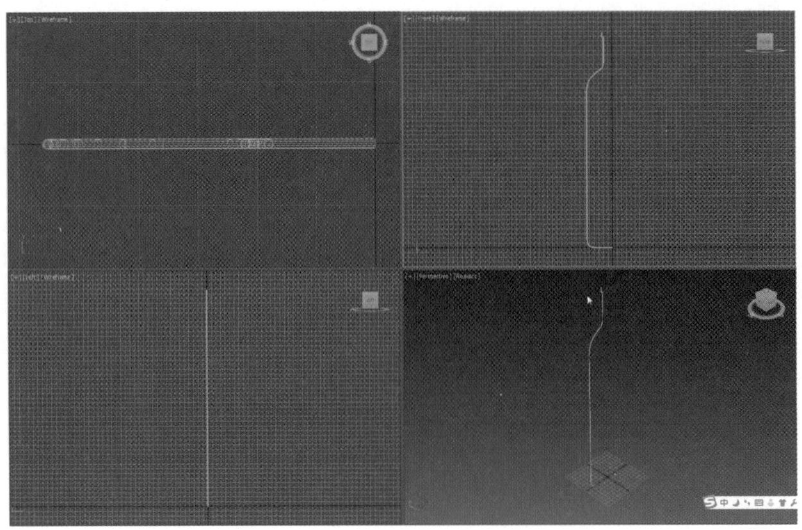

图 4-73　将横切面的点进行圆角处理

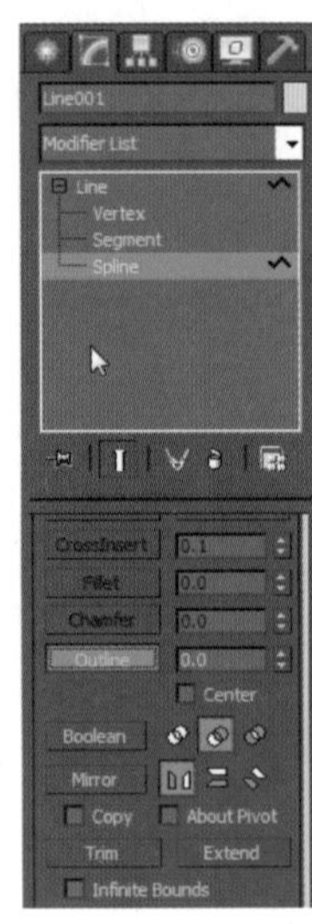

图 4-74 选择 Outline（轮廓）按钮

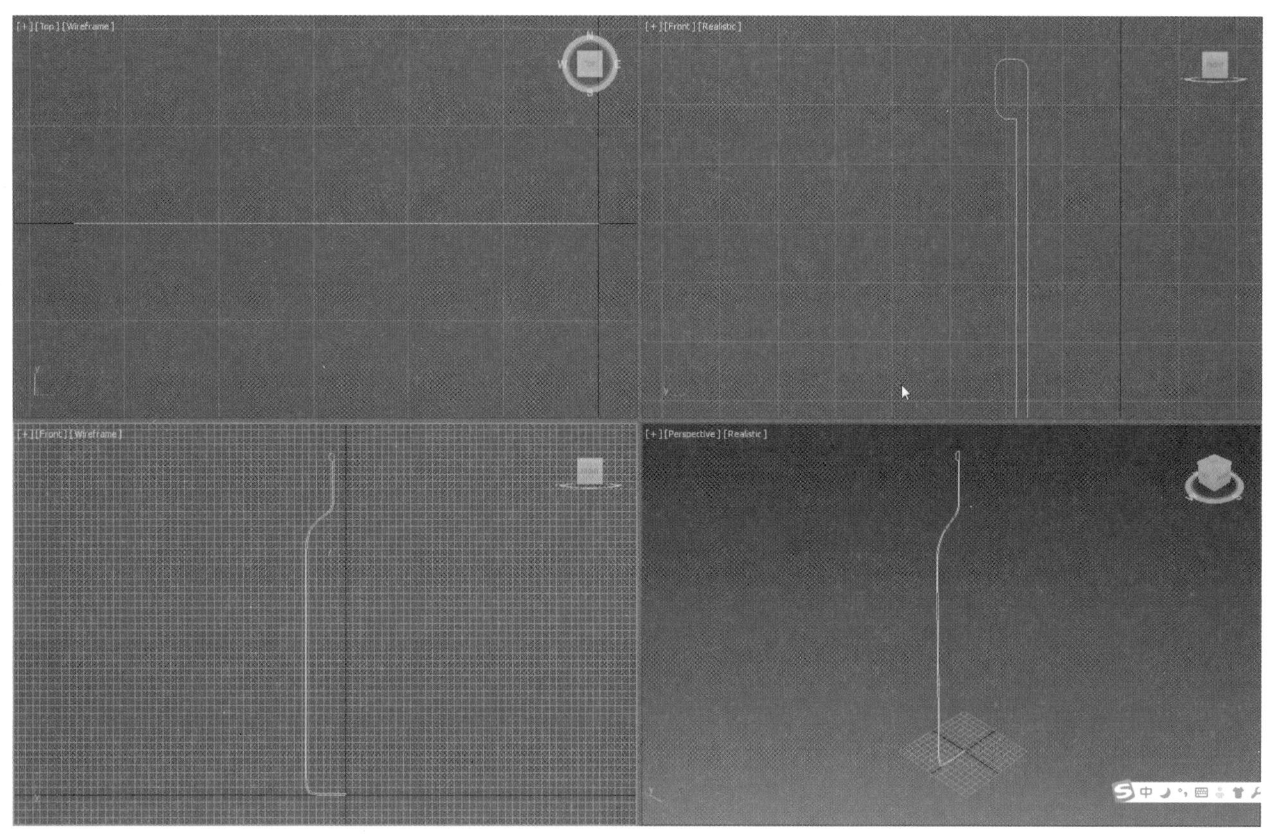

图 4-75　修改后曲线样式

（4）选中曲线框，进入修改命令面板，单击编辑器下拉列表，在弹出的列表菜单中选择 Lathe（车削）命令，将曲线车削后得到如图 4-76 所示的效果，再进入修改命令面板，然后在对齐选项下单击Max按钮，将 Segments（分段）的值改为 24，并勾选 Parameters（参数）卷展览下的 Weld Core（焊接内核）复选框，如图 4-77 所示，这就得到了简单的酒瓶图形。最终效果如图 4-78 所示。

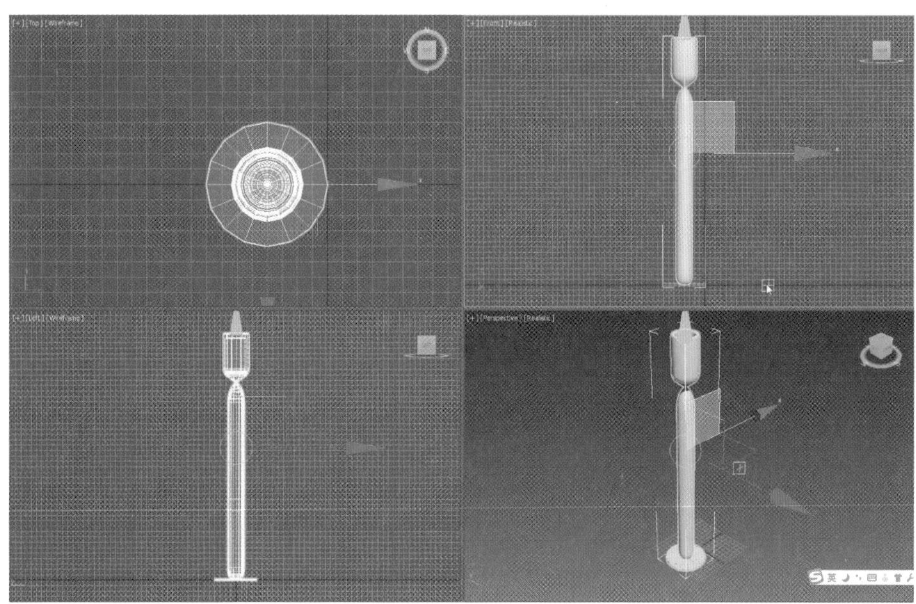

图 4-76　车削默认效果

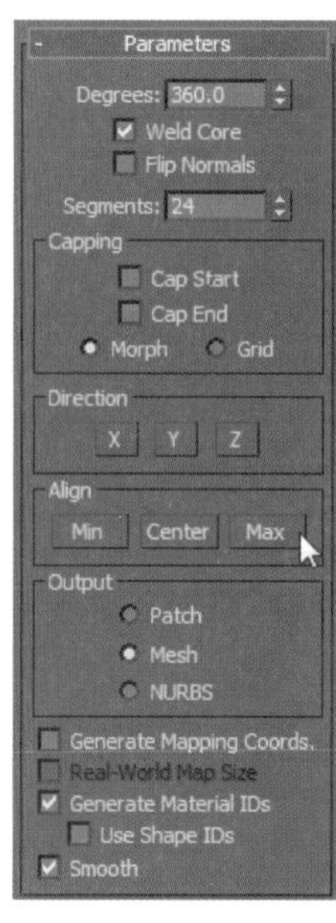

图 4-77　车削命令参数设置

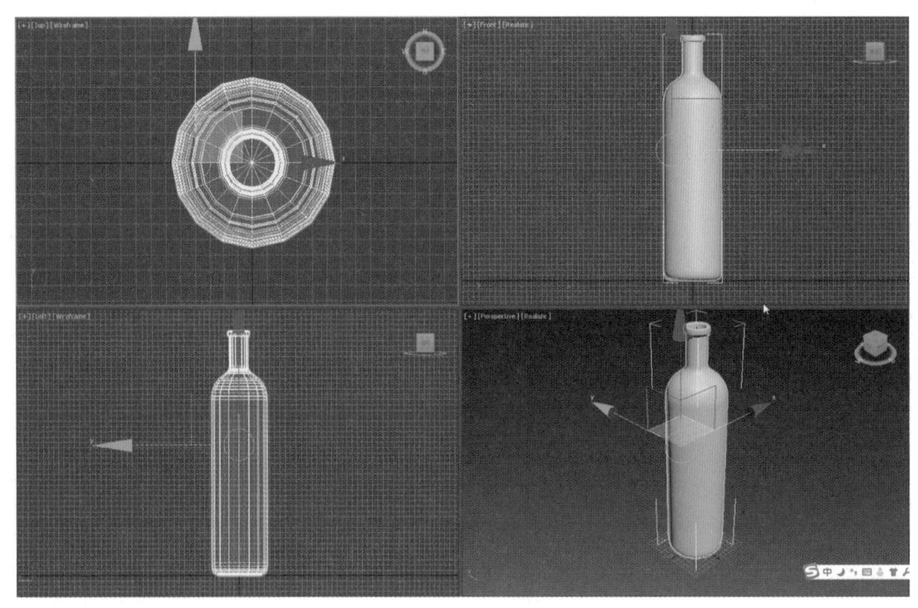

图 4-78　酒瓶最终效果

2. 制作齿轮轴（94 型）

制作齿轮轴的操作步骤如下。

（1）单击创建命令面板的■\■\ Line 按钮，单击工具栏的■按钮，在[Front]视图中，创建齿轮轴横切面，效果如图 4-79 所示。单击■按钮，进入修改命令面板，该模型命名为“齿轮轴”，单击 Selection 卷展栏下的■按钮，如图 4-80 所示。

（2）在[Front]视图中，选择齿轮轴模型的点，单击修改命令面板 Geometry 卷展栏下的 Chamfer 按钮，根据需求调整齿轮轴的顶点切角数值，效果如图 4-81 所示。选择齿轮轴凹槽处的点，并单击鼠标右键，在弹出菜单中选择 Bezier Corner 项，效果如图 4-82 所示。

（3）单击工具栏的■按钮，对齿轮轴模型凹槽的点的控制手柄进行调整，效果如图 4-83 所示。再以同样的方法对其他的顶点进行调整，效果如图 4-84 所示。

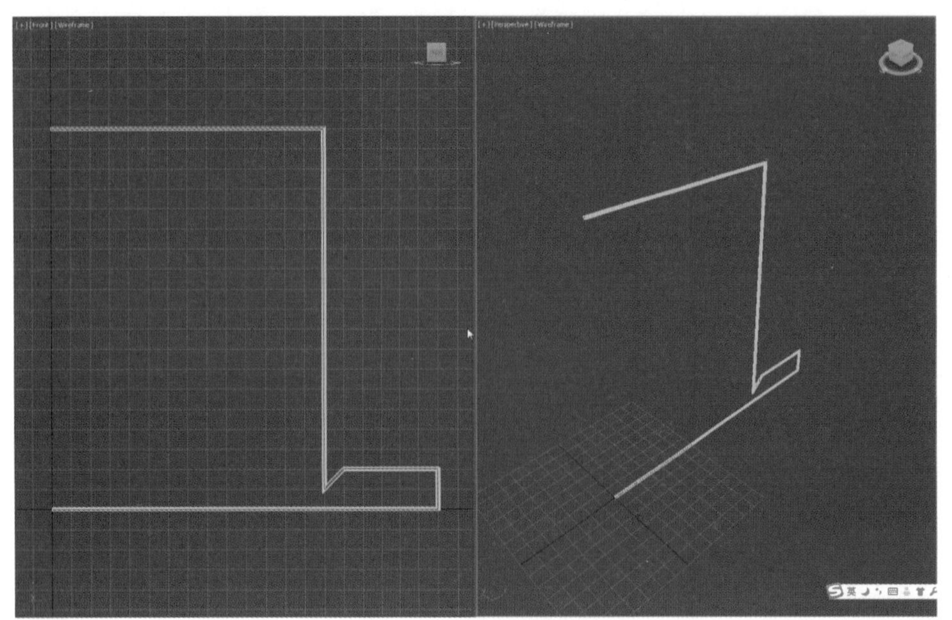

图 4-79　齿轮轴横切面

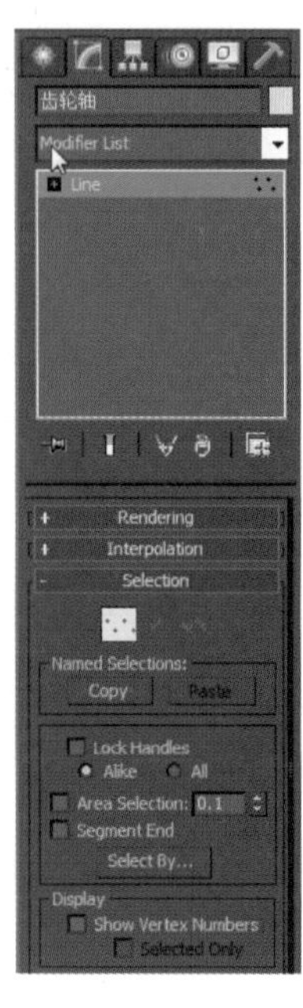

图 4-80　选择顶点子层级

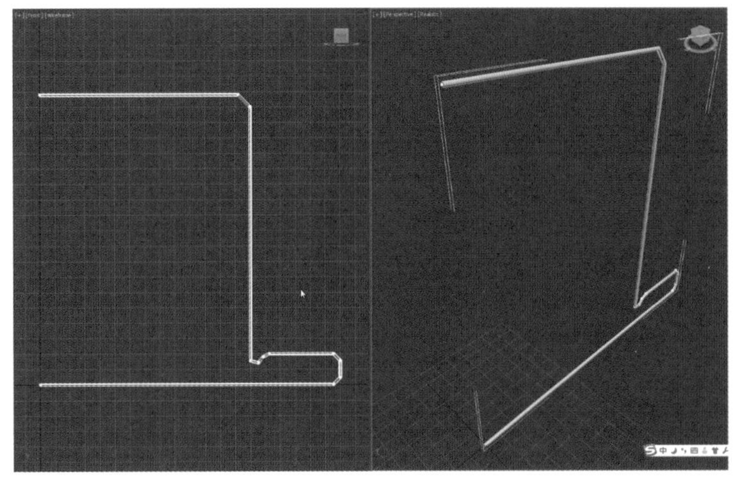

图 4-81　对横切面进行圆角处理

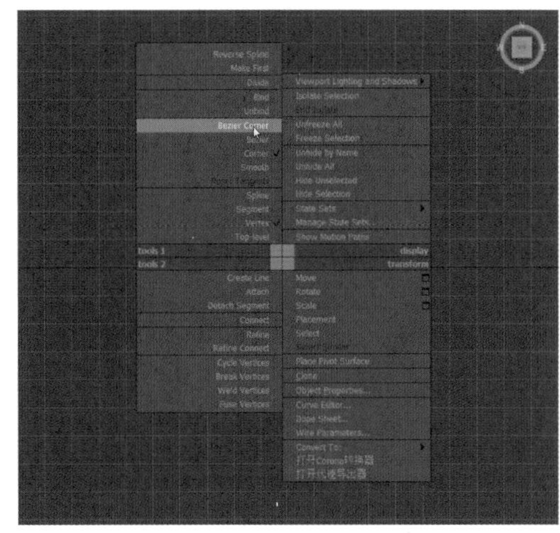

图 4-82　将选定的点更改为 Bezier Corner

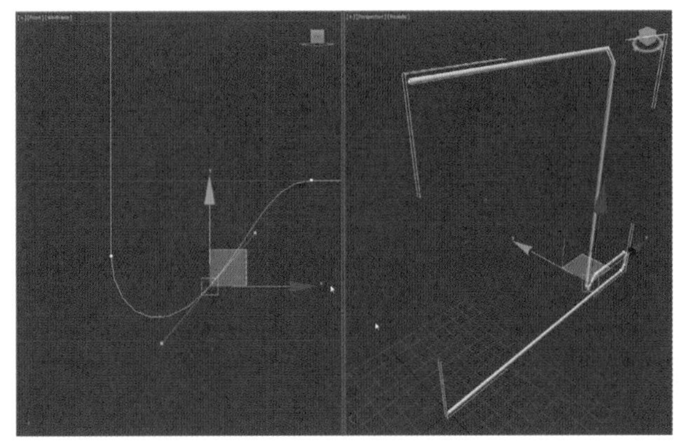

图 4-83　对齿轮轴凹槽的点的控制手柄进行调整

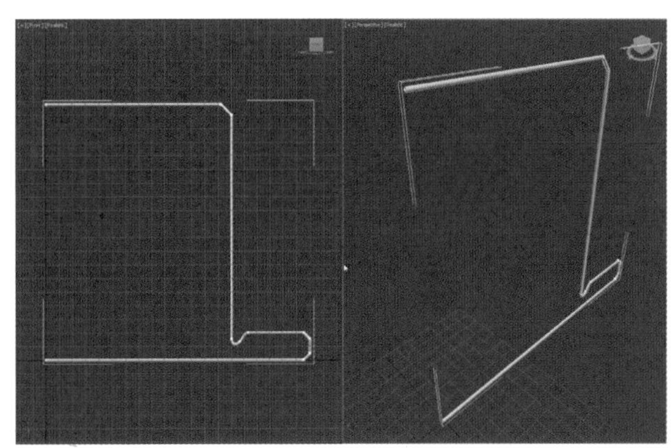

图 4-84　调整后效果

（4）按下键盘上的“X”键，在弹出的搜索窗口输入“lathe”，单击搜索出来的 Lathe Modifier（车削修改器），如图 4-85 所示。

图 4-85　搜索添加 Lathe 命令

（5）在 Parameters（参数）卷展栏下的 Segments 输入框内输入值为 70，单击 Min 按钮，勾选 Weld Core（焊接内核）复选框，如图 4-86 所示。

（6）在二维创建命令面板中单击 Line 按钮，取消 Start New Shape 复选框，在 [Top] 视图中，创建 5 个圆形，效果如图 4-87 所示。

（7）按下键盘上的“X”键，在弹出的搜索窗口输入“extrude”，单击搜索出来的 Extrude Modifier（挤出修改器），如图 4-88 所示。并修改 Amount 的值，效果如图 4-89 所示。

（8）场景资源管理器中，选择齿轮轴对象并进入复合对象创建命令面板，单击 Boolean 按钮，再单击 Pick Operand B 拾取物体按钮，如图 4-90 所示。在 [Perspective] 视图中，单击圆形挤出对象，效果如图 4-91 所示。

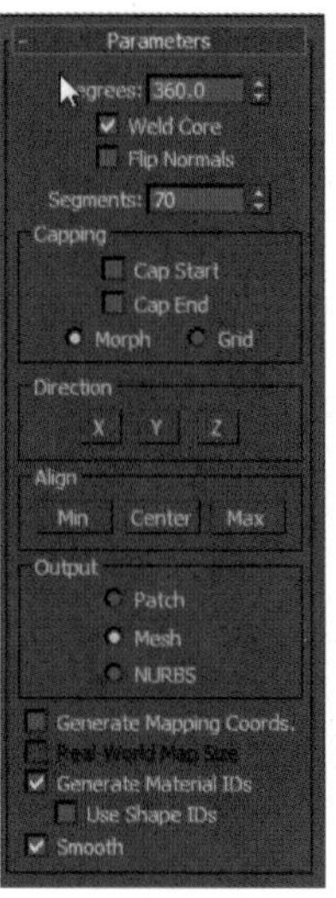

图 4-86　修改 Lathe 参数

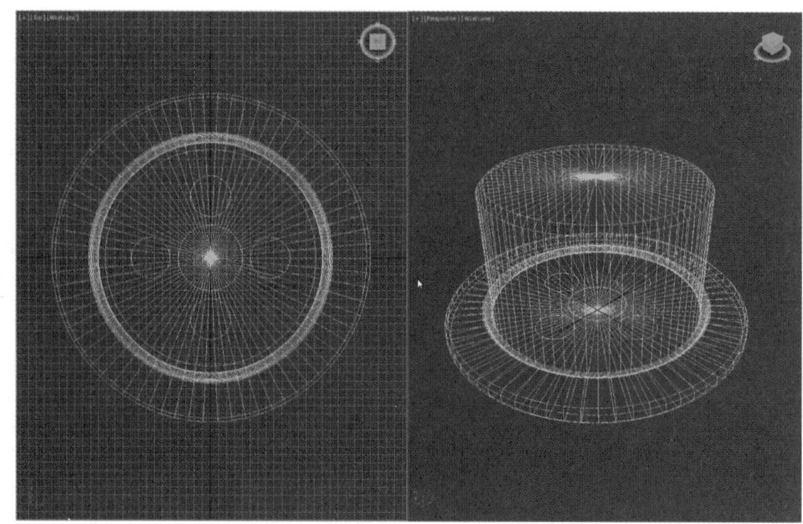

图 4-87　圆形效果

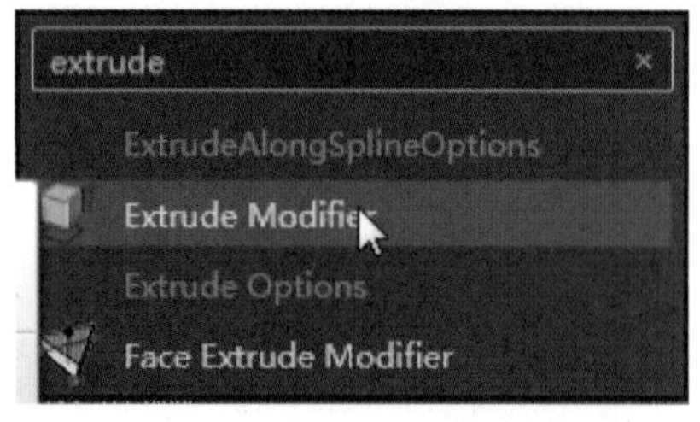

图 4-88　搜索添加 Extrude 命令

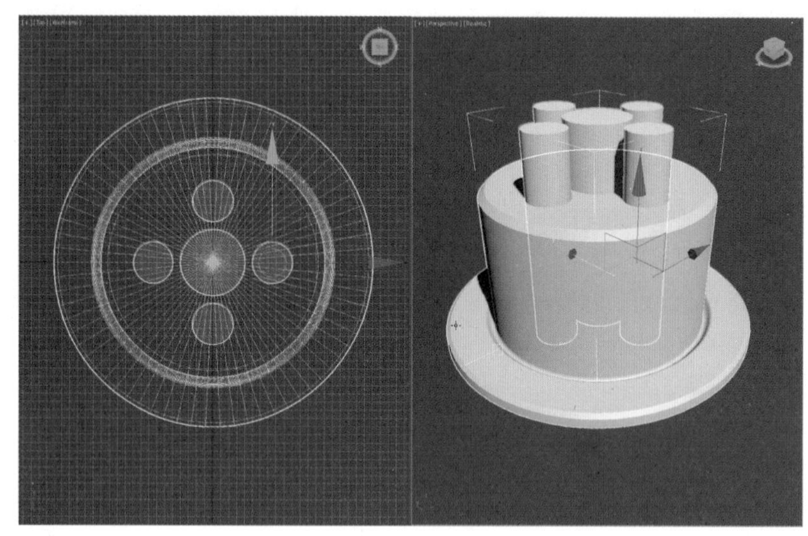

图 4-89　圆形挤出效果

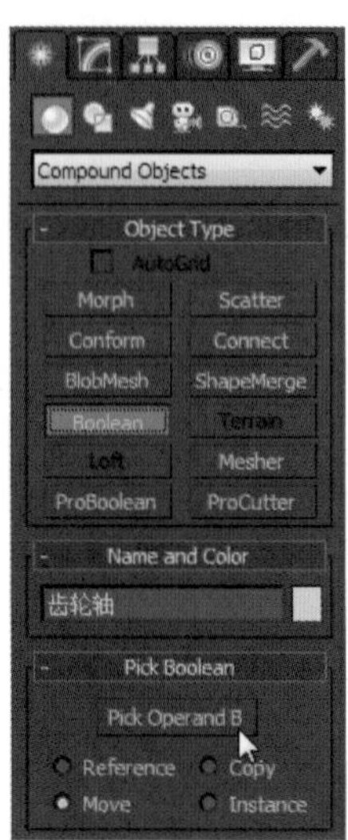

图 4-90　复合对象创建命令面板

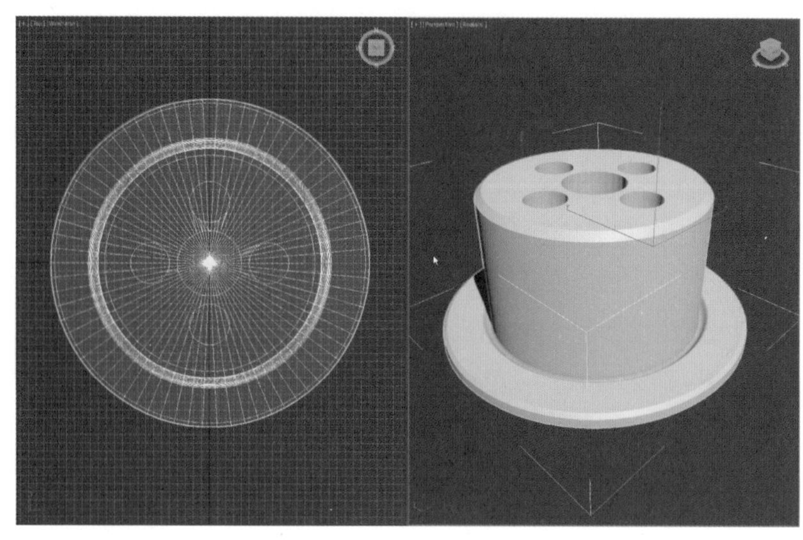

图 4-91　布尔运算后效果

4.3.3 Bevel（倒角）建模

Bevel（倒角）
建模视频教学资源

1. Bevel（倒角）参数设置面板

选择编辑集列表下拉框中的 Bevel（倒角）命令，进入 Bevel（倒角）参数设置面板，其 Parameters 卷展栏和 Bevel Values 卷展栏如图 4-92 所示。

Bevel 修改命令的 Parameters 卷展栏和 Bevel Values 卷展栏有如下参数。

• Linear Sides（线性侧面）：设置倒角内部片段划分为线形方式，系统默认勾选此单选项。

• Curved Sides（曲线侧面）：设置倒角内部片段划分为弧形方式，当选择此单选项并设置 Segments 段数为 6 时，效果如图 4-93 所示。

• Segments（分段）：设置倒角内部的片段划分数。

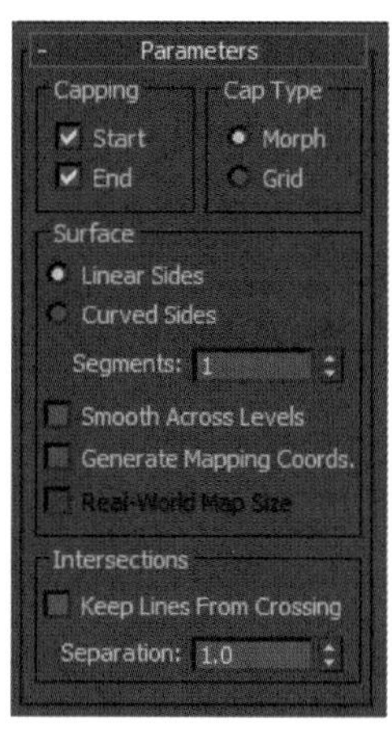

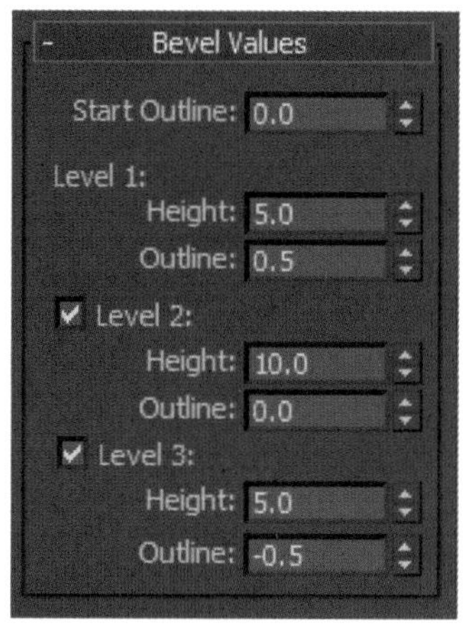

图 4-92　Bevel 修改命令的 Paramters 卷展栏和 Bevel Values 卷展栏

• Smooth Across Levels（级间平滑）：设置是否对倒角进行光滑处理，效果如图 4-94 所示。

• Start Outline（起始轮廓）：设置原始对象的外轮廓。

• Level（级别）：设置相应级别的 Height（高度）和 Outline（轮廓）。

图 4-93　设置曲线侧面参数后效果

图 4-94　设置级间平滑参数后效果

2. 以 Bevel（倒角）方法创建立体文字

以 Bevel（倒角）方法创建立体文字的操作步骤如下。

（1）单击创建命令面板的 \ \ Text 按钮，在 Parameters 卷展栏下设置的参数如图 4-95 所示。然后在 Front 视图中单击，就得到了如图 4-96 所示的效果。

（2）单击编辑器下拉列表，在弹出的列表菜单中选择 Bevel（倒角）命令，设置参数如图 4-97 所示，得到文字立体倒角效果如图 4-98 所示。

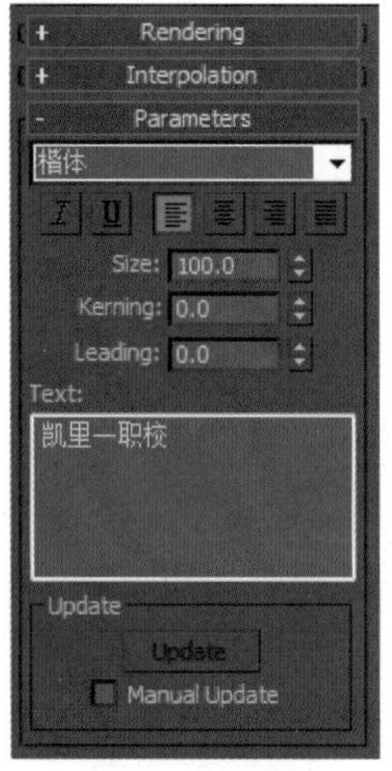

图 4-95　二维字参数设置

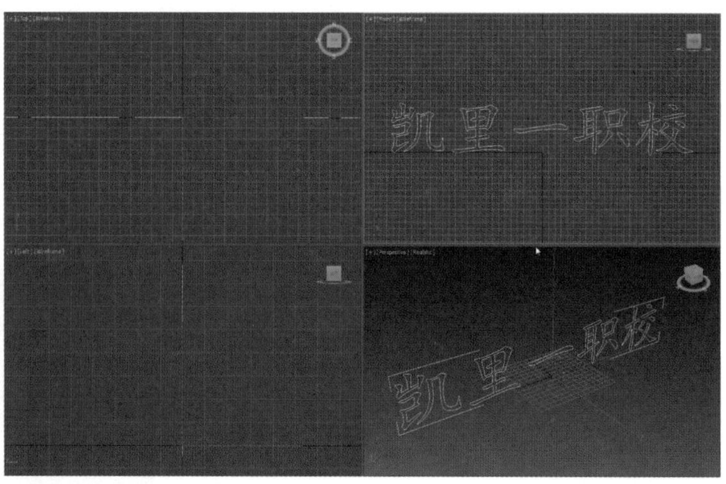

图 4-96　二维字效果

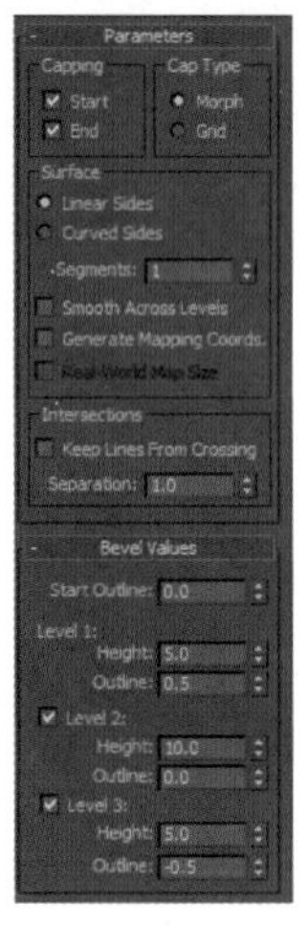

图 4-97　设置 Bevel 命令参数

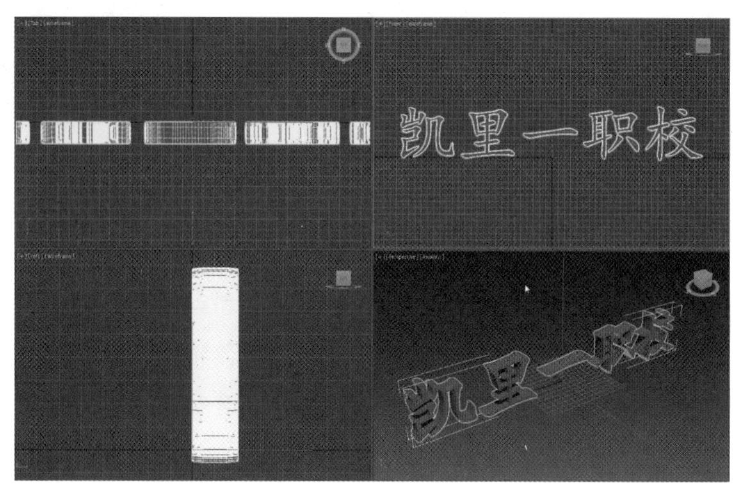

图 4-98　设置完成后效果

4.3.4　Bevel Profile（倒角剖面）建模

Bevel Profile（倒角剖面）建模视频教学资源

1. Bevel Profile（倒角剖面）参数设置面板

选择编辑集列表下拉框中的 Bevel Profile 命令，进入 Bevel Profile（倒角剖面）参数设置面板，如图 4-99 所示。

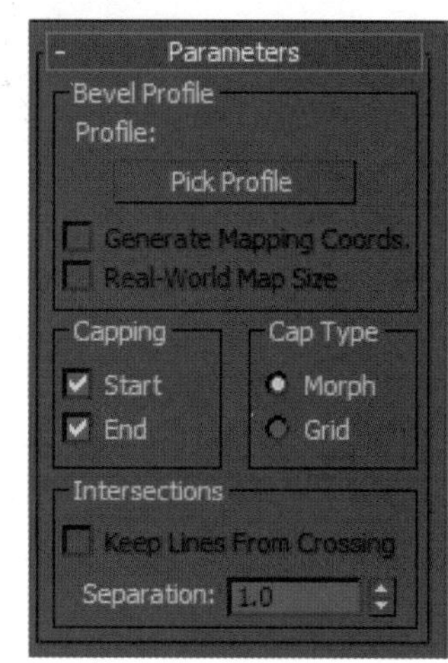

图 4-99　Bevel Profile（倒角剖面）参数设置面板

其主要有参数如下。

• Pick Profile（拾取剖面）：单击此按钮，可以在视图中拾取一个二维图形或 NURBS 曲线作为倒角的外轮廓线。

• Capping（封口）、Cap Type（封口类型）、Intersections（相交）：与 Bevel 中的相应参数含义一致。

2. 以 Bevel Profile（倒角剖面）方法创建立体文字

以 Bevel Profile（倒角剖面）方法创建立体文字步骤如下。

（1）单击创建命令面板的 \ \ Text 按钮，在 Front 视图中创建一个参数设置如图 4-100 所示的二维字体，效果如图 4-101 所示。

图 4-100　二维字参数设置

图 4-101　二维字效果

（2）单击二维创建命令面板中的 Line 按钮，在 Front 视图中画一条如图 4-102 所示的封闭线框。在场景资源管理器中选择 Text 对象，单击按钮进入修改命令面板，并展开 Modifier List 下拉列表框，并选择 Bevel Profile 命令，其参数设置如图 4-103 所示。

（3）在修改命令面板中，单击 Pick Profile 按钮，在 Front 视图中拾取 Line 对象，效果如图 4-104 所示。

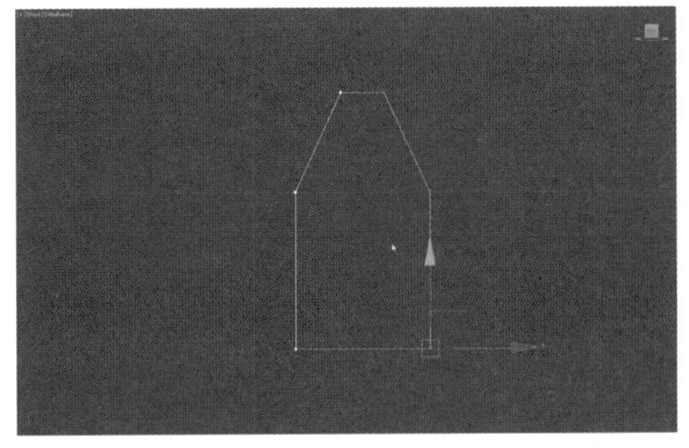

图 4-102　Front 视图中的线框

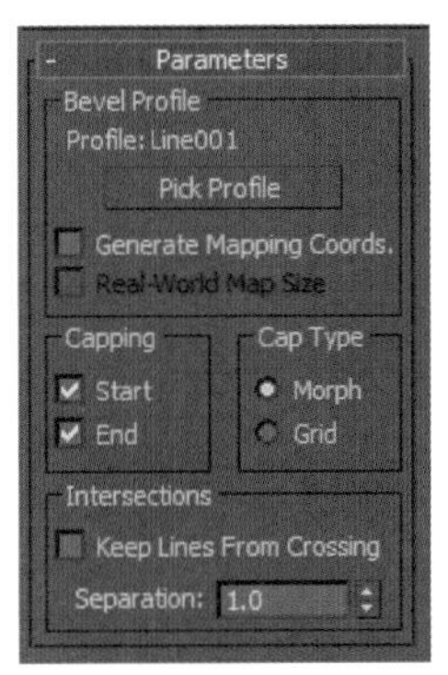

图 4-103　Bevel Profile 参数设置

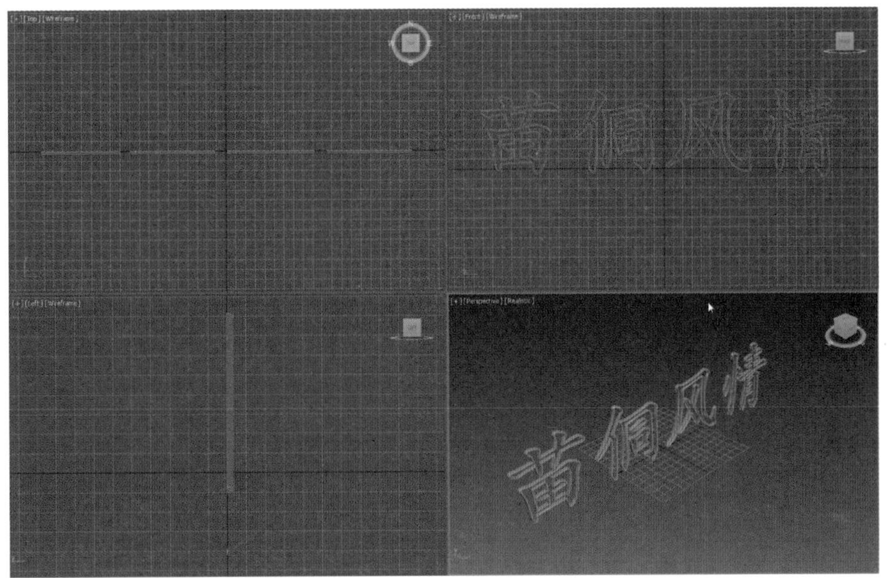

图 4-104　二维字应用 Bevel Profile 命令后效果

【本章小结】

本章主要讲述了二维画线、编辑二维图形及 2D 转 3D 修改功能。在使用 2D 转 3D 建模功能时，要学会抽象物体截面的思维模式。二维画线时要注意绘制的准确性，这决定了最终三维造型的形态。二维图形的编辑是二维画线的重点，要熟练掌握。

【拓展练习】

一、选择题

（1）（　　）命令可用来创建文本。

A. Line　　B. Text

C. Circle　　D. Ellipse

（2）（　　）是二维布尔差集运算。

A.　　B.

C.　　D.

（3）（　　）节点属性是平滑。

A. Corner　　B. Smooth

C. Bezier　　D. Bezier Corner

二、填空题

（1）二维图形创建命令面板上有________、________、________、________、________、________、________、________、________、________、________、________等命令按钮。

（2）常用的 2D 转 3D 命令有________、________、________、________。

三、实验

利用本章所学知识制作如图 4-105 所示的银帽简模。

图 4-105　银帽简模

银帽简模视频教学资源

第 5 章 复杂建模方法

【学习要求】

（1）熟练掌握放样建模方法。

（2）熟练掌握 Boolean（布尔）运算建模方法。

（3）熟练掌握 Edit Mesh（编辑网格）物体摸建方法。

（4）了解 NURBS 建模方法。

复杂建模是在三维几何体或二维图形的基础上再创建。复杂建模包括合成建模、NURBS 建模等。合成建模是将两个以上的物体通过特定的合成方式结合成一个物体。在合成建模中 Loft、Boolean 建模应用最广泛。网格建模是指对网格物体进行修改后产生新物体的过程，Edit Mesh 修改命令是最常用的网格修改命令，它可以对网格物体的顶点、边、面、多边形、元素进行修改，进而达到所期待的形态。NURBS 建模不同于前两种建模方式，NURBS 的全称是 None-Uniform Rational B-Spline（非均匀有理 B 样条），它的特性在于其平滑的过渡性。

5.1 放样建模

放样建模的基本步骤视频教学资源

5.1.1 放样建模的基本步骤

创建复杂三维物体的另一个常用方法是放样，放样就是将两个或两个以上的二维图形按一定方法构成三维物体。由此可见，利用放样方法创建三维物体的必要条件是有两个或两个以上的二维图形，其中一个用来做放样路径，另一个做放样截面。值得注意的是，放样路径一般是线段，也可以是封闭的曲线或封闭的图形，无论怎样，路径必须是唯一的。而放样截面就不同了，它可以是任意形状的二维图形，其数量可以是一个，也可以是多个，下面我们来介绍放样物体的基本操作。

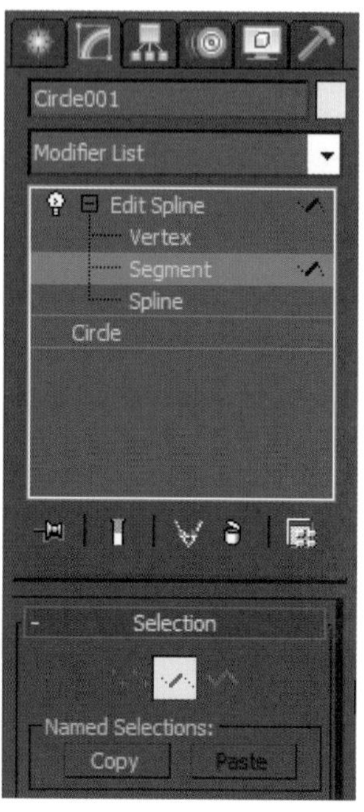

图 5-1　选择 Segment（分段）子层级

放样建模的基本步骤如下。

（1）在二维创建命令面板中单击 Circle 按钮，激活 Top 视图，绘制一条圆形截面曲线，在场景资源管理器中选择圆形，按下键盘上的“X”键，在搜索栏输入“edit spline”，添加编辑样条曲线命令，再在 Selection（选择）卷展栏下选择 Segment（分段）子层级，如图 5-1 所示。

（2）在 [Perspective] 视图中选中圆形的所有分段，再点击两下 Geometry（几何体）卷展栏下的 Divide （拆分）命令，效果如图 5-2 所示。

（3）取消激活的 Segment（分段）子层级，再在 [Perspective] 视图中快速克隆出一个圆形，进入 Vertex（顶点）子层级，如图 5-3 所示，将克隆出来的圆形修改为如图 5-4 所示的样式。

（4）切换到 Front 视图，再绘制一条如图 5-5 所示的直线。

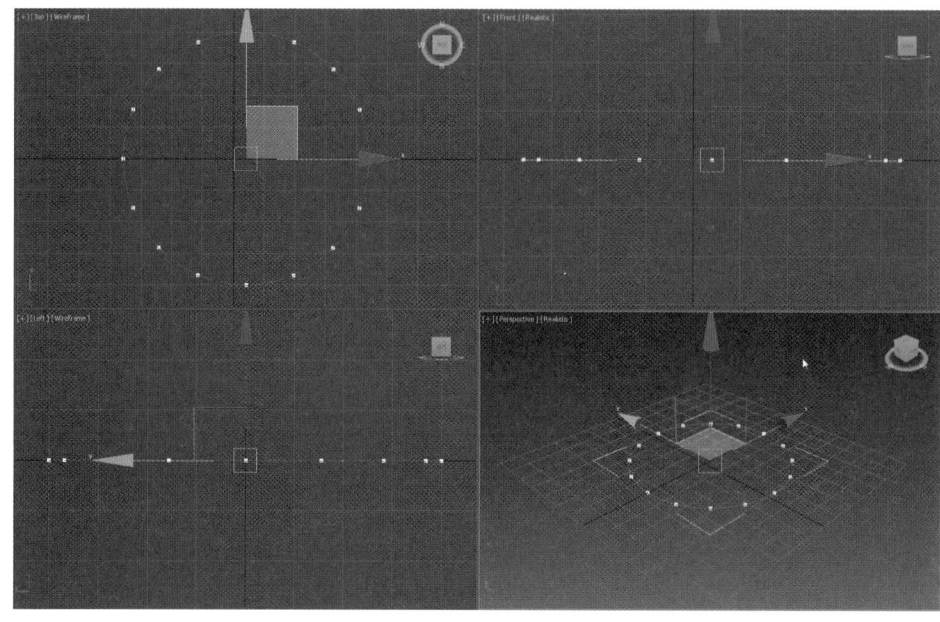

图 5-2　拆分后效果

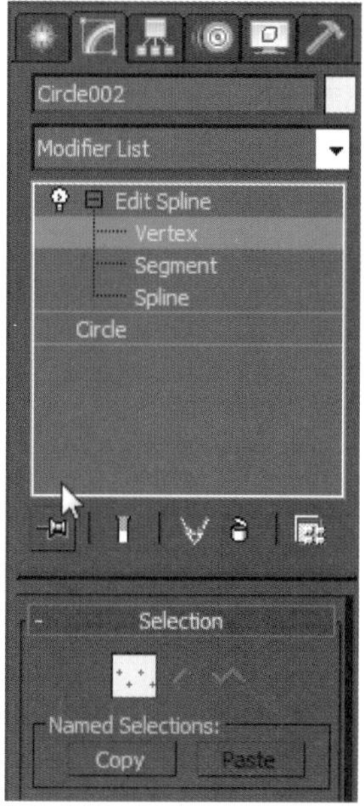

图 5-3　进入 Vertex（顶点）子层级

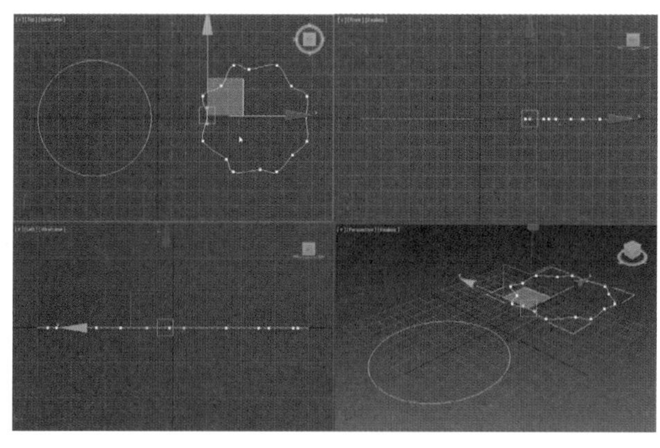

图 5-4　修改后曲线效果

图 5-5　绘制的直线效果

（5）切换到 Perspective 视图，先选中路径直线，单击三维创建命令面板 Standard Primitives 下拉列表框，在弹出的列表菜单中选择 Compound Objects（合成物体）选项，进入合成物体建模面板，单击 Loft 按钮，这时出现放样对象参数面板，再单击 Get Shape （获取图形）按钮，在 Perspective 视图中单击波浪形曲线对象，如图 5-6 所示，得到的初步放样效果如图 5-7 所示。

（6）进入修改命令面板，设置在 Path Parameters 选项组下的 Path 参数为 100，如图 5-8 所示。这样就切换到放样对象的另一个截面，再次单击 Get Shape 获取图形按钮，在 Perspective 视图中单击另一个截面的圆形，得到的放样对象的效果如图 5-9 所示。

（7）在场景资源管理器中选择波浪形曲线，在 Vertex（顶点）子层级下，继续对图形进行修改，可以继续拆分段数，调节顶点的位置，调整到如图 5-10 所示的样式。在修改获取图形的样式或路径时，放样的模型也会实时改变。

（8）打开 Skin Parameters 卷展栏，取消 Cap Start（封口始端）复选框，如图 5-11 所示，取消底部封口，效果如图 5-12、图 5-13 所示。

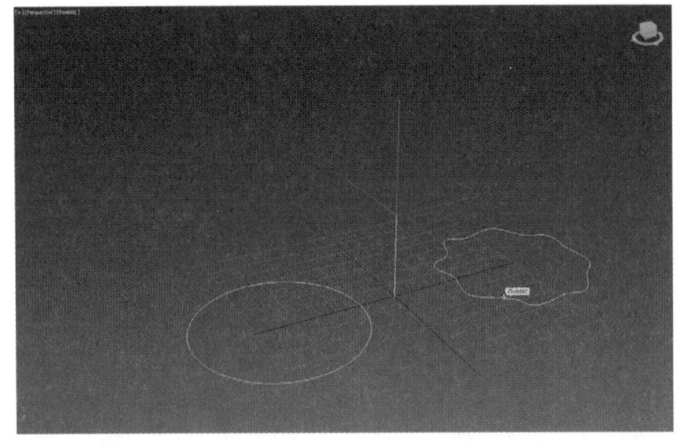

图 5-6　单击波浪形曲线

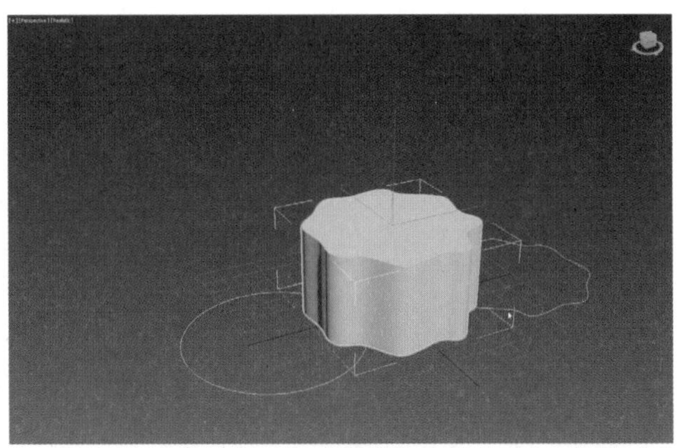

图 5-7　初步放样效果

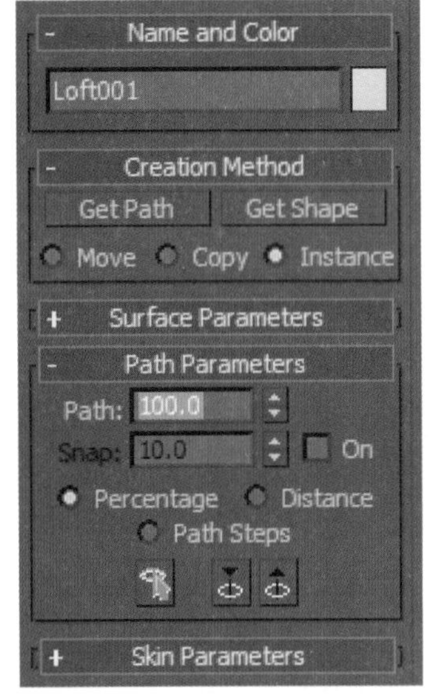

图 5-8　修改 Path 参数

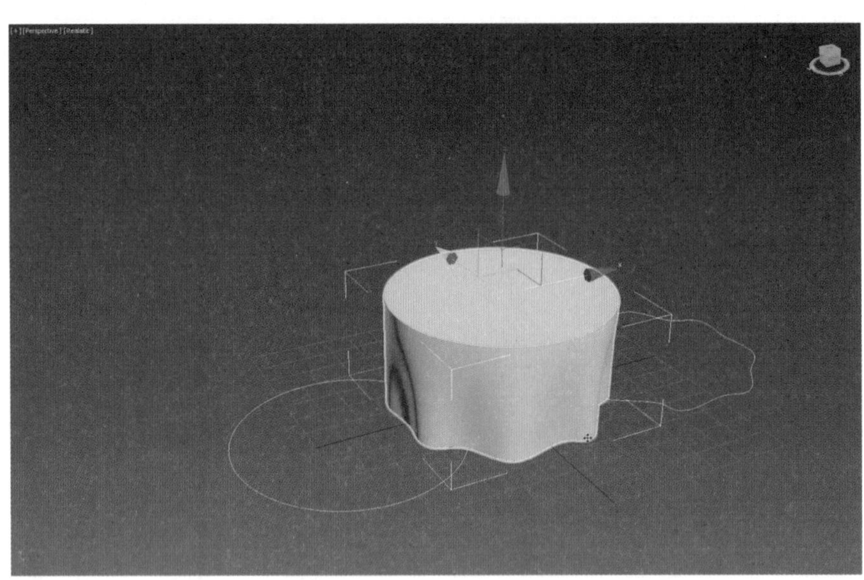

图 5-9　单击第二个截面后效果

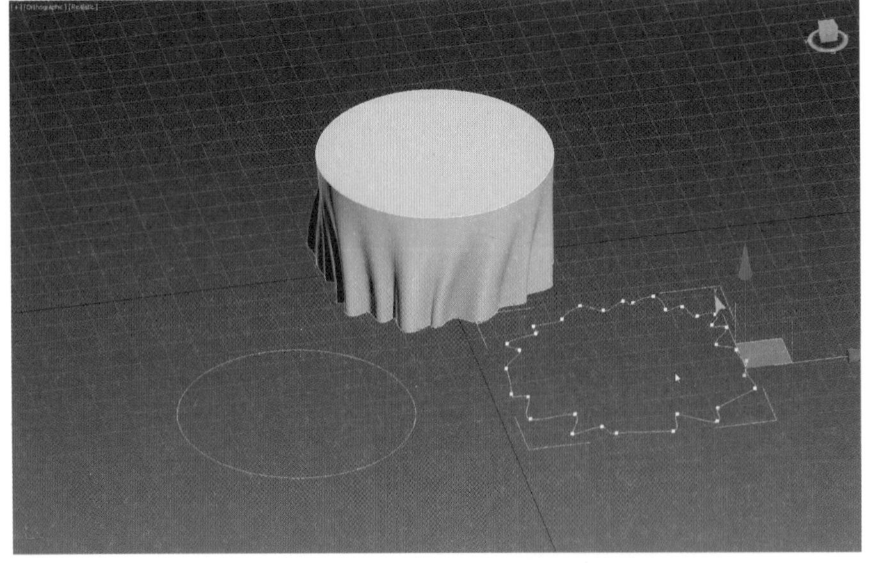

图 5-10　修改波浪曲线样式

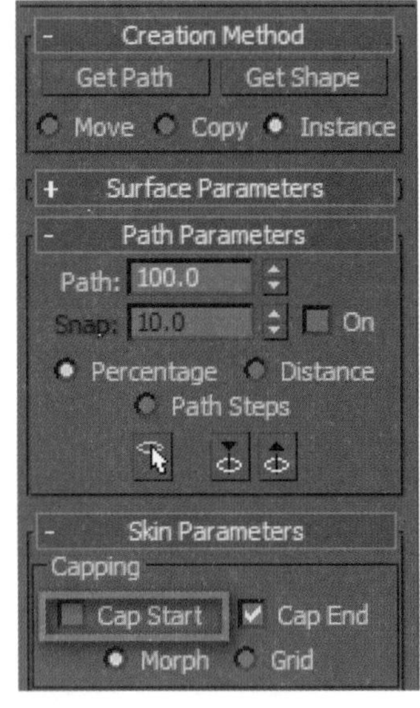

图 5-11　取消 Cap Start（封口始端）复选框

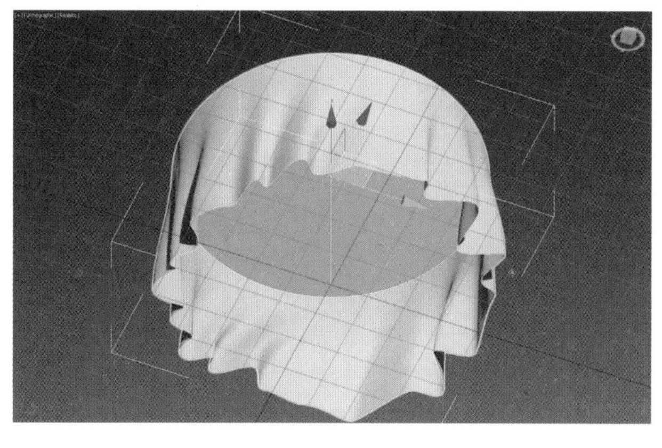

图 5-12　取消底部封口

图 5-13　最终效果

5.1.2　放样建模实例

放样建模实例视频教学资源

在放样路径上，不仅可以单独旋转封闭的图形或开放的曲线，而且可以将它们混合放置，产生特殊的效果。下面我们将利用这一特性制作 1 个芦笙竹管。

使用放样建模方法制作芦笙竹管的步骤如下。

（1）在 Top 视图中，创建 1 个圆形、1 个矩形、2 个椭圆，参数与效果如图 5-14 所示。

（2）单击二维创建命令面板中 Line 按钮，在 Front 视图中，绘制一条如图 5-15 所示的竖线。

（3）在场景资源管理器中，选择创建的竖线，在三维创建命令面板中，展开 Standard Primitives 下拉列表框，在弹出的列表菜单中选择 Compound Objects（复合对象）选项，如图 5-16 所示。

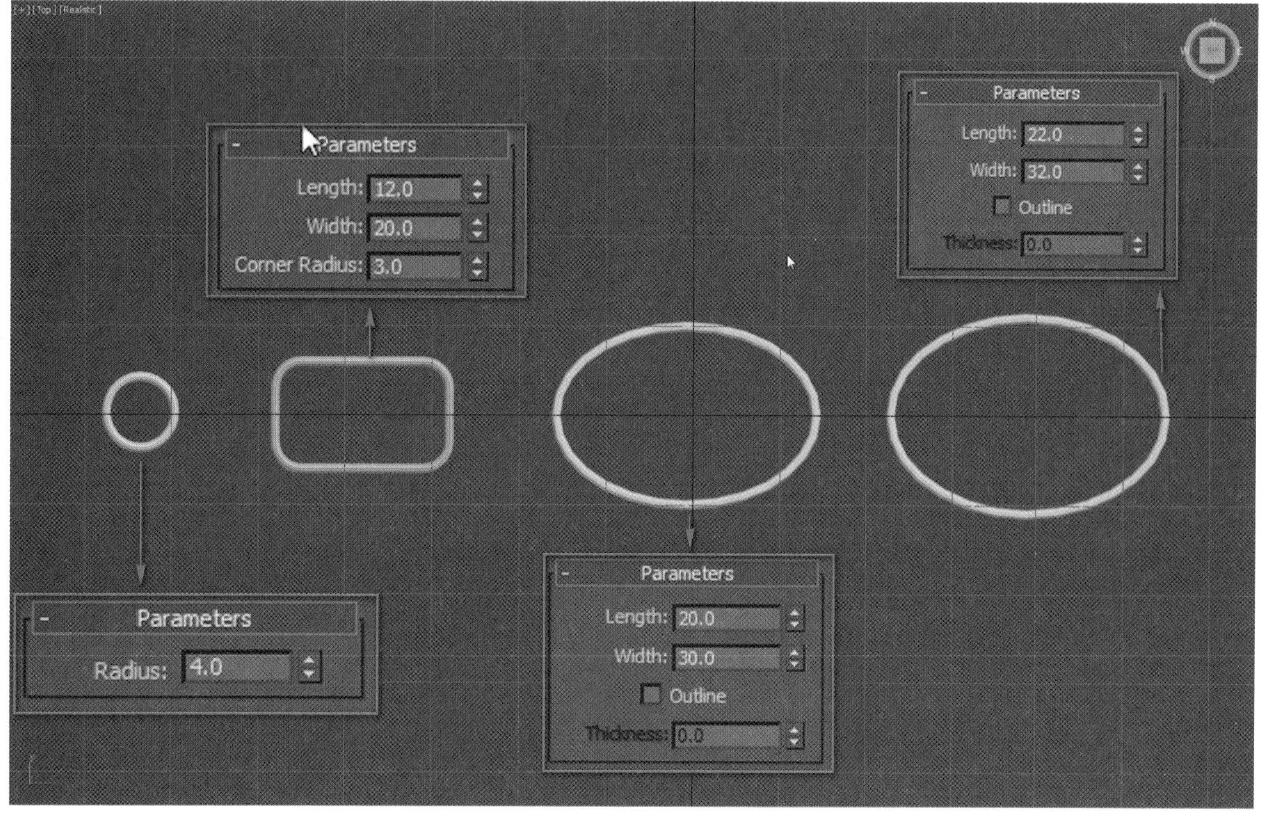

图 5-14　各图形的参数与效果

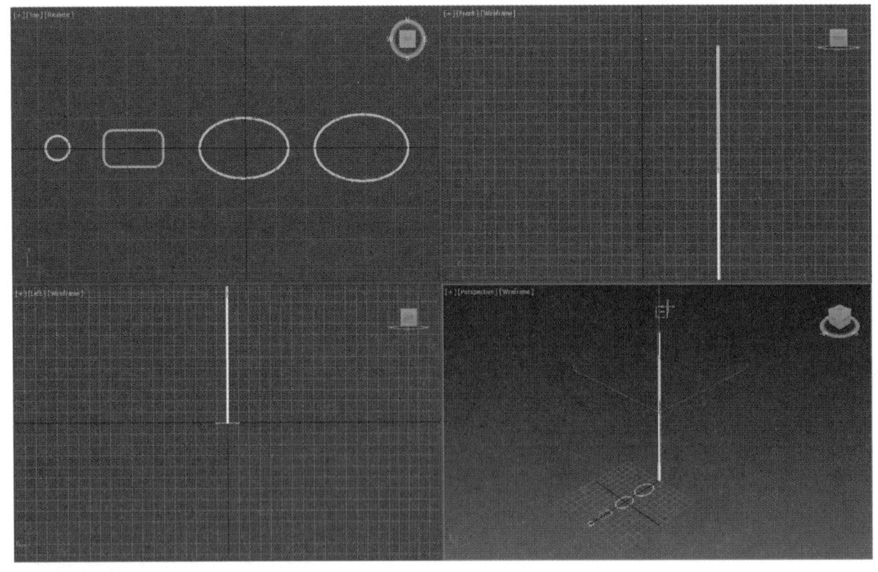

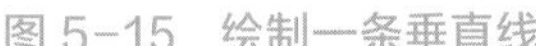

图 5-15　绘制一条垂直线

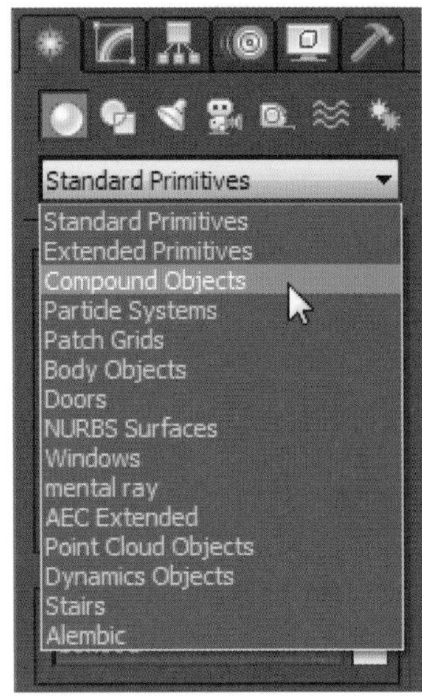

图 5-16　选择复合对象创建命令面板

（4）进入复合对象建模面板，单击 Loft 按钮，这时出现放样对象参数面板，再单击 Get Shape（获取图形）按钮，在 Perspective 视图中单击矩形对象，放样效果如图 5-17 所示。

（5）在视图中选择放样物体，进入修改命令面板，设置 Path 参数为 5，再单击 Get Shape 按钮，在视图中继续单击矩形对象。

（6）设置 Path 参数为 10，单击宽度为 30 的椭圆对象，切换放样二维图形。再设置 Path 参数为 20，单击宽度为 32 的椭圆对象，切换放样二维图形。放样效果如图 5-18 所示。

图 5-17　放样效果 1

图 5-18　放样效果 2

（7）设置 Path 参数为 30，单击宽度为 30 的椭圆，Path 参数为 35，单击矩形，Path 参数为 40，再次单击矩形，效果如图 5-19 所示。

（8）设置 Path 参数为 42，切换放样二维图形，单击半径为 4 的圆形，Path 参数为 100 时，再次单击圆形，如图 5-20 所示。

（9）取消 Loft 命令的 Skin Parameters 卷展栏下的 Cap End 复选框，如图 5-21 所示。

（10）按下键盘上的“X”键，在弹出的搜索栏中输入“shell”，添加 Shell（壳）命令，利用该命令设置芦笙竹管的厚度，如图 5-22 所示。

图 5-19　放样效果 3

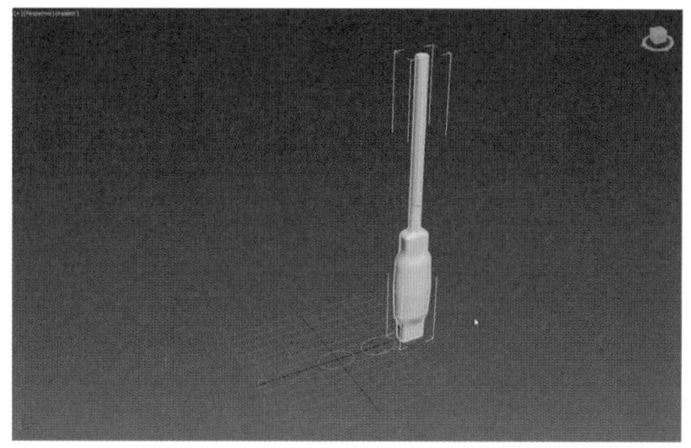

图 5-20　放样效果 4

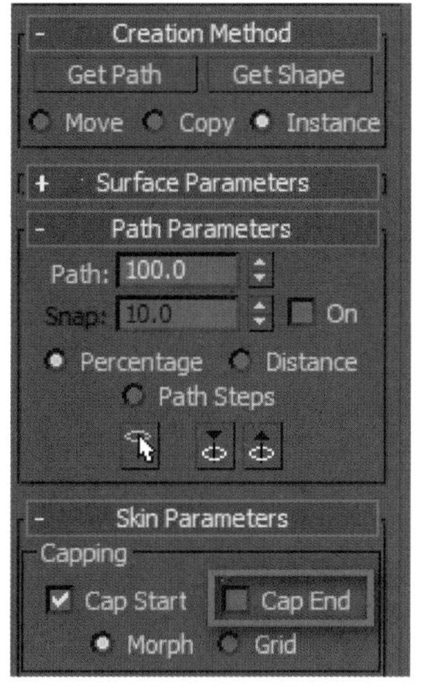

图 5-21　取消封口

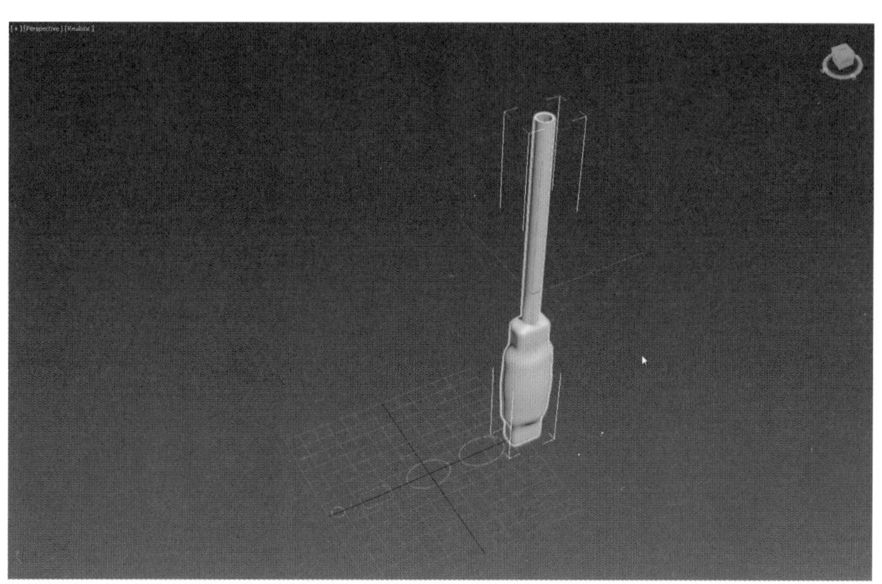

图 5-22　芦笙竹管最终效果

5.2　Boolean（布尔）运算建模

布尔运算是英国数学家 George Boolean 制定的一套逻辑数学计算方法，用来表示两个数值相结合的所有结果。后来人们以他的名字命名这套算法，称为布尔算法。

Boolean 运算参数面板视频教学资源

5.2.1　Boolean 运算参数面板

创建一个三维几何体作为运算物体 A，如图 5-23 所示。在创建类型下拉列表框中选择 Compound Objects（复合对象）选项，如图 5-24 所示。我们可以看到 Object Type（物体类型）卷展栏下的 Boolean（布尔）运算命令按钮。下面我们先来认识 Boolean（布尔）运算参数面板，如图 5-25 所示。

• Pick Boolean（拾取布尔）卷展栏：用于设置选取第 2 个运算物体的方式。

• Display\Update（显示 \ 更新）卷展栏：用于设置布尔物体的显示和更新方式。这两个卷展栏几乎每个组合工具都有。

图 5-23　创建一个三维几何体

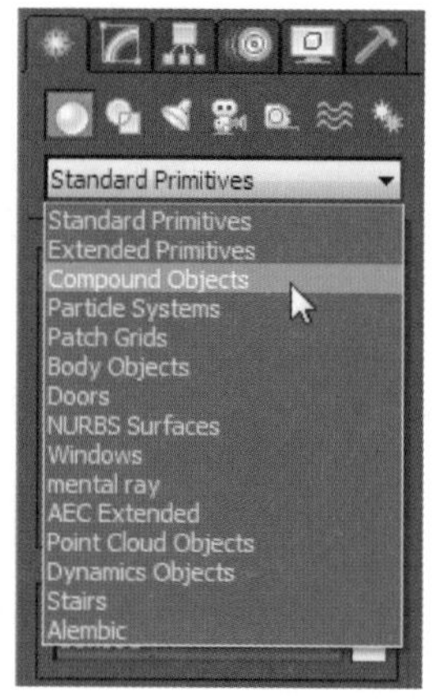

图 5-24　选择 Compound Objects（复合对象）选项

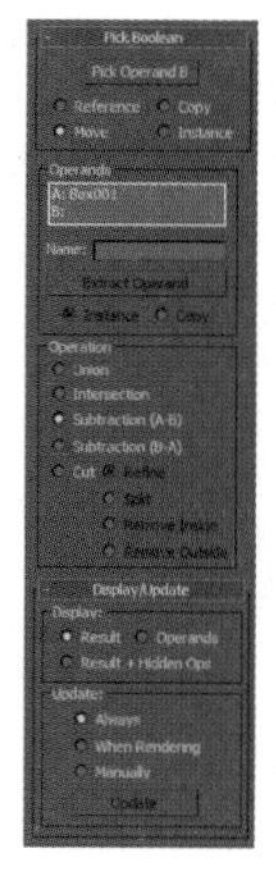

图 5-25　布尔运算参数面板中英文对照

5.2.2　Boolean 运算的基本方法

Boolean 运算的基本方法视频教学资源

下面介绍 Boolean 运算的基本方法。原始物体如图 5-26 所示。

（1）Union（并集）：将两个运算物体结合为一个布尔物体，并且删除掉相交或重叠的部分。并集运算后效果如图 5-27 所示。

（2）Intersection（交集）：将两个运算物体结合为一个布尔物体，生成的布尔物体仅包括两个运算物体的共同部分，删掉没有相交的部分。交集运算后效果如图 5-28 所示。

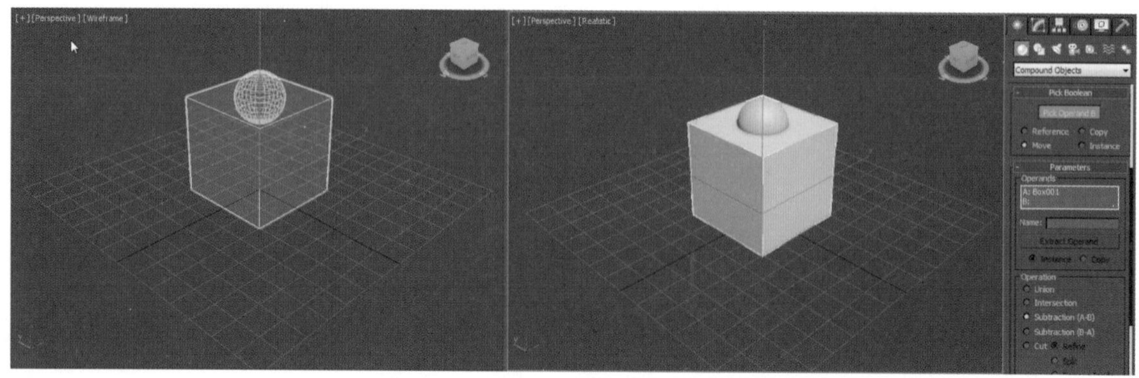

图 5-26　原始物体

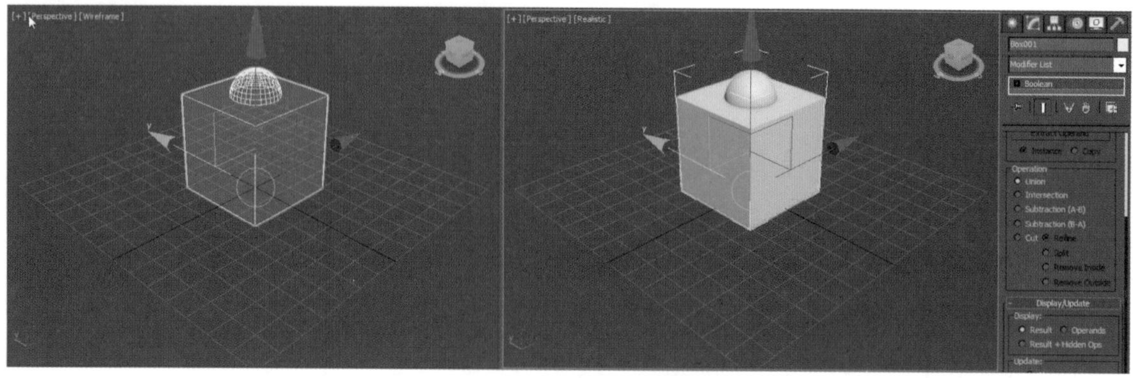

图 5-27　并集运算后效果

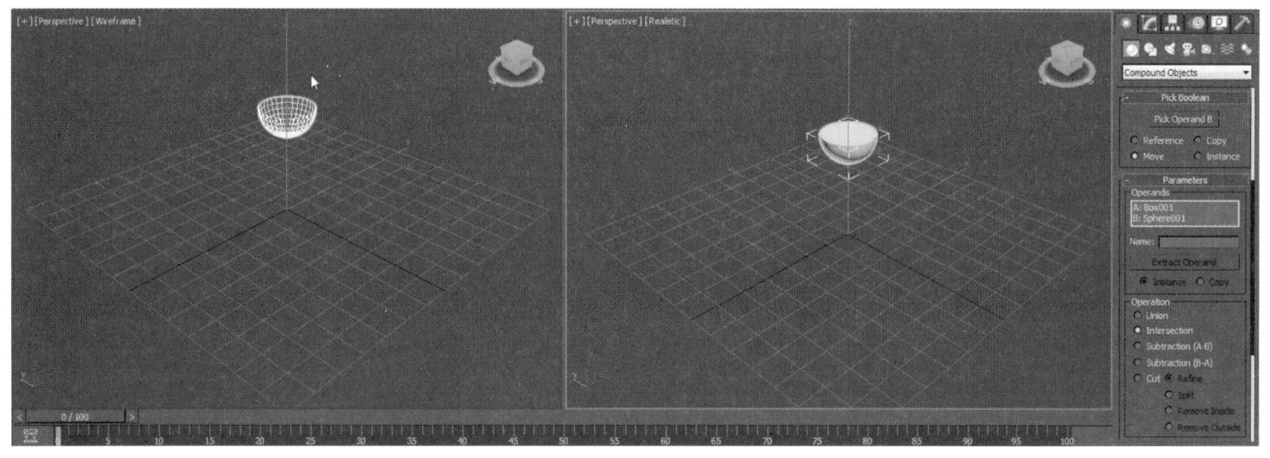

图 5-28　交集运算后效果

（3）Subtraction（A-B）[差集（A-B）]：从运算物体 A 中减去运算物体 A 与运算物体 B 相交的部分，构成新的布尔物体。差集（A-B）运算后效果如图 5-29 所示。

（4）Subtraction（B-A）[差集（B-A）]：从运算物体 B 中减去运算物体 A 与运算物体 B 相交的部分，构成新的布尔物体。差集（B-A）运算后效果如图 5-30 所示。

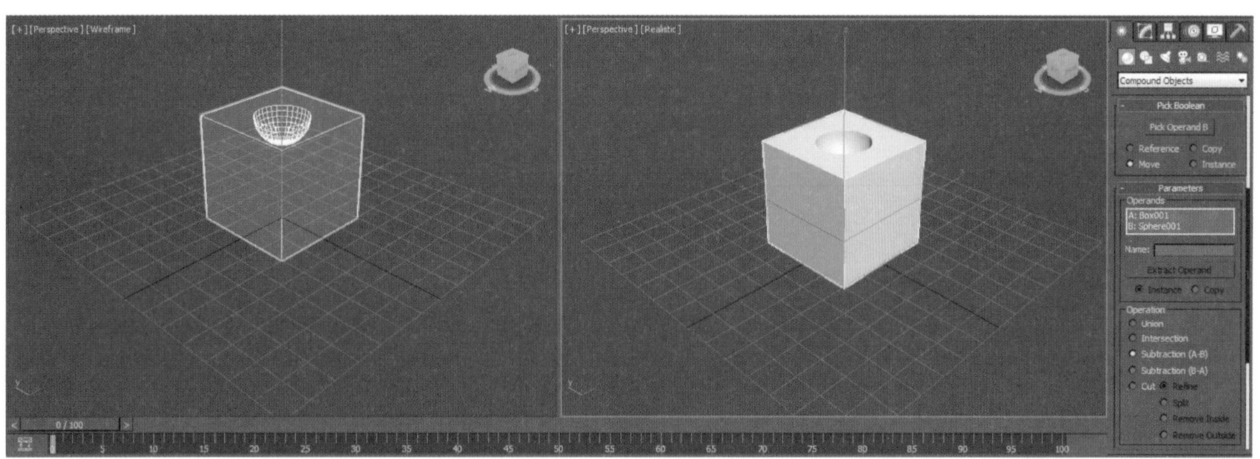

图 5-29　差集（A-B）运算后效果

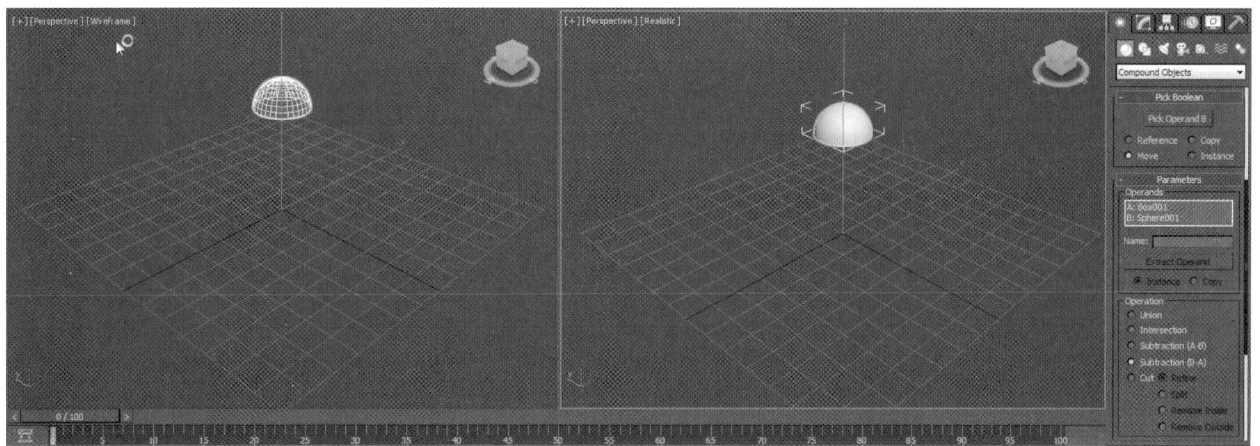

图 5-30　差集（B-A）运算后效果

（5）Cut（切割）：用运算物体 B 切割运算物体 A。该运算不将运算物体 B 的表面网格体添加至运算物体 A。它是将运算物体 B 的表面图形作为切割平面，用切割平面与运算物体 A 的相交截面来改变运算物体 A。切割操作包括下列 4 个类型：Refine（优化）、Split（分割）、Remove Inside（移除内部）和 Remove Outside（移除外部）。

• Refine（优化）：为运算物体 A 添加运算物体 A 与运算物体 B 的截面的节点和边。运算物体 A 新添加的节点和边组成的截面，将运算物体 A 的表面进一步细分，如图 5-31 所示。

• Split（分割）：在运算物体 A 和运算物体 B 的截面处添加节点和边，但是新的节点和边将运算物体 A 分为两个物体，如图 5-32 所示。

• Remove Inside（移除内部）：删除运算物体 A 所有与运算物体 B 相交的部分，包括与运算物体 B 相交的截面，如图 5-33 所示。

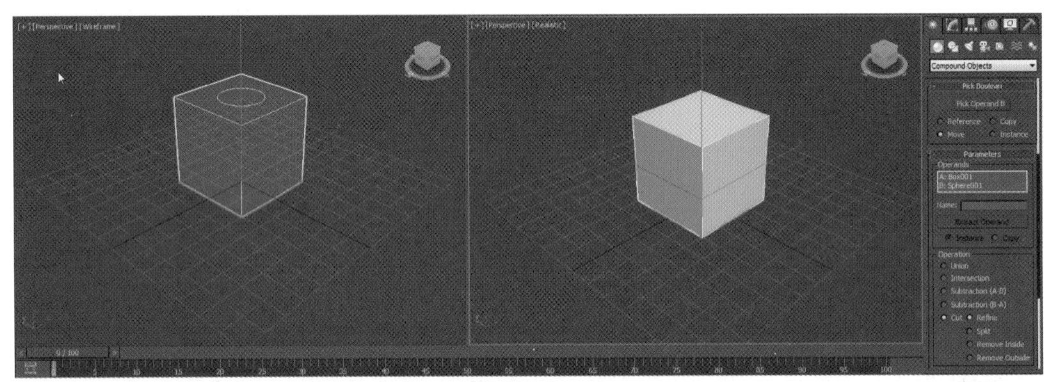

图 5-31　优化运算后效果

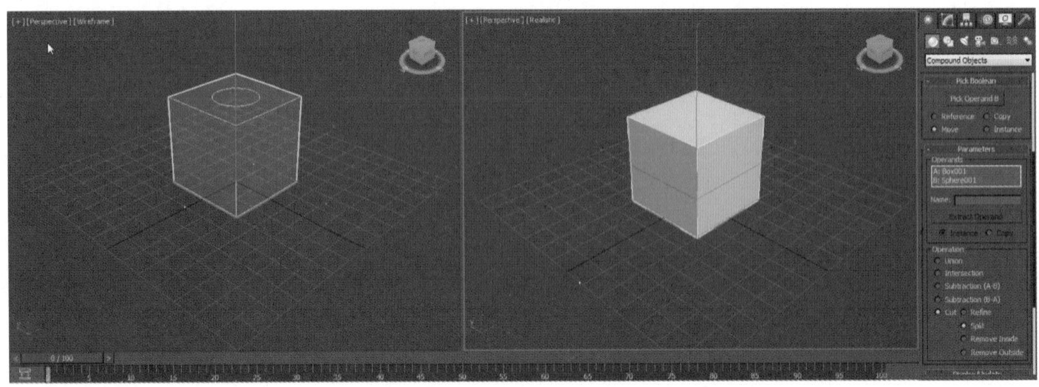

图 5-32　分割运算后效果

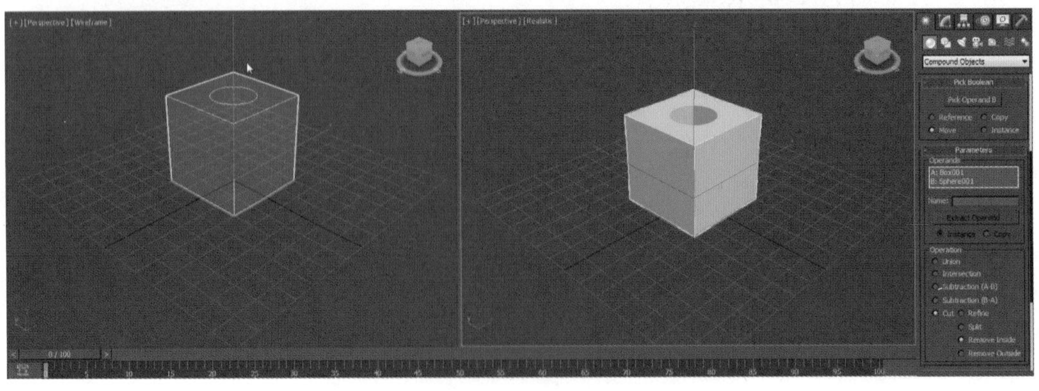

图 5-33　移除内部后效果

• Remove Outside（移除外部）：保留运算物体的共同部分，删除没有相交的部分，并且删除运算物体 B 与运算物体 A 相交的截面，如图 5-34 所示。

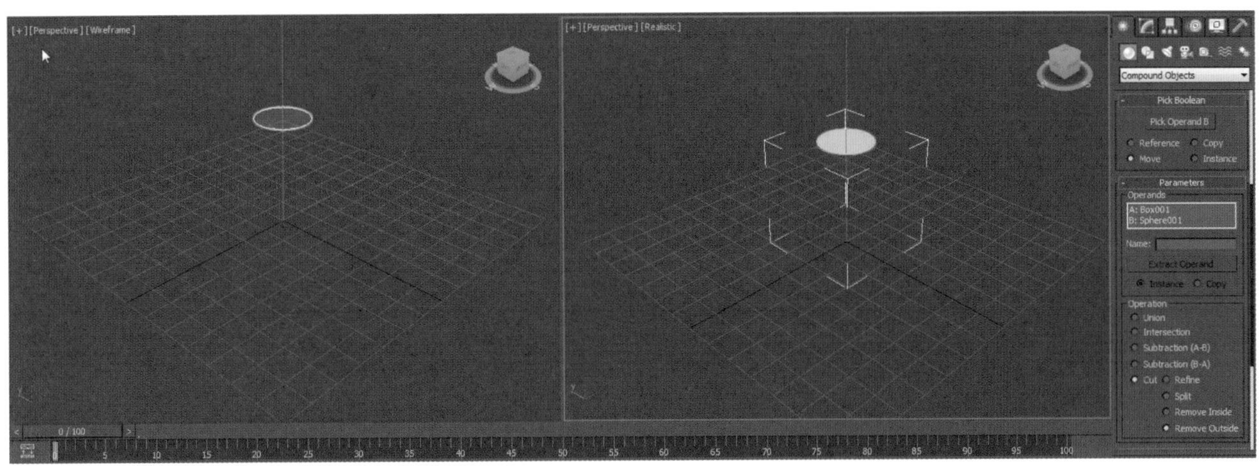

图 5-34　移除外部后效果

5.2.3　Boolean 运算建模实例

下面以计算器基座的制作过程为例，讲述如何通过 Boolean 运算建模。具体的操作步骤如下。

Boolean 运算建模实例视频教学资源

（1）在扩展基本体创建命令面板中，单击 ChamferBox 按钮，在 [Perspective] 视图中，创建 ChamferBox 对象并更改对象名为“计算器基座”，参数设置如图 5-35 所示，效果如图 5-36 所示。

（2）按下键盘上的“X”键，在弹出的搜索框中输入“FFD”，并在搜索出来的命令中选择 FFD Box Modifier 命令，如图 5-37（a）所示。在 FFD Box Modifier 命令的 FFD Parameters 卷展栏下单击 Set Number of Points，弹出的窗口设置参数如图 5-37（b）所示。

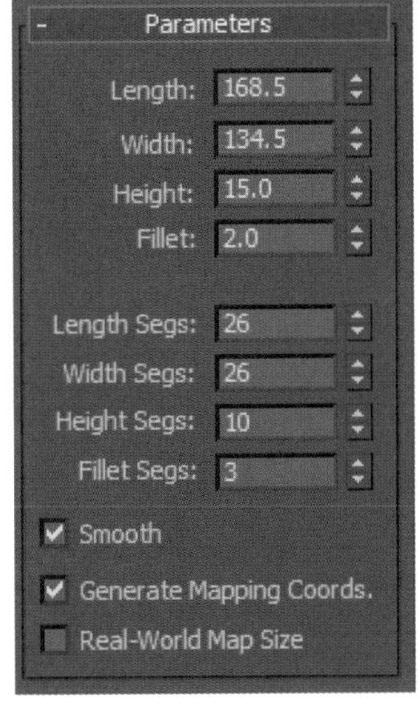

图 5-35　切角长方体参数设置

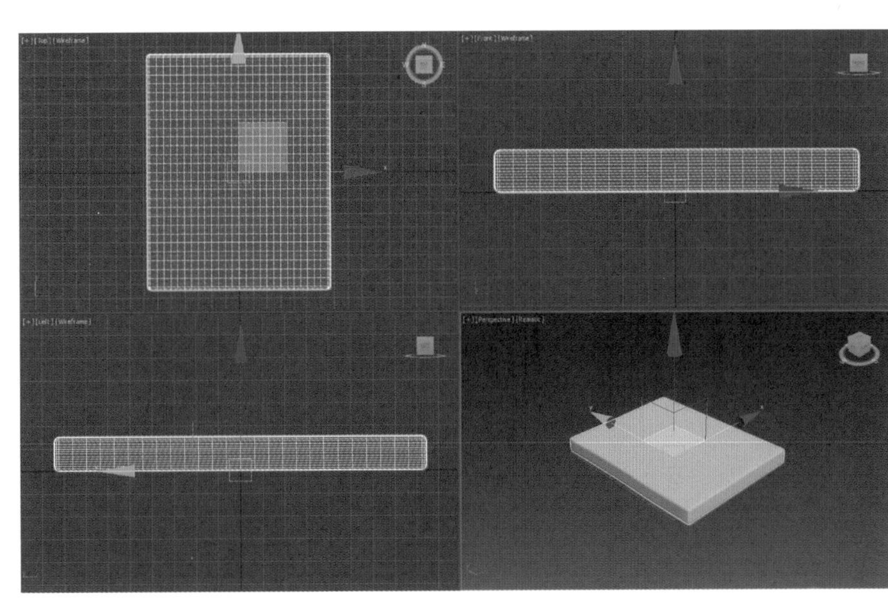

图 5-36　Top 视图中切角长方体效果

（a）

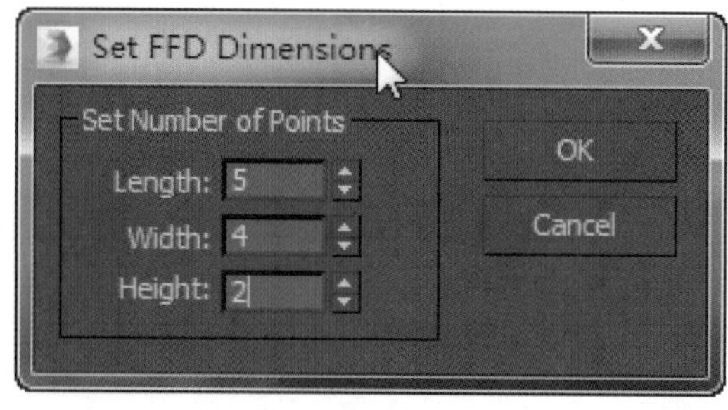

（b）

图 5-37　选择 FFD Box Modifier 命令并设置参数

（3）在修改器堆栈中，展开此命令，选择 Control Points 子层级，如图 5-38 所示。在[Left]视图中，选择对象的控制点进行调整，效果如图 5-39 所示。

（4）在扩展几何体创建命令面板中，单击ChamferBox按钮，在[Perspective]视图中再创建 4 个 ChamferBox 对象并更改对象名为“按键 01”“按键 02”“按键 03”“按键 04”，参数如图 5-40 所示，效果如图 5-41 所示。

图 5-38　选择 Control Points 子层级

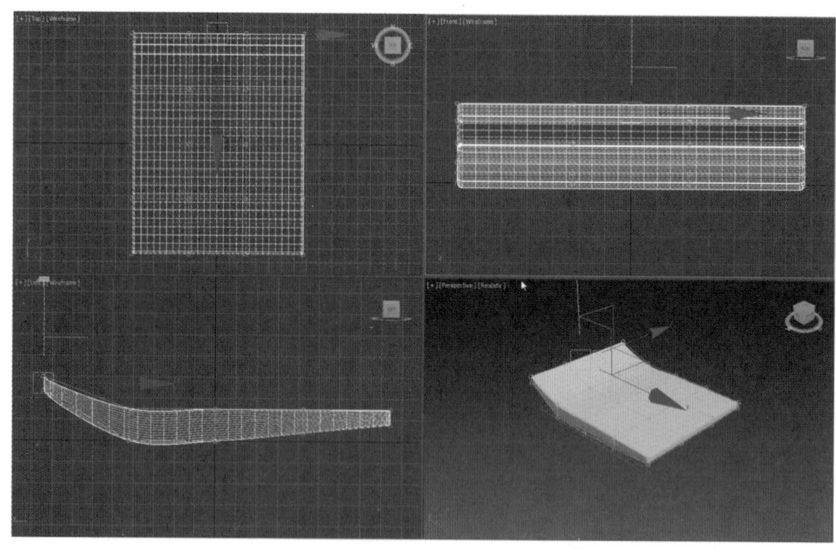

图 5-39　通过自由变形命令修改后的效果

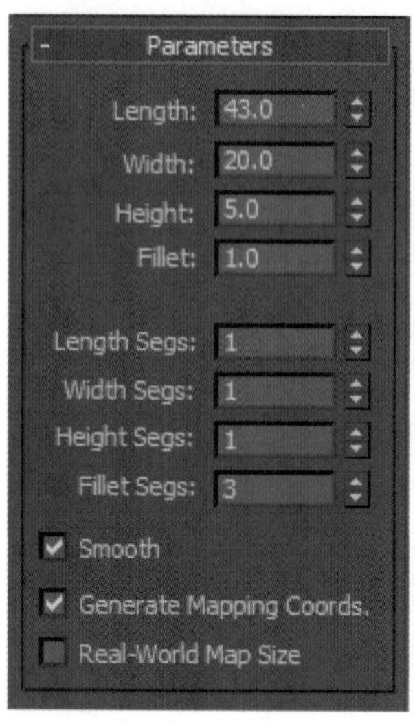

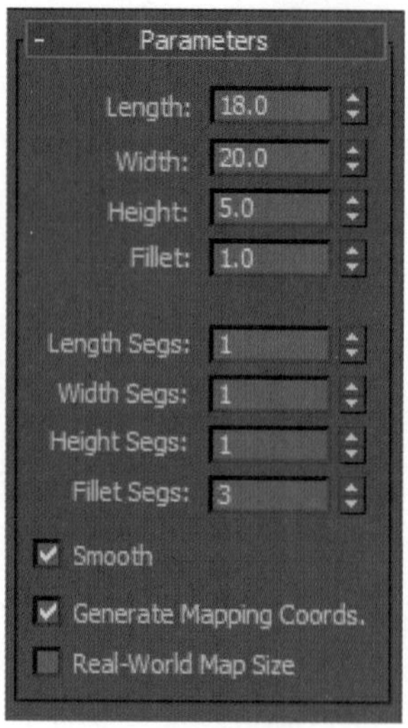

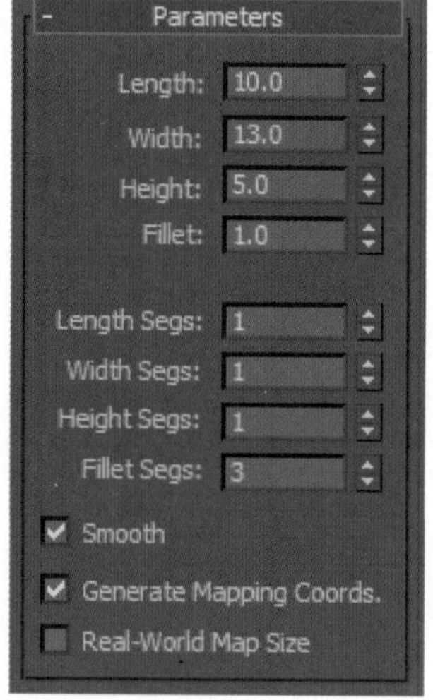

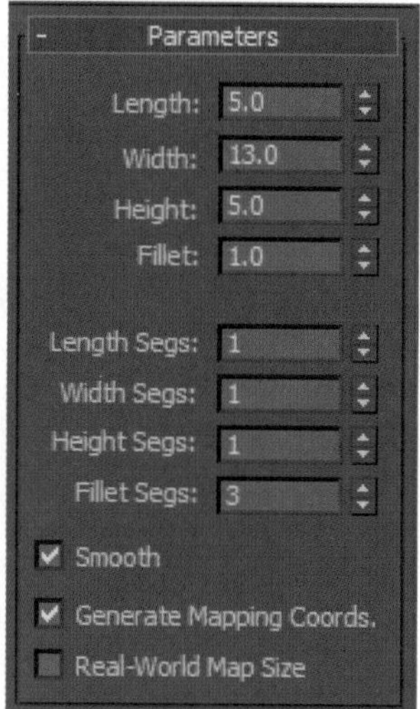

图 5-40　创建切角长方体参数

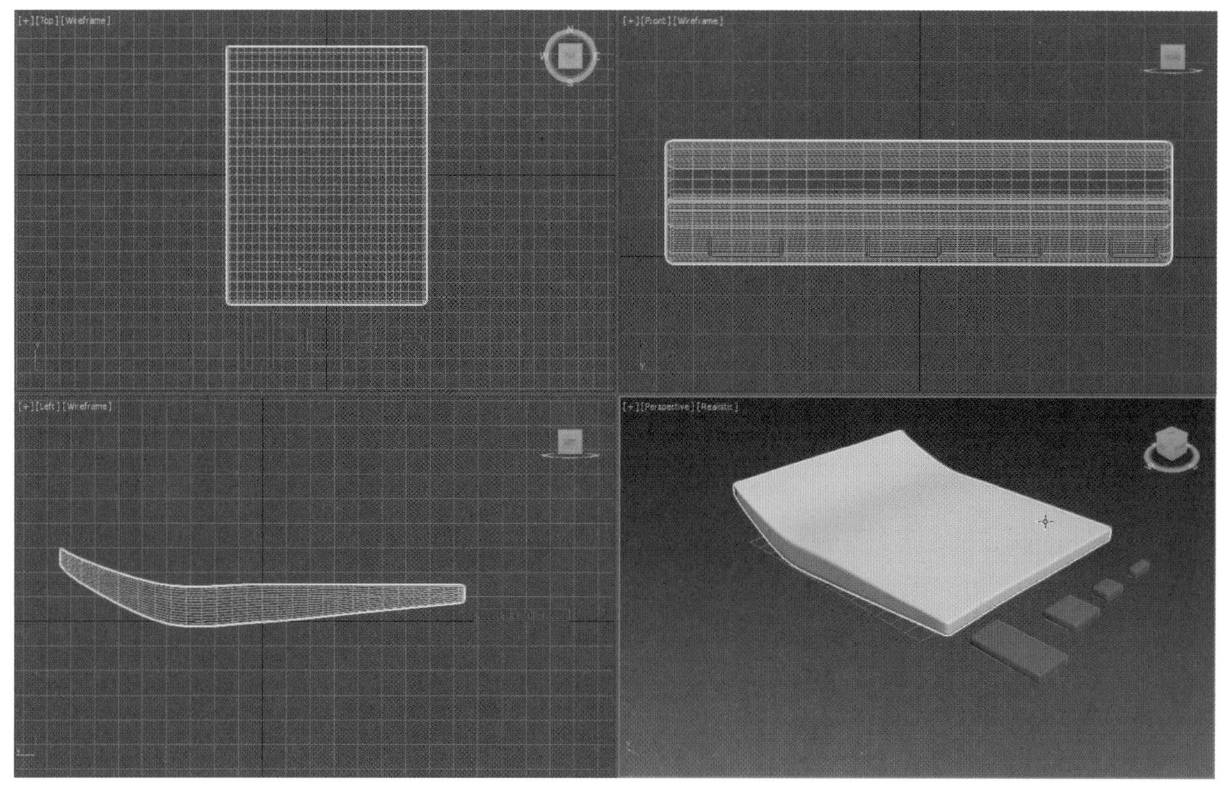

图 5-41　创建切角长分体效果

（5）单击工具栏的按钮，在视图中，沿 Y 轴向上移动所有按键对象，效果如图 5-42 所示。在 Top 视图中，分别移动按键到相应的位置，按住键盘上的“Shift”键，使用命令，克隆出其他的按键位置，如图 5-43 所示。

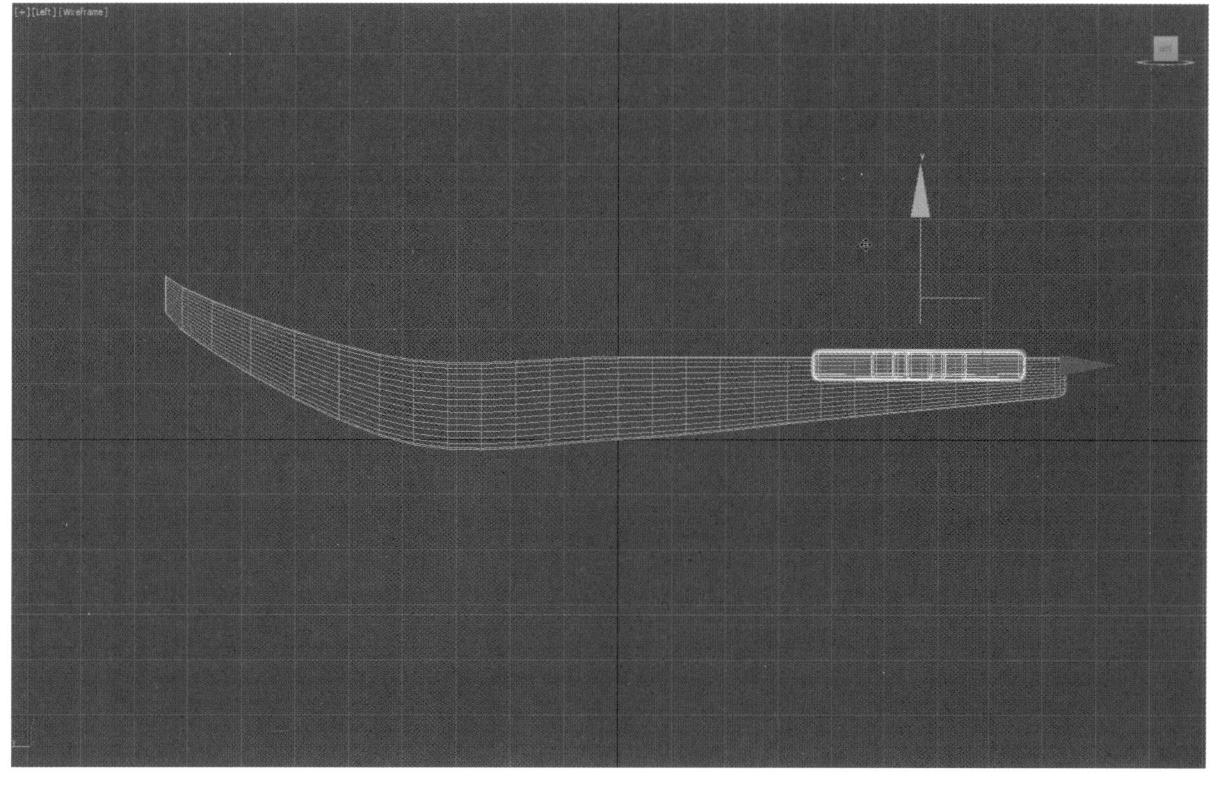

图 5-42　切角长方体在 Front 视图中的位置

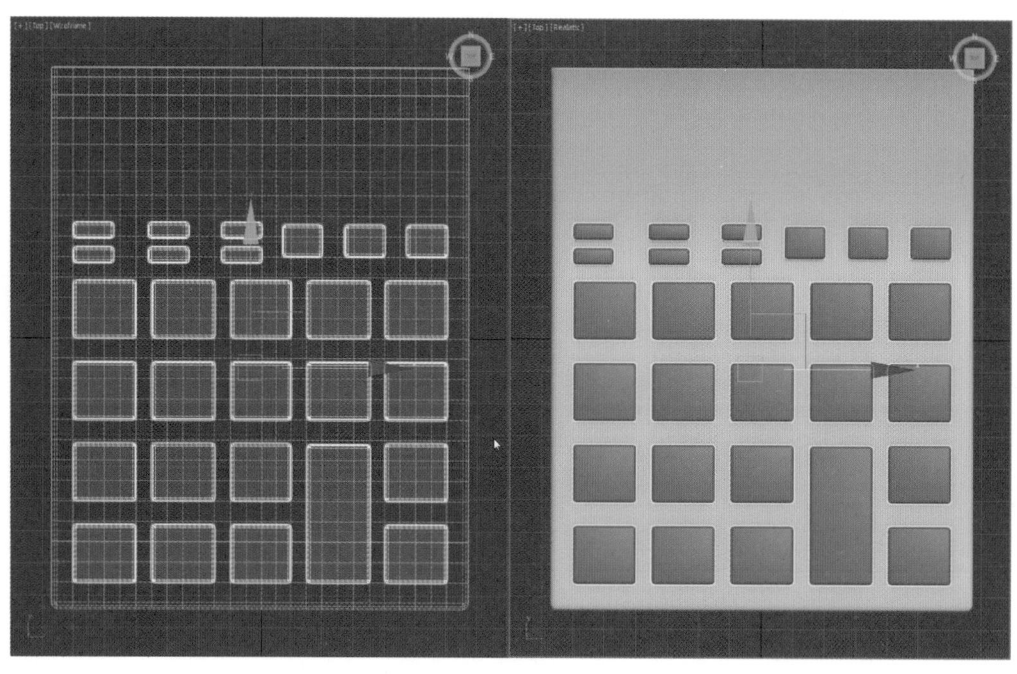

图 5-43　克隆切角长方体后的效果

（6）在 Perspective 视图中，选择按键 01 对象，并单击鼠标右键，弹出关联菜单，选择 Convert to: Convert to Editable Mesh 命令，如图 5-44 所示。然后在修改命令面板中，按下 Edit Geometry 卷展栏下的 Attach 按钮，如图 5-45 所示。

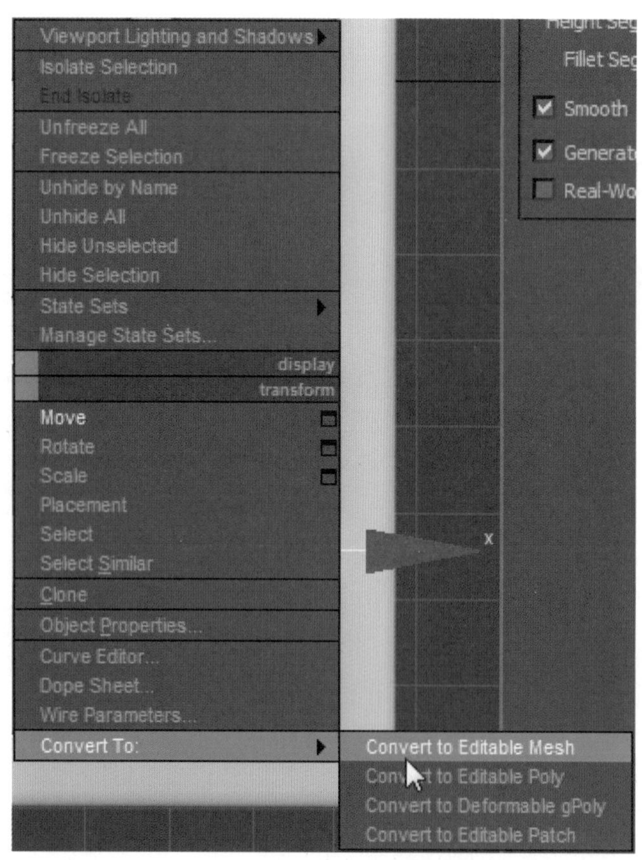

图 5-44　更改切角长方体为 Editable Mesh

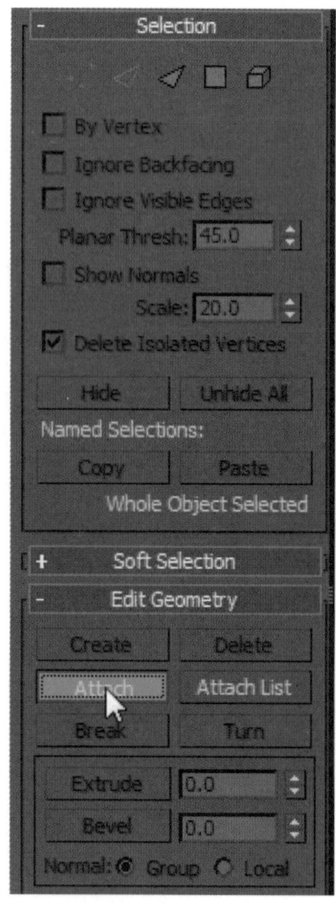

图 5-45　单击修改命令面板中的 Attach 按钮

（7）在修改命令面板中的 Attach 按钮处于按下的状态时，在 Top 视图中，依次单击关联克隆出的按键对象，将其合并为一个新对象，如图 5-46 所示。在 Top 视图中，选择计算器基座，再在创建命令面板中，展开 Extended Primitives 下拉菜单，进入合成建模命令面板，单击 Boolean（布尔）运算按钮，再按下 Pick Boolean 卷展栏下的 Pick Operand B 按钮，如图 5-47 所示。

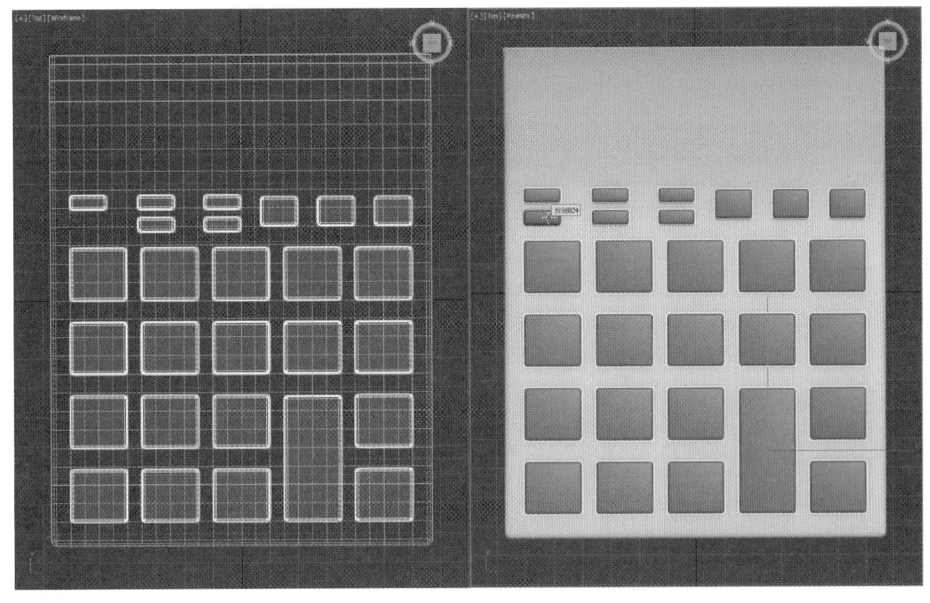

图 5-46　合并切角长方体

图 5-47　单击创建命令面板中的 Pick Operand B 按钮

（8）在 Pick Operand B 按钮处于按下的状态时，在 Top 视图中，单击合并后的按键对象，Parameters 卷展栏下的 Operation 选择框默认为 Subtraction（A-B）单选项，效果如图 5-48 所示。在 Parameters 卷展栏下，选择 Union（并集）单选框，除去两个对象相交的部分重合的表面，效果如图 5-49 所示。

（9）选择计算器基座对象，并单击鼠标右键，弹出关联菜单，选择 Convert to：Convert to Editable Poly 命令，如图 5-50 所示。选择 Selection 卷展栏下的 Polygon 子层级，在 Top 视图中选择基座上面的面，用来制作显示器，如图 5-51 所示。

（10）在 Edit Polygons 卷展栏下，选择 Inset 右边的设置按钮，在弹出的参数窗口中设置数值为 3，如图 5-52 所示。在 Left 视图中，将选中的面向下移动，如图 5-53 所示。

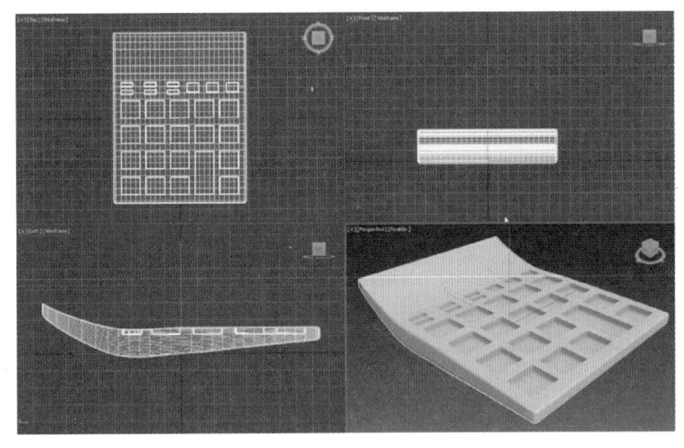

图 5-48　Boolean 运算默认效果

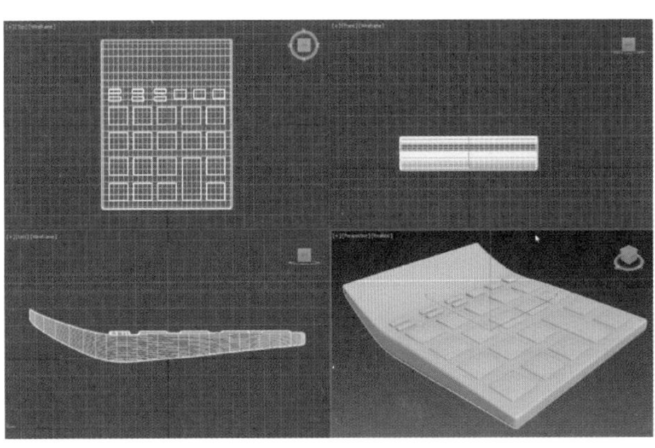

图 5-49　在参数卷展栏下选择并集后效果

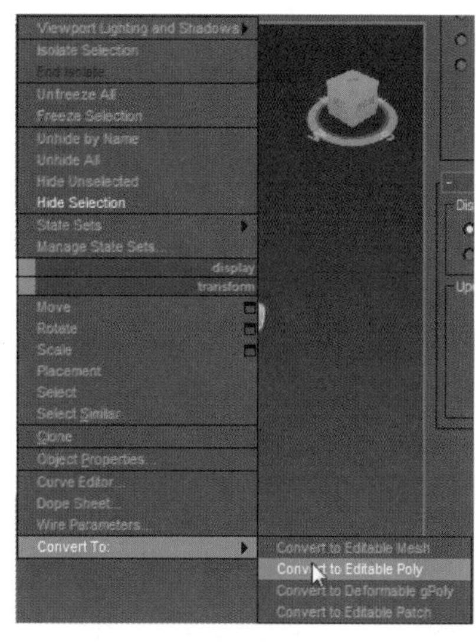

图 5-50　选择 Editable Poly 命令

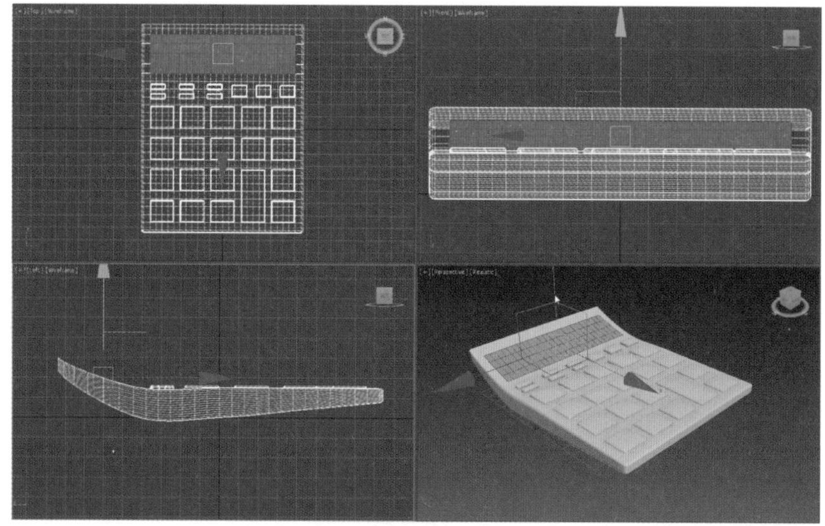

图 5-51　选中制作显示器的面

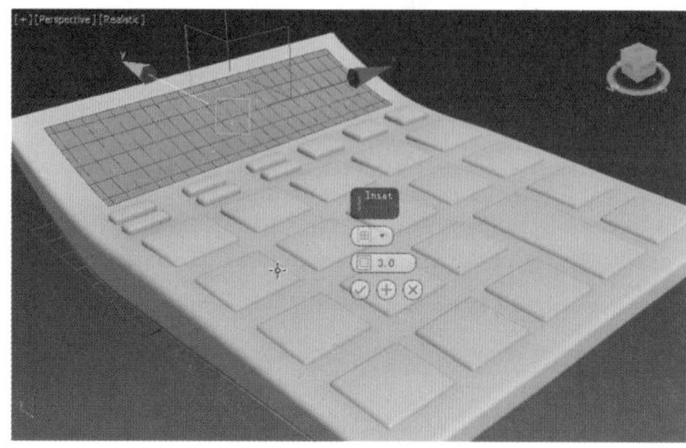

图 5-52　插入命令参数

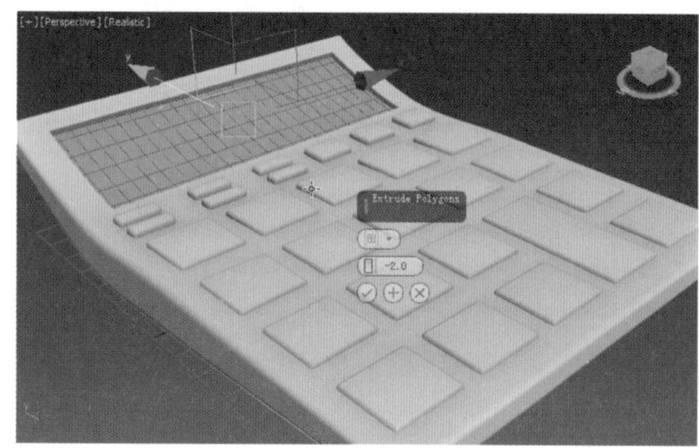

图 5-53　移动屏幕面

（11）在 Edit Polygons 卷展栏下，选择 Extrude 右边的设置按钮■，在弹出的参数窗口中设置数值为 −12，如图 5-54 所示。计算器最终效果如图 5-55 所示。

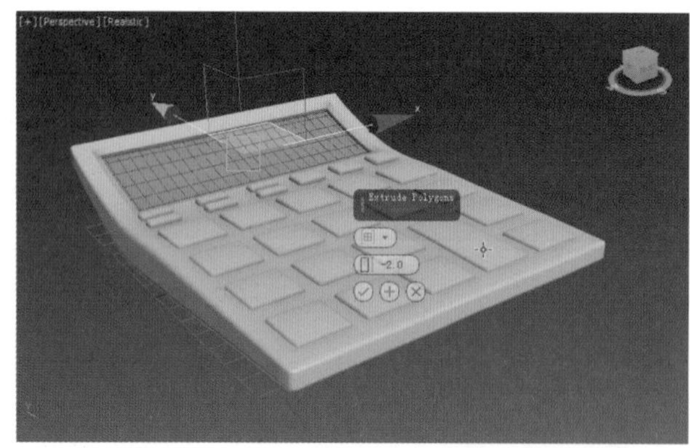

图 5-54　挤压屏幕的面

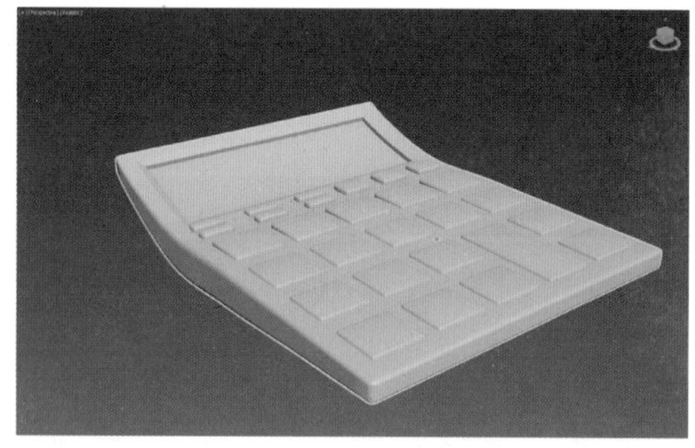

图 5-55　计算器最终效果

5.3 Edit Mesh（编辑网格）物体建模

Edit Mesh（编辑网格）命令参数面板视频教学资源

5.3.1 Edit Mesh（编辑网格）命令参数面板

物体是由面构成的，我们把构成三维实体的许多小截面称为网格物体，在 3ds Max 中称为 Mesh 物体。这样可以通过控制面来控制三维实体。选择编辑集列表下拉框中的编辑网格命令进入可编辑网格命令参数面板，如图 5-56 所示。

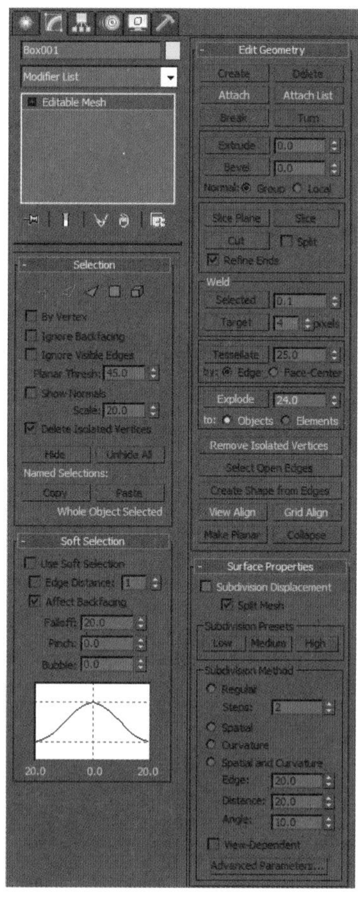

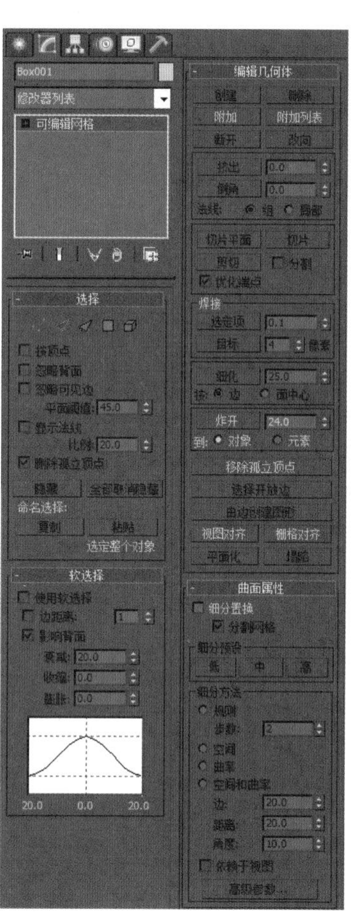

图 5-56　可编辑网格命令参数面板

（1）Selection（选择）卷展栏。

- ■：Vertex（顶点），顶点子对象。
- ■：Edge（边），边子对象。
- ■：Face（面），面子对象。
- ■：Polygon（多边形），多边形子对象。
- ■：Element（元素），元素子对象。

（2）Soft Selection（软选择）卷展栏。

- Use Soft Selection（使用软选择）：勾选此复选框后，软选择就可以设置并使用。
- Edge Distance（边距离）：勾选此复选框，就可以以边距来设置被选择点和其影响的顶点之间的影响区域空间。

- Affect Backfacing（影响背面）：勾选此项使用户只能编辑物体可视面的顶点。
- Falloff（衰减）、Pinch（收缩）、Bubble（膨胀）：设置其影响区域的曲线状态。

（3）Edit Geometry（编辑几何体）卷展栏。

- Create（创建）：新创建物体单个的顶点、面、多边形、元素。
- Delete（删除）：可以删除选择物体的顶点、边、面、多边形、元素。
- Attach（附加）：该按钮可用于所有的子对象模式，不在子对象时也可以使用，可为此物体加入新的物体使其成为一个整体。
- Extrude（挤出）：可以对选择物体除了顶点外的子对象做挤出处理。
- Bevel（倒角）：可以对选择物体除了面和多边形外的子对象做倒角处理。
- Weld（焊接）：此选项组只对顶点子对象起作用。其中包括两个参数：Selected（选定项），用于设置选择顶点之间的阈值并焊接；Target（目标），用来将选择顶点在指定像素内的顶点焊接成一个顶点。

5.3.2 Edit Mesh（编辑网格）物体建模实例

Edit Mesh（编辑网格）物体建模实例视频教学资源

下面以沙发的制作过程为例，讲解如何使用 Edit Mesh 命令建模，具体步骤如下。

（1）在标准几何体创建命令面板中，单击 Box 按钮，在 [Perspective] 视图中创建一个对象，并改名为“沙发”，参数设置如图 5-57（a）所示，按下键盘上的“F4”键，显示 Edged Faces（边面）效果，如图 5-57（b）所示。

（2）按下键盘上的“X”键，在弹出的搜索选项卡中输入“edit mesh”，选择搜索出来的 Edit Mesh Modifier（编辑网格修改器），如图 5-58 所示。选择修改器堆栈区的 Polygon（多边形）子层级，如图 5-59 所示。

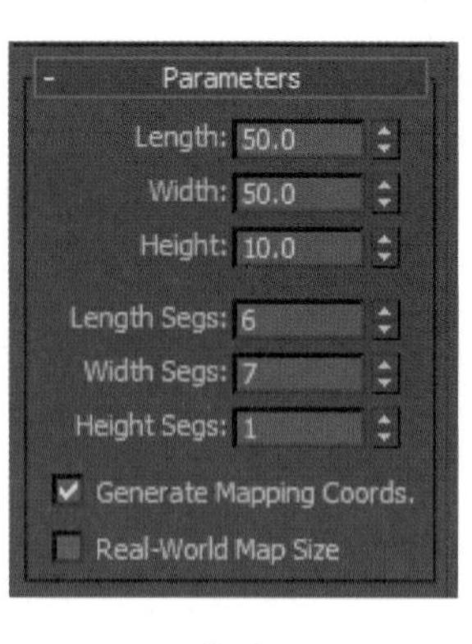

（a）

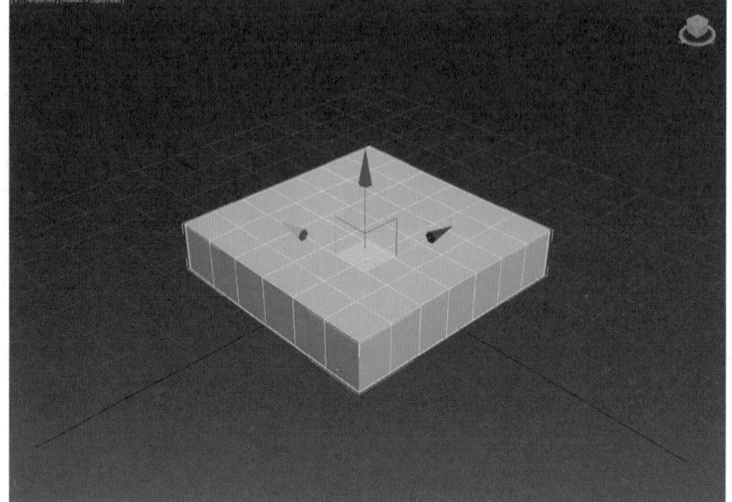

（b）

图 5-57 长方体参数设置和效果

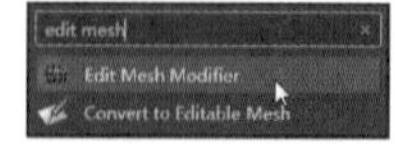

图 5-58 添加编辑网格修改器

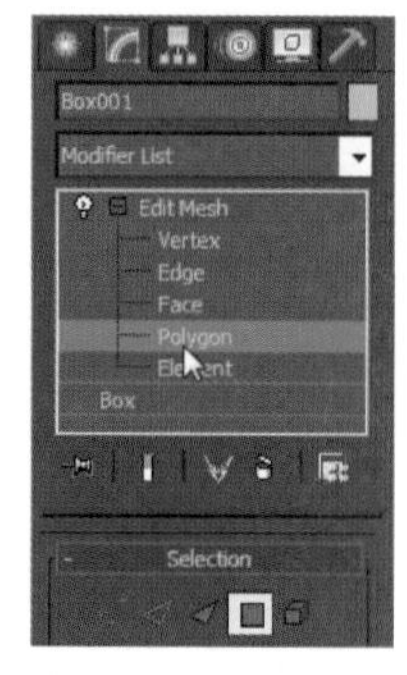

图 5-59 选择多边形子层级

（3）在多边形子层级下，选择如图 5-60 所示的多边形，制作沙发扶手，在 Edit Geometry 卷展栏下的 Extrude（挤出）后面的输入栏内输入 18，如图 5-61 所示，得到的效果如图 5-62 所示。再次选择如图 5-63 所示的多边形，同样在 Extrude（挤出）后面的输入栏内输入 18，完成沙发靠背，效果如图 5-64 所示。

（4）在 [Left] 视图中，单击工具栏的按钮，将挤出的多边形面向左移动，如图 5-65 所示。

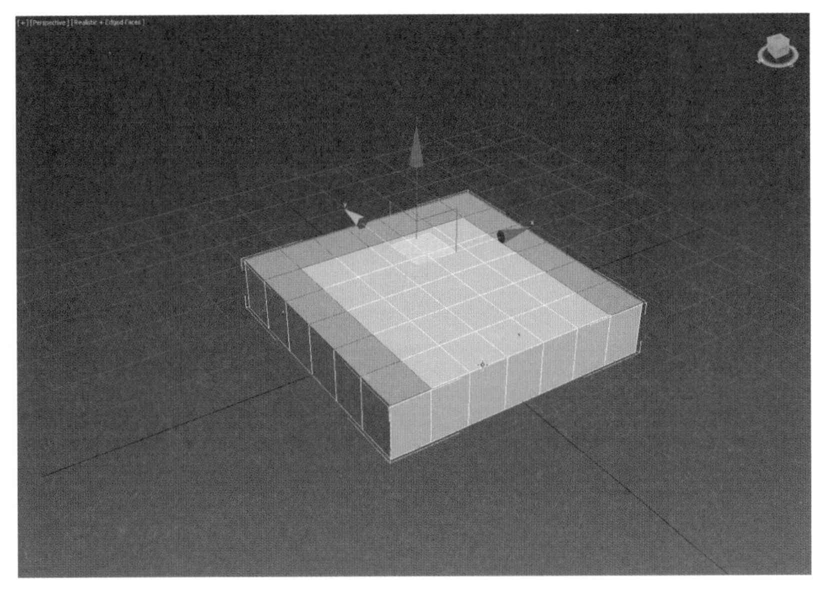

图 5-60　选择沙发扶手面

图 5-61　挤出输入 18mm

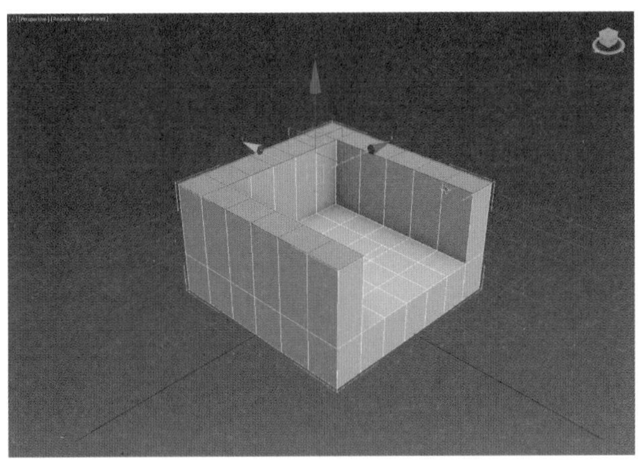

图 5-62　扶手挤出效果

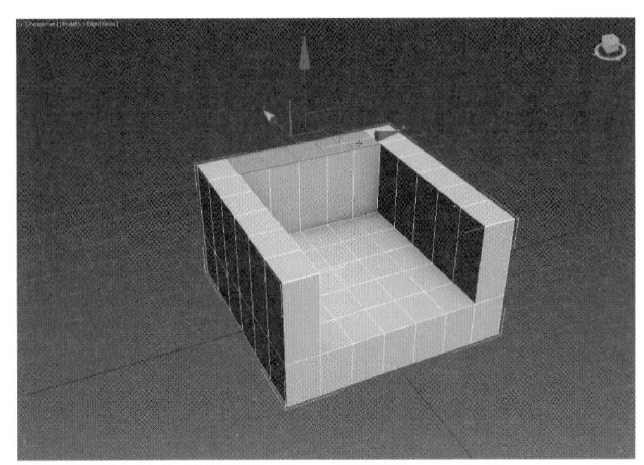

图 5-63　选择沙发靠背面

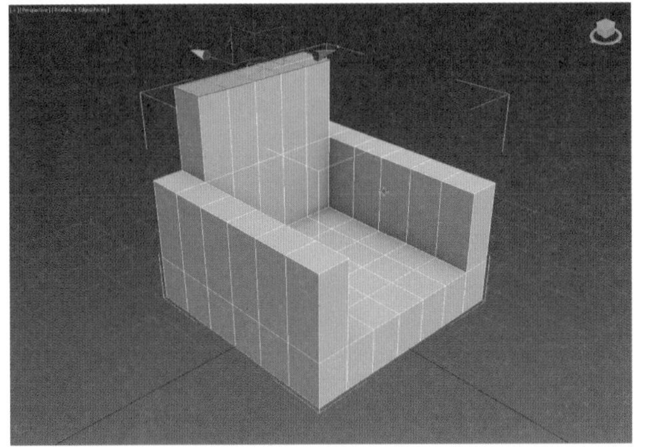

图 5-64　沙发靠背效果

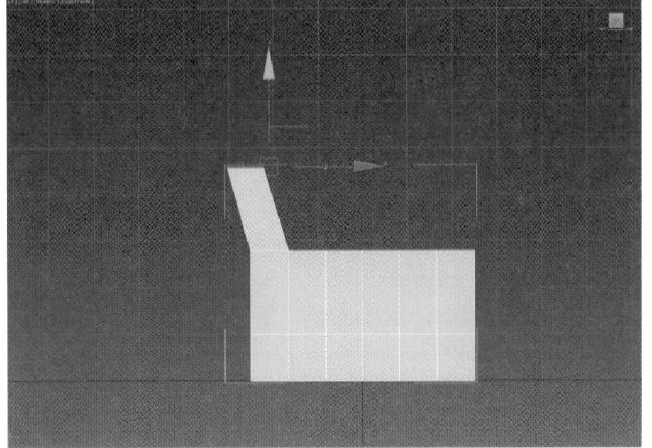

图 5-65　移动靠背的顶点

（5）在[Front]视图中，选择修改器堆栈区的 Vertex（顶点）子层级，如图 5-66 所示。选择扶手所在位置的顶点，如图 5-67 所示。

（6）单击工具栏中的按钮，将顶点缩放成如图 5-68 所示的状态。切换回[Perspective]视图，在 Polygon（多边形）子层级下，选择将要制作坐垫的多边形，如图 5-69 所示。

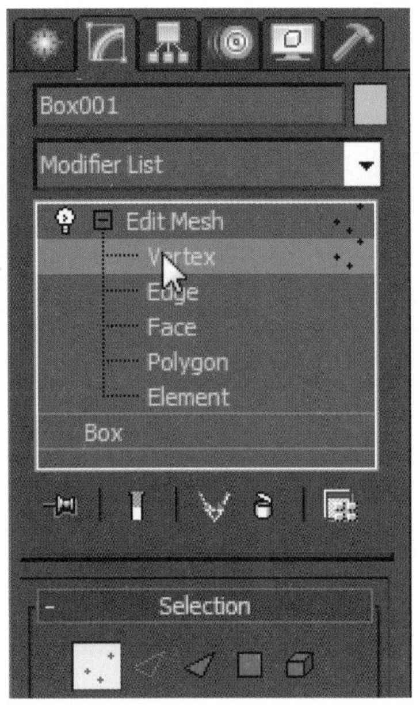

图 5-66　选择顶点子层级

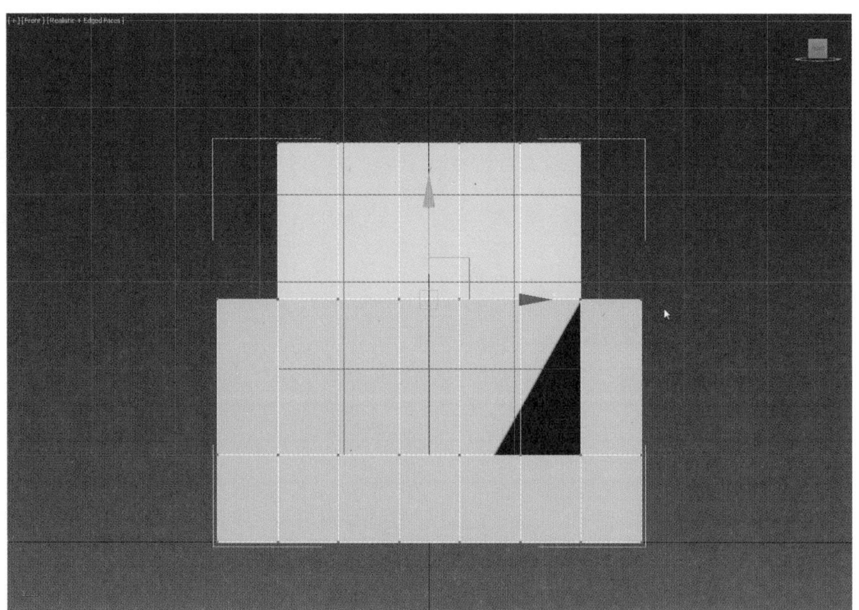

图 5-67　选择扶手所在位置的顶点

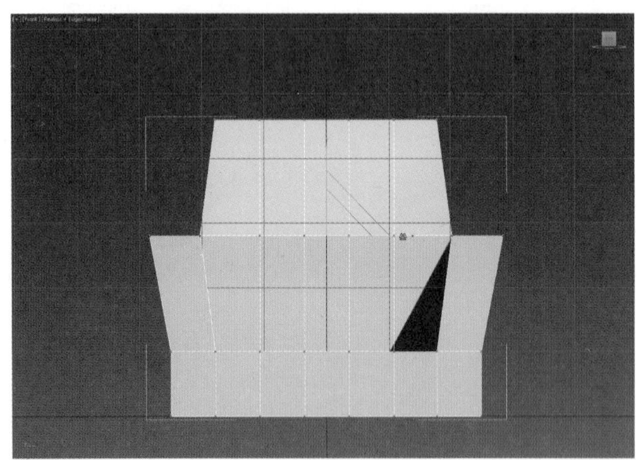

图 5-68　缩放扶手顶点

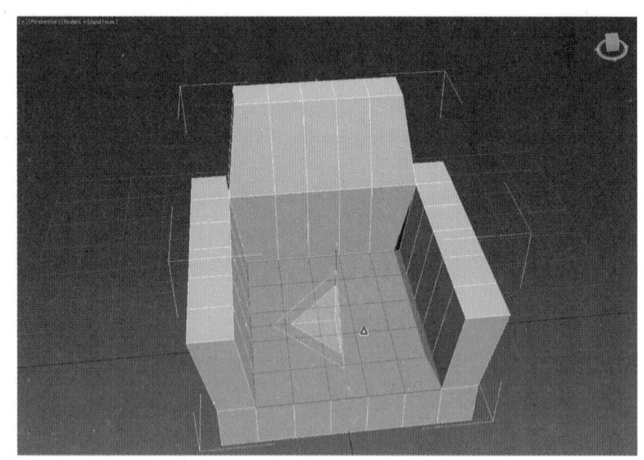

图 5-69　选择制作坐垫的多边形

（7）先在 Edit Geometry 卷展栏下的 Extrude（挤出）后面的输入栏内输入 0.5，再在 Bevel（倒角）后面的输入栏中输入 −5，效果如图 5-70 所示。再次在 Extrude（挤出）后面的输入栏内输入 0.5，Bevel（倒角）后面的输入栏内输入 5，得到效果如图 5-71 所示。

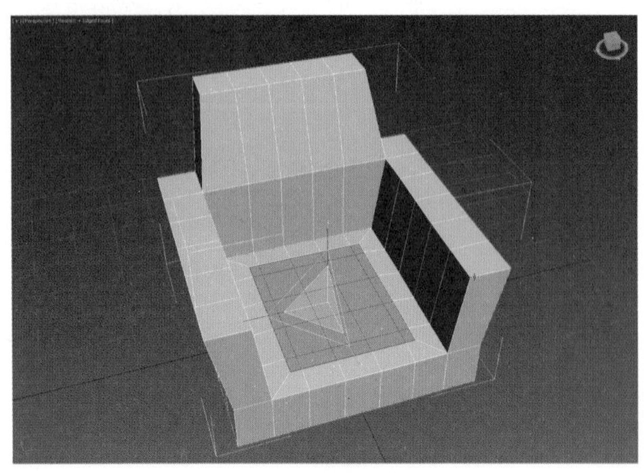

图 5-70　第 1 次挤出和倒角

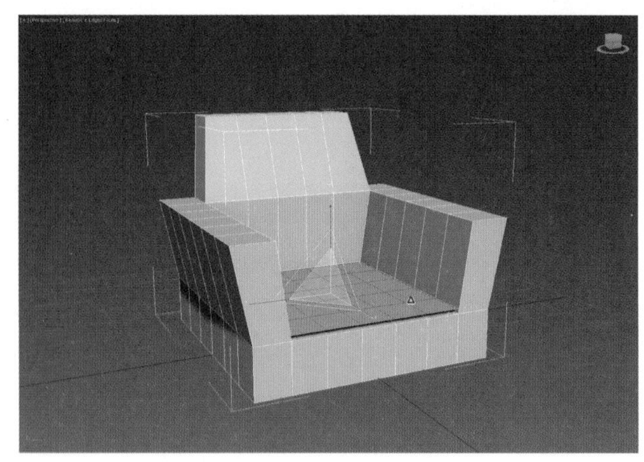

图 5-71　第 2 次挤出和倒角

（8）在 Edit Geometry 卷展栏下的 Extrude（挤出）后面的输入栏内输入 7，得到效果如图 5-72 所示。切换到[Front]视图中，单击工具栏中的按钮，将多边形向外侧缩放，如图 5-73 所示。

（9）按下键盘上的“X”键，在弹出的搜索选项卡中输入“turbosmooth”，添加涡轮平滑修改器，如图 5-74 所示。修改 TurboSmooth 卷展栏的 Iterations 后的参数为 2，效果如图 5-75 所示。

（10）单击创建命令面板上的 Cylinder ，在[Perspective]视图中创建一个参数如图 5-76 所示的圆柱体，更名为桌腿，将其移动到如图 5-77 所示的位置。

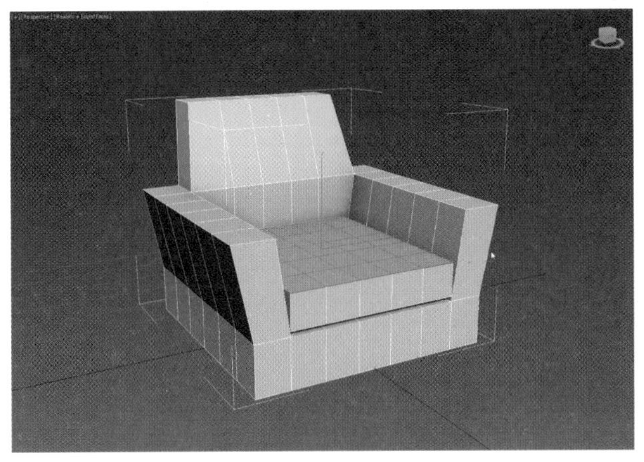

图 5-72　挤出 7mm 效果

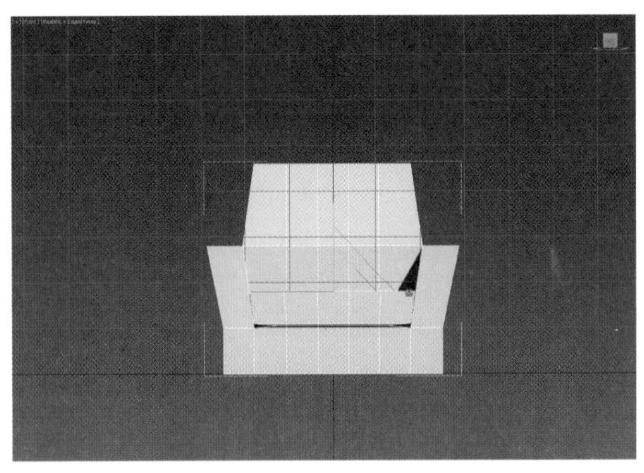

图 5-73　缩放效果

图 5-74　添加涡轮平滑修改器

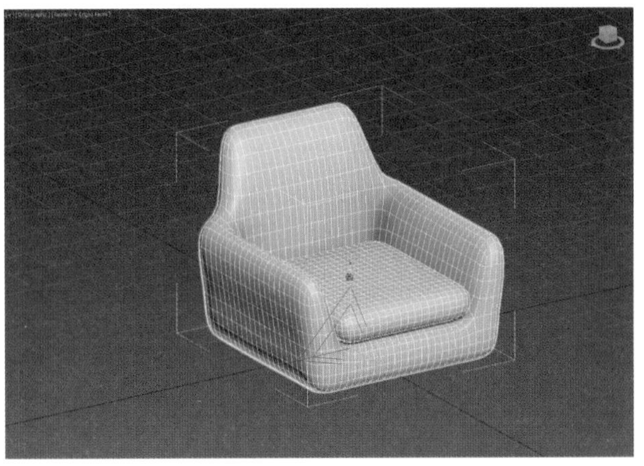

图 5-75　修改 Iterations 参数后效果

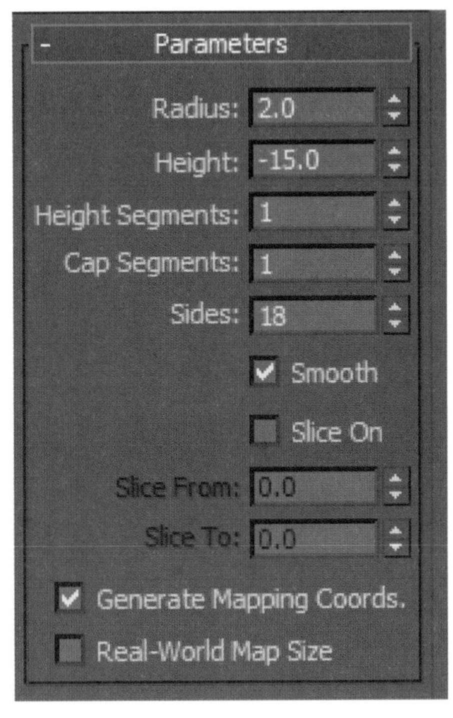

图 5-76　圆柱体参数

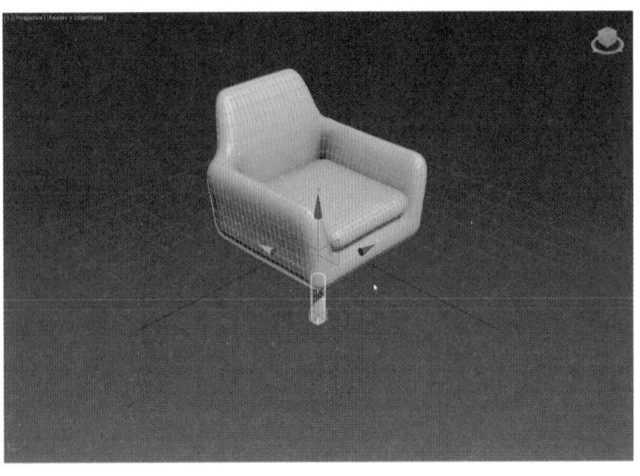

图 5-77　圆柱体效果

第 5 章　复杂建模方法

（11）按下键盘上的“X”键，在弹出的搜索选项卡中输入“ffd”，在搜索出来的命令中选择 FFD 2×2×2 Modifier 修改器，如图 5-78 所示。在修改器堆栈区里选择 Control Points（控制点）子层级，如图 5-79 所示。

（12）框选对象下方的控制点，缩放底面，如图 5-80 所示。切换到[Front]视图，将控制点向左移动，如图 5-81 所示。

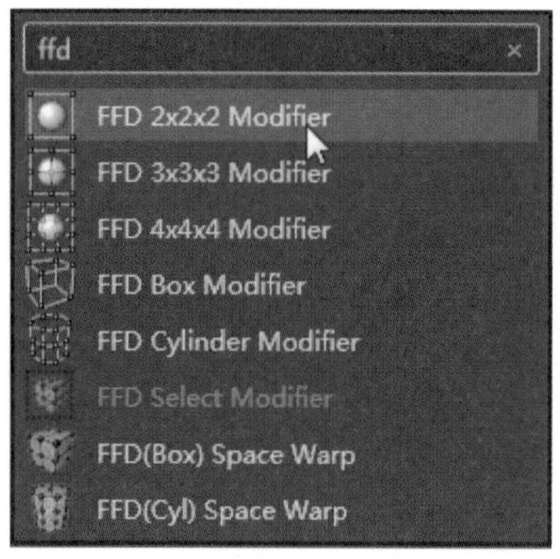

图 5-78　搜索添加 FFD 修改器

图 5-79　选择控制点子层级

图 5-80　缩放底面

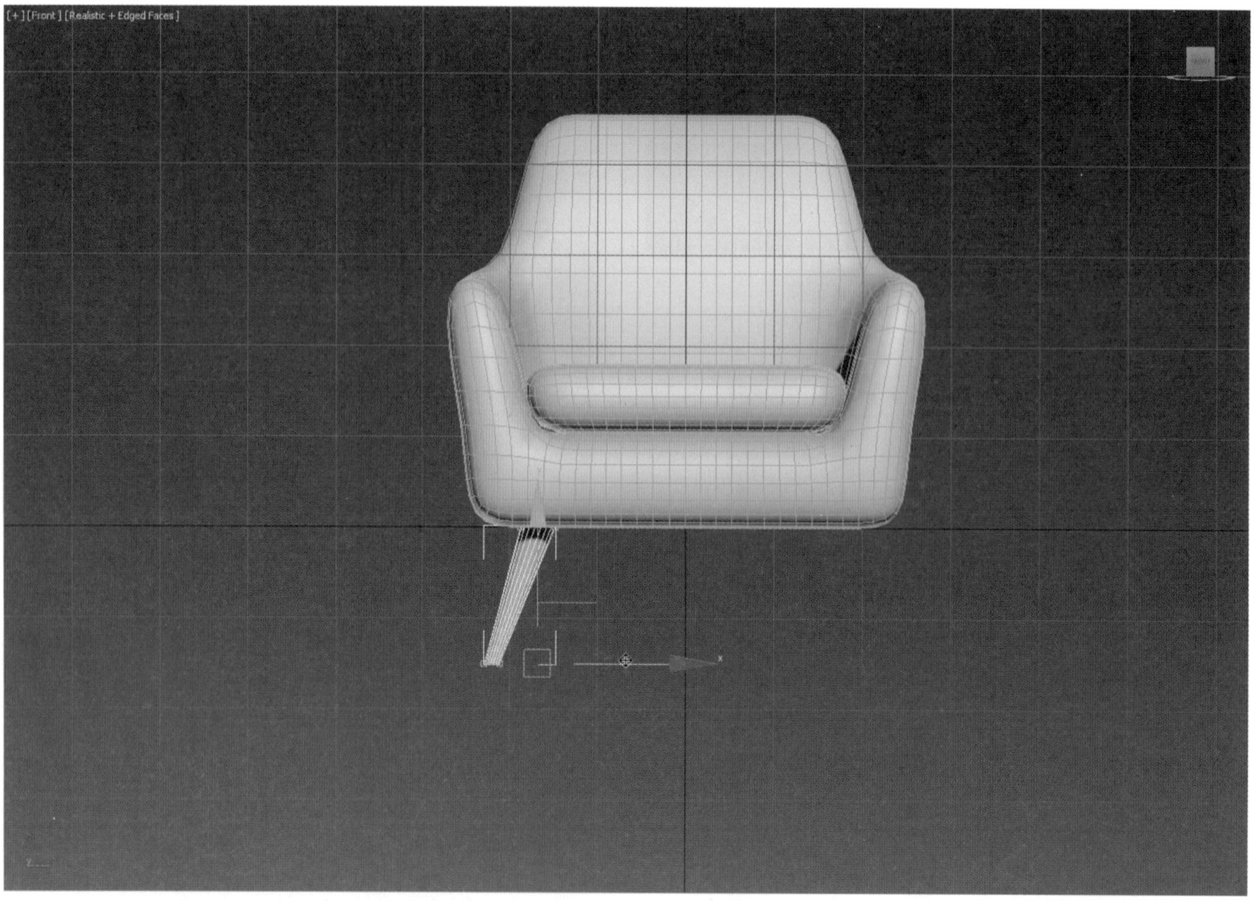

图 5-81　移动控制点

（13）再切换到[Top]视图，将控制点向下移动，如图 5-82 所示。单击工具栏的按钮，设置镜像命令窗口的参数如图 5-83 所示。

（14）按上述方法克隆出其余的两条沙发腿，如图 5-84 所示。沙发最终效果如图 5-85 所示。

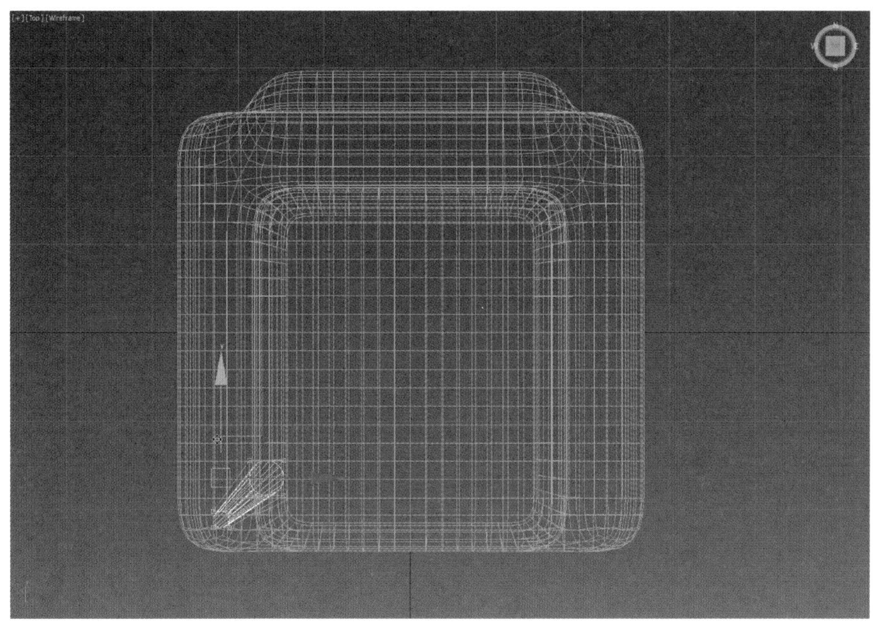

图 5-82　向下移动控制点

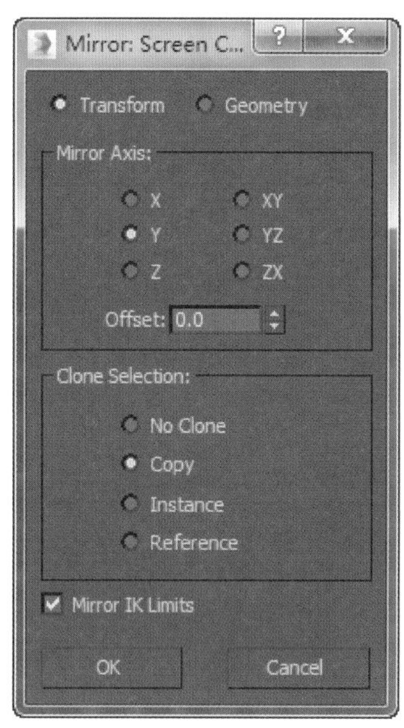

图 5-83　镜像命令窗口参数

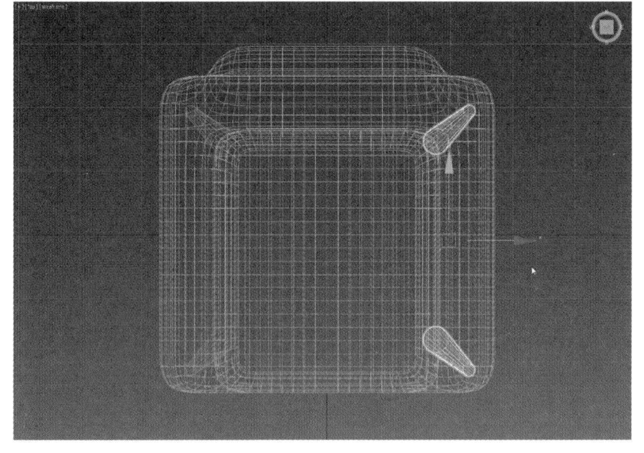

图 5-84　桌腿效果

图 5-85　沙发最终效果

5.4　NURBS 建模

NURBS 曲线是一种特殊类型的曲线对象，既可以使用 Extrude 或 Lathe 修改命令来创建一个空间形态，也可以将 NURBS 曲线作为放样操作的剖面或路径。NURBS 曲线还可以作为运动路径。NURBS 曲线能够被渲染为有粗细的曲线对象，该曲线被作为网络对象，而不是 NURBS 曲线对象。在二维图形创建命令面板中可以创建两类 NURBS 曲线：点曲线和 CV 曲线。NURBS 曲线创建命令面板中英文对照如图 5-86 所示。另外在修改编辑命令面板中也可以创建多种从属NURBS 曲线，还能将其他的样条曲线转变为 NURBS 曲线。

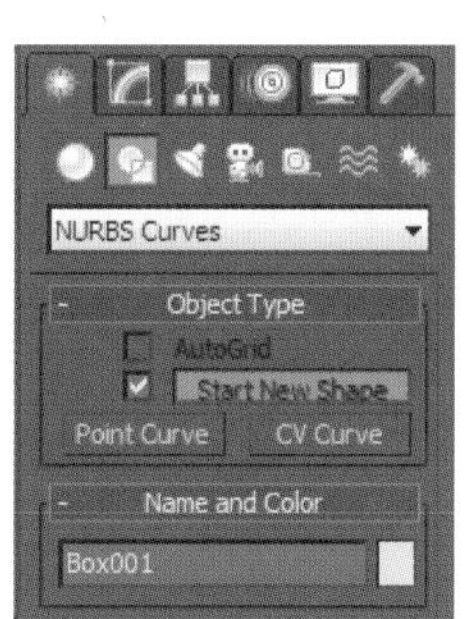

图 5-86　NURBS 曲线创建命令面板中英文对照

5.4.1 Point Curve（点曲线）

Point Curve 命令用于创建 NURBS 点曲线，点位于曲线之上。在创建点的时候，按住“Ctrl”键可以在基准平面之外创建点，还可以在不同的视图之间切换，以创建一条空间 NURBS 曲线。例如，在一个视图中单击创建一个点，然后移动鼠标到另一个视图中，单击创建第二个点，这两个控制点处在不同场景视图的结构平面上，以此方式就能创建一条空间曲线。

1. 创建方法

（1）单击创建命令面板的 \ \ 按钮，在弹出的下拉菜单中选择 NURBS Curves 选项，打开 NURBS 曲线创建命令面板，如图 5-87 所示。

（2）单击 Point Curves（点曲线）按钮，再在 Front 视图中单击鼠标创建一个控制点，移动鼠标在另一个位置单击鼠标创建第二个可控制点，多次单击鼠标后生成一条可控制点曲线，最后单击鼠标右键结束可控制点曲线的创建过程，效果如图 5-88 所示。

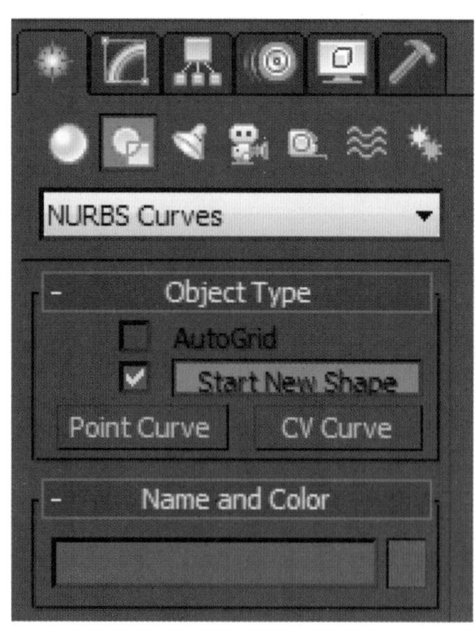

图 5-87 打开 NURBS 曲线创建命令面板

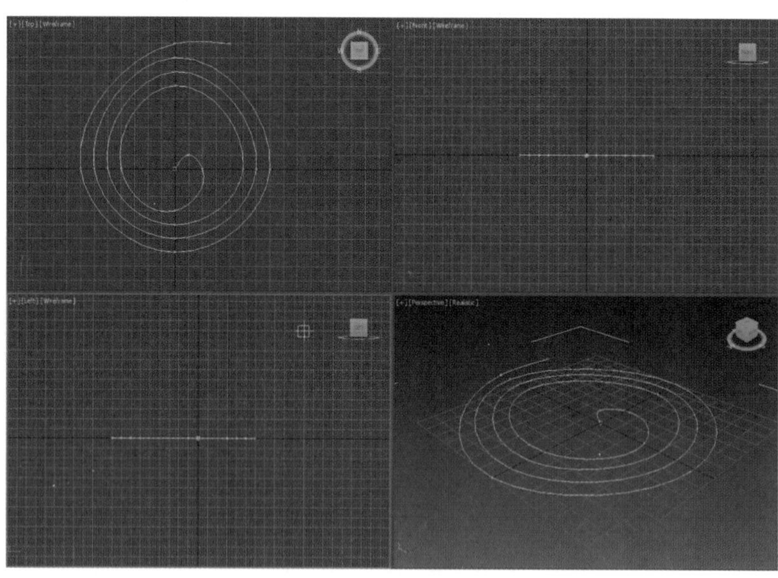

图 5-88 点曲线效果

2. 参数设置

（1）Keyboard Entry（键盘输入）卷展栏。

使用“Tab”键可以在不同的数值输入框和按钮之间切换，单击键盘上的“Enter”键可以确认数据，还可以代替单击按钮的操作。点曲线键盘输入卷展栏中英文对照如图 5-89 所示。其卷展栏有如下参数。

- X、Y、Z 输入栏：指定点的坐标值。
- Add Point（添加点）：单击该按钮，依据坐标值来创建点。
- Close（关闭）：单击该按钮，创建一条闭合的 NURBS 点曲线。
- Finish（完成）：单击该按钮，结束非闭合 NURBS 点曲线的创建过程。

（2）Create Point Curve（创建点曲线）卷展栏。

创建点曲线卷展栏中英文对照如图 5-90 所示。其卷展栏有如下参数。

- Steps（步数）：指定 NURBS 曲线上两个节点之间的短直线数量，取值范围是 0 ~ 100，复杂的弯曲 NURBS 曲线需要更大的步数设置。

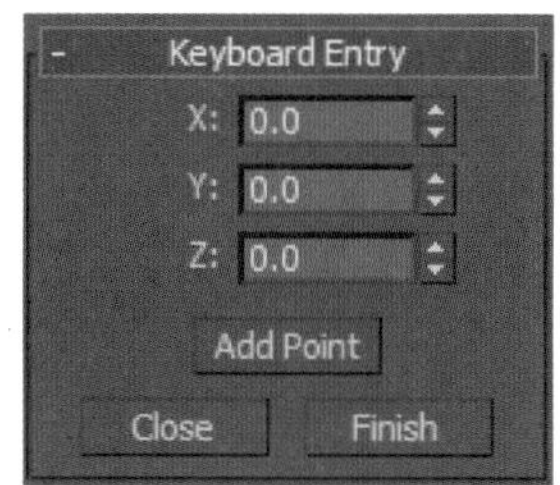

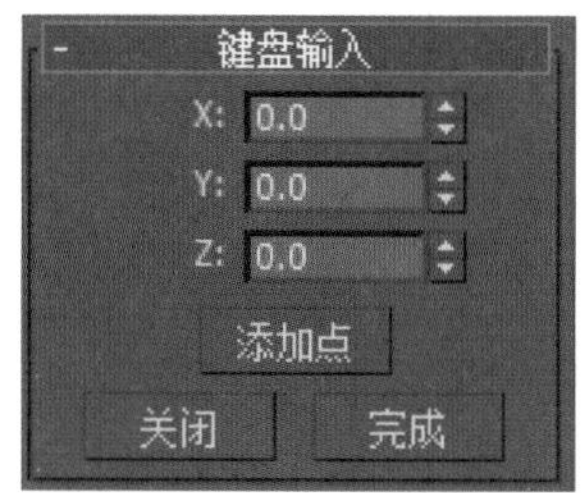

图 5-89　点曲线键盘输入卷展栏中英文对照

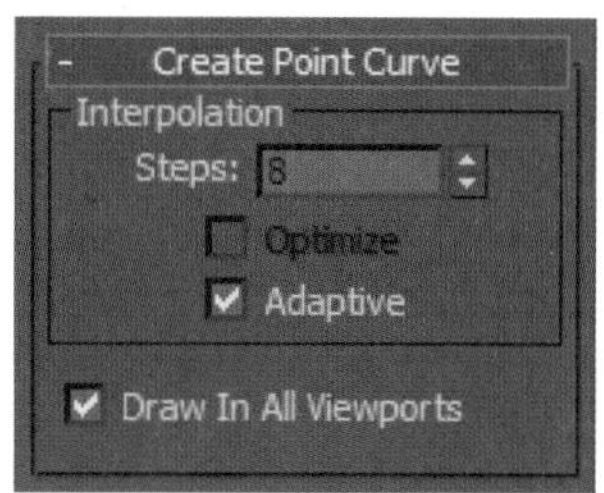

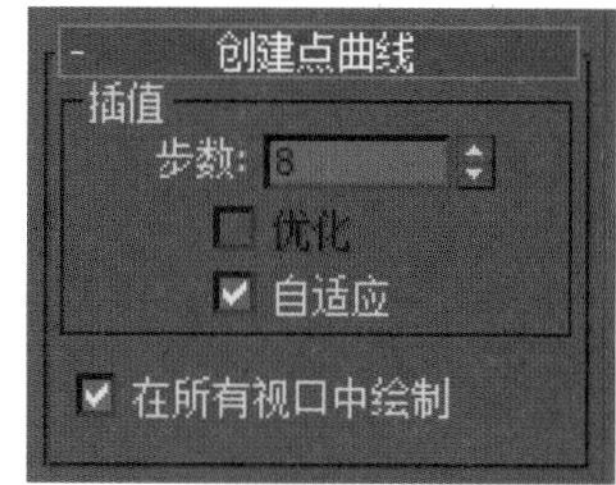

图 5-90　创建点曲线卷展栏中英文对照

• Optimize（优化）：勾选该复选框后，自动检查并移除 NURBS 点曲线上多余的步数设置，以减小 NURBS 曲线的复杂度，默认为勾选状态。

• Adaptive（自适应）：勾选该复选框后，由程序依据 NURBS 点曲线的复杂程度自动指定步数，对于直线，自动将步数设定为 0；对于复杂的弯曲曲线，自动加大步数使其光滑。取消勾选该复选框时，可以自定义步数。

• Draw In All Viewports（在所有视口中绘制）：勾选该复选框后，允许在创建控制点时在不同的视图之间切换，以创建一条空间 NURBS 点曲线。

5.4.2　CV Curve（CV 曲线）

CV Curve 命令用于创建可控制点曲线。可控制点位于曲线的外部，每个可控制点都可以设置不同的 Weight（权重）来控制曲线的形态。权重用于控制可控制点对其附近曲线形态的影响程度。增大权重，曲线受该可控制点的影响增加；减小权重，曲线受该可控制点的影响减小。

1. 创建方法

（1）单击创建命令面板的 \ \ 按钮，在弹出的下拉菜单中选择 NURBS Curves 选项，打开 NURBS 曲线创建命令面板。

（2）单击 CV Curve 按钮，在 Front 视图中单击鼠标创建一个点，多次单击鼠标后生成一条曲线，最后单击鼠标右键结束 CV 曲线的创建过程，效果如图 5-91 所示。

2. 参数设置

CV 曲线的渲染卷展栏和键盘输入卷展栏的界面和功能与点曲线的基本相同，详细可以参见第 5.4.1 节。创建 CV 曲线卷展栏中英文对照如图 5-92 所示。

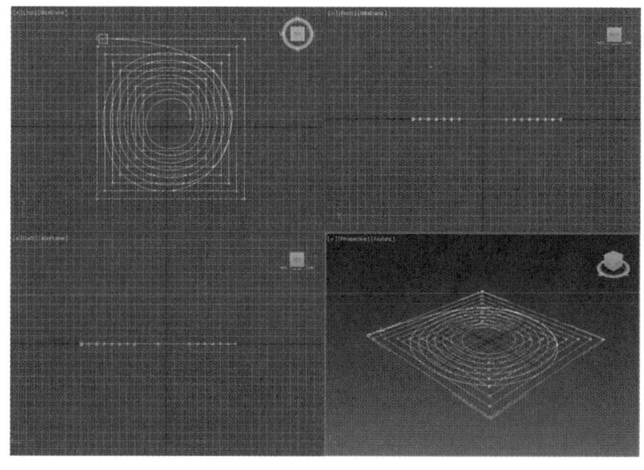

图 5-91　CV 曲线效果图

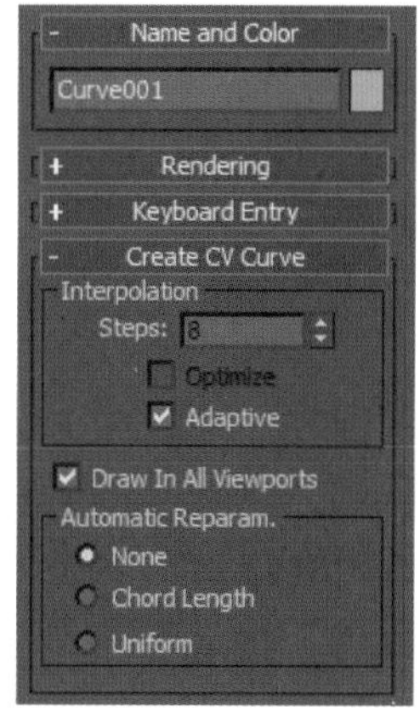

图 5-92　创建 CV 曲线卷展栏中英文对照

Automatic Reparam. 选项组有如下参数。

• None（无）：选中该选项后，不进行重新设置。

• Chord Length（弦长）：选中该选项后，使用弦长算法进行重新设置。

• Uniform（一致）：选中该选项后，使用一致的算法进行重新设置。

5.4.3　创建 NURBS 曲面

NURBS 造型非常流行，它不但容易掌握，而且非常有效和稳定。NURBS 曲面建模有两种方法：一种是直接创建 NURBS 标准曲线或标准曲面；另一种是将不同种类的物体转换成 NURBS 物体。

1. NURBS 曲线

NURBS 曲线与样条曲线相似，可以通过各种编辑处理，也可以通过旋转、放样等方法生成 NURBS 物体。打开创建命令面板，单击图形下拉列表的 NURBS Curves 选项，进入 NURBS 曲线创建命令面板。如前所述，NURBS 曲线有 2 种类型，分别是 Point Curve（点曲线）和 CV Curve（CV 曲线）。点曲线与样条曲线是相同的，都是由位于曲线上的若干点来控制曲线形状的。但值得注意的是，点曲线无法确定曲线的唯一形状。而 CV 曲线则不同，它可以控制曲线的唯一形状，我们经常使用这种 NURBS 曲线。下面是两条不同的 NURBS 曲线，如图 5-93 和图 5-94 所示。

NURBS 物体的创建方法与其他物体创建方法差不多，都是通过创建命令面板来实现的。不同的是，NURBS 物体还要通过 NURBS 修改编辑器创建出各种不同复杂造型的 NURBS 曲面。

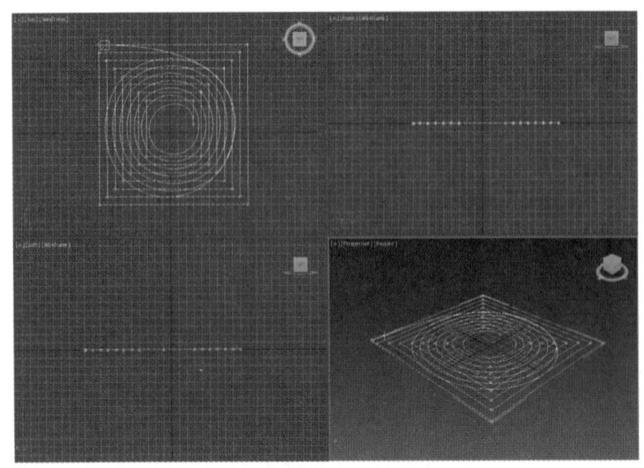

图 5-93　点曲线效果

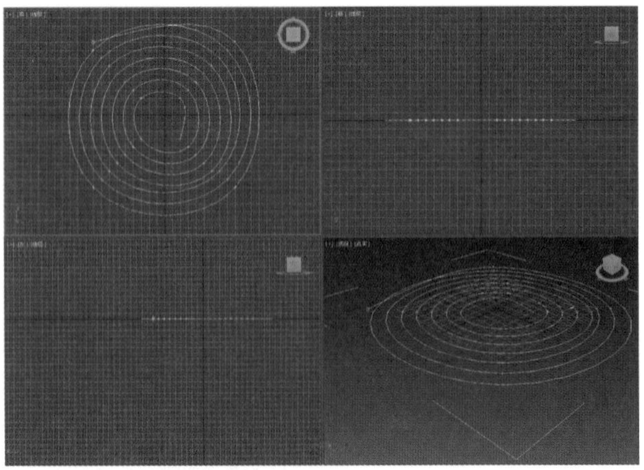

图 5-94　CV 曲线效果图

2. NURBS 曲面

通过创建命令面板创建 NURBS 曲面的操作步骤如下。

（1）打开创建命令面板，在几何体面板下拉列表中选取 NURBS Surfaces（NURBS 曲面）选项，如图 5-95 所示。

（2）在 NURBS 曲面创建命令面板的 Object Type（物体类型）的卷展栏中选择 Point Surf 或 CV Surf，如图 5-96 所示。

（3）用鼠标在 TOP 视图中画出一个 NURBS 曲面，参数设置如图 5-97 所示，效果如图 5-98 所示。

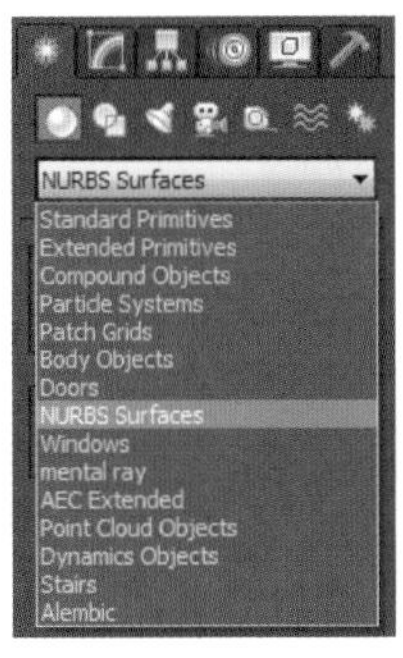

图 5-95　选择 NURBS 曲面

图 5-96　NURBS 曲面创建命令面板

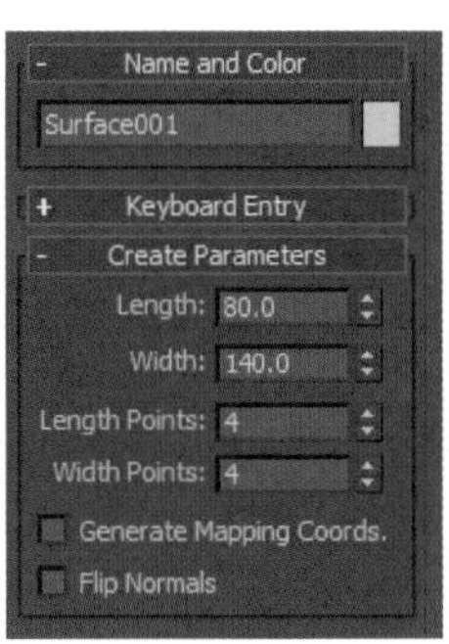

图 5-97　NURBS 曲面参数设置

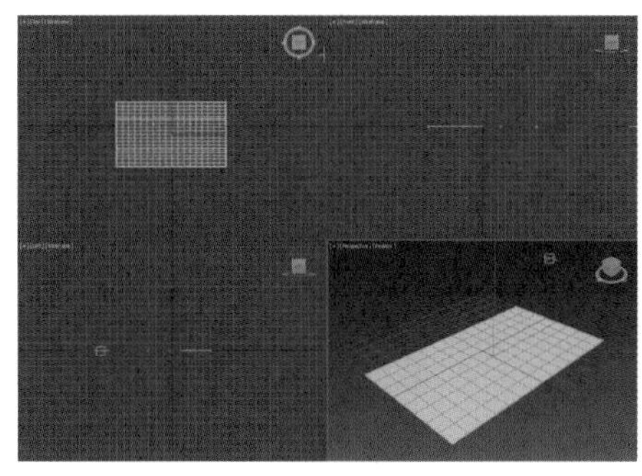

图 5-98　NURBS 曲面效果

5.4.4　NURBS 物体基本修改

使用修改命令面板中的 NURBS 卷展栏、NURBS 创建工具箱可以编辑修改 NURBS 曲线或曲面。下面分别对 NURBS 卷展栏和 NURBS 创建工具箱进行介绍。

1. NURBS 卷展栏

现在以茶壶为例，介绍 NURBS 卷展栏中常用命令的作用，操作步骤如下。

（1）在创建命令面板中，单击 Teapot 按钮，在 [Top] 视图中，创建一个茶壶并将此对象转化成 NURBS 物体，如图 5-99 所示。

（2）单击按钮，进入修改命令面板，在修改器堆栈中，单击 NURBS Surface 命令前的“+”号，展开此命令，如图 5-100 所示。

（3）在修改器堆栈中，选择 Surface CV 子对象，它是针对 CV Surface（CV 曲面）的子对象，CV Surface 的表面有可控制点，通过移动这些点的位置可修改茶壶表面的形态，效果如图 5-101 所示。

（4）在修改器堆栈中，选择 Surface 子对象，它是针对 NURBS 物体的面进行修改的，如图 5-102 所示。有一些物体在选择 Surface 子对象后，会出现在中心轴，系统默认是黄色，移动此中心轴，会出现如图 5-103 所示效果。

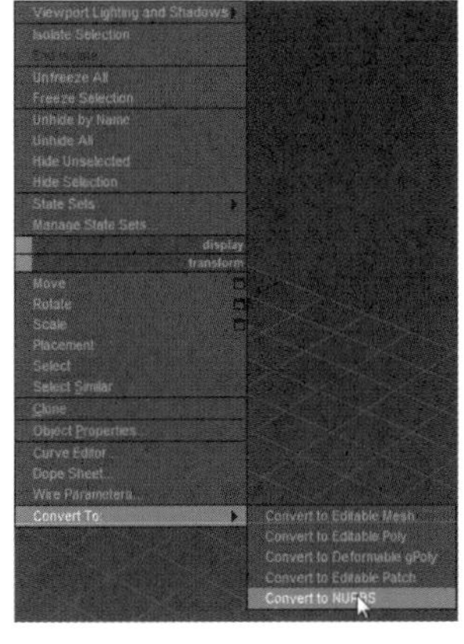

图 5-99　将茶壶转换成 NURBS 物体

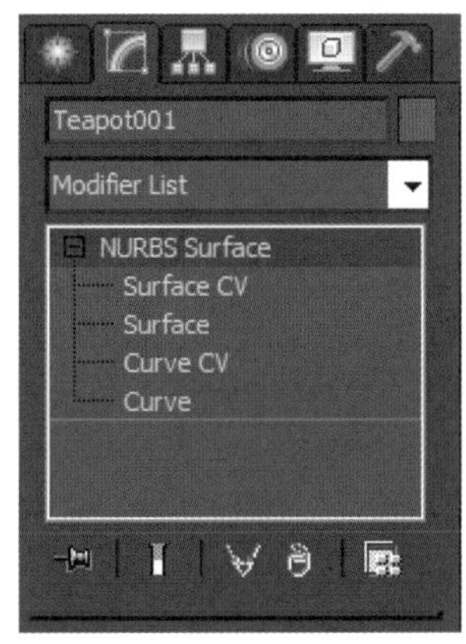

图 5-100　展开 NURBS Surface 命令

图 5-101　在修改器堆栈中选择 Surface CV 子对象后效果

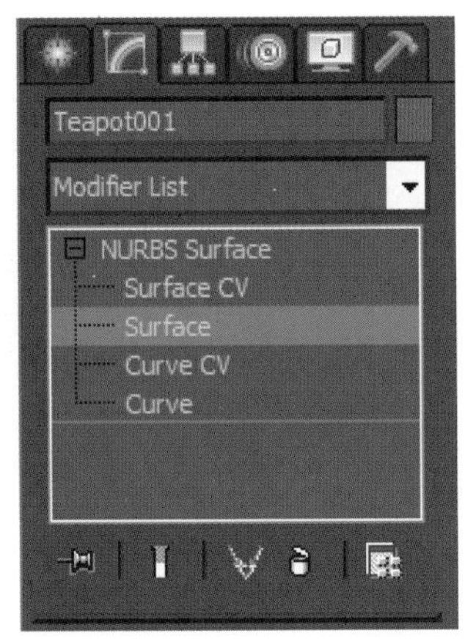

图 5-102　选择 Surface 子对象

图 5-103　移动中心轴后效果

（5）在修改器堆栈中，选择 Curve CV 子对象，此子对象与 Surface CV 子对象功能大致相同，只是 Surface CV 子对象针对独立的面，而 Curve CV 针对非独立的面。非独立的面会受其他子对象面的影响。独立的面系统默认为白色，非独立的面系统默认为绿色。修改 Curve CV 子对象后，效果如图 5-104 所示。

（6）在修改器栈堆中，选择 Curve 子对象，此子对象与 Surface 子对象作用大致相同，只是它针对 NURBS 物体的非独立的面进行修改，修改后效果如图 5-105 所示。

图 5-104　修改 Cure CV 子对象后效果

图 5-105　对非独立的面进行修改后的效果

2. NURBS 创建工具箱

NURBS 创建工具箱是对 NURBS 曲线或 NURBS 曲面进行修改或创建的工具箱，在 General 卷展栏单击（NURBS 创建工具箱）按钮或按下键盘上的“Ctrl+T”键，如图 5-106 所示，打开 NURBS 创建工具箱。NURBS 创建工具箱包括 3 个部分：Point（点）、Curves（曲线）和 Surfaces（面），如图 5-107 所示。

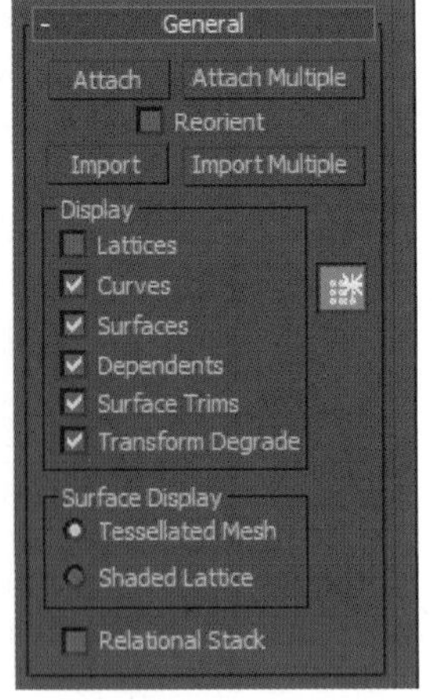

图 5-106　打开 NURBS 创建工具箱

图 5-107　NURBS 创建工具箱

5.4.5 NURBS 建模实例

NURBS 建模实例
视频教学资源

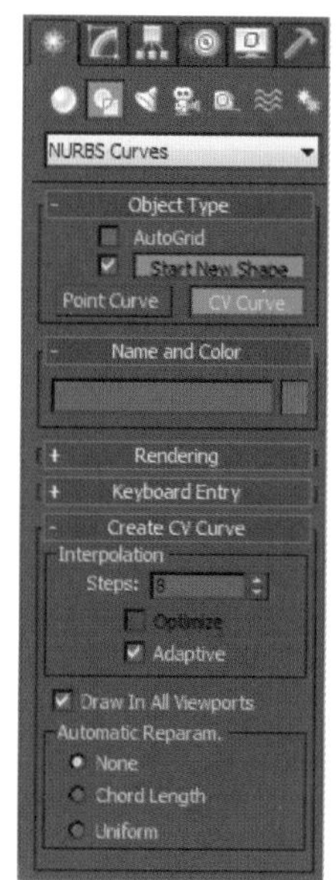

图 5-108 单击 CV Curve 按钮

下面通过制作一个简单的方向盘，来了解 NURBS 建模的常用命令。其操作步骤如下。

（1）在二维创建命令面板中，展开 Splines 下拉菜单，选择 NURBS Curves 项，再单击 CV Curve 按钮，如图 5-108 所示。在 Top 视图中，创建出如图 5-109 所示的曲线，并改名为“方向盘”。

（2）在修改命令面板中，单击按钮，开启 NURBS 创建工具箱，单击按钮，再在 Perspective 视图中，单击方向盘曲线，在修改命令面板中，勾选 Flip Normals 复选框，效果如图 5-110 所示。

（3）在修改器堆栈中，单击 NURBS Curve 命令前的“+”号，展开此命令，选择 Curve CV 子对象，如图 5-111 所示。

（4）在 Top 视图中，单击工具栏的按钮，选择沿 X 轴向左移动，效果如图 5-112 所示。

图 5-109 创建 NURBS 曲线

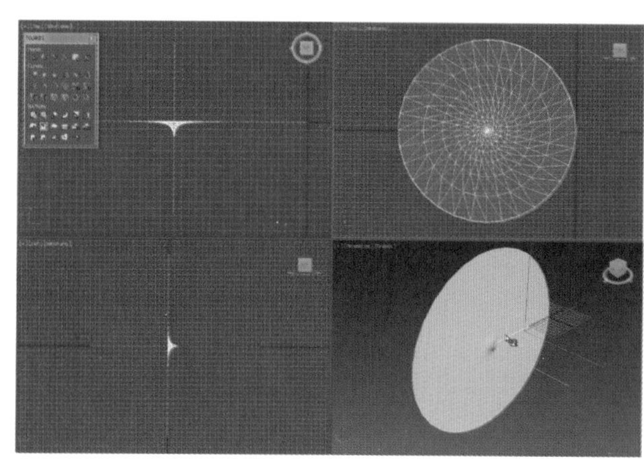

图 5-110 NURBS 曲线效果

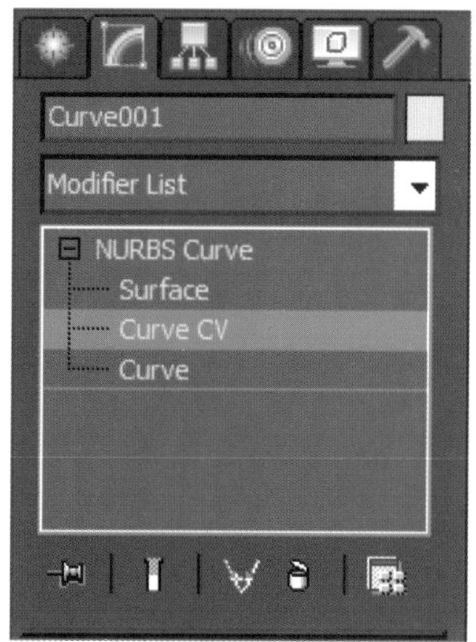

图 5-111 选择 Curve CV 子对象

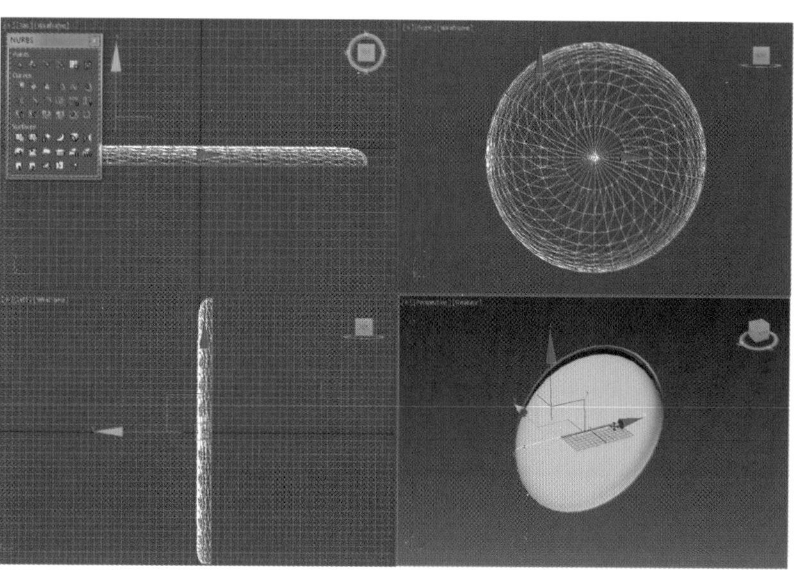

图 5-112 在 Top 视图中沿 X 轴向左移动

（5）在二维创建命令面板中，展开 NURBS Curves 下拉菜单，选择 Splines 项，在[Front]视图中，创建如图 5-113 所示的曲线，使曲线贴在实体对象上。

（6）选择创建的曲线，单击鼠标右键，选择 Convert To:/Convert to NURBS, 如图 5-114 所示。

（7）选择方向盘曲线创建的实体，点击 General 卷展栏下的 Attach 按钮，将前面创建的曲线附加到一起，如图 5-115 所示。

（8）单击 NURBS 窗口下的（创建向量投影曲线），将第一条曲线投影到实体对象上，如图 5-116 所示。勾选 Vector Projected Curve 卷展栏下的 Trim 复选框，剪切掉实体中间的部分，效果如图 5-117 所示。

（9）重复步骤（8），将其他曲线投影到实体对象上，如图 5-118 所示。

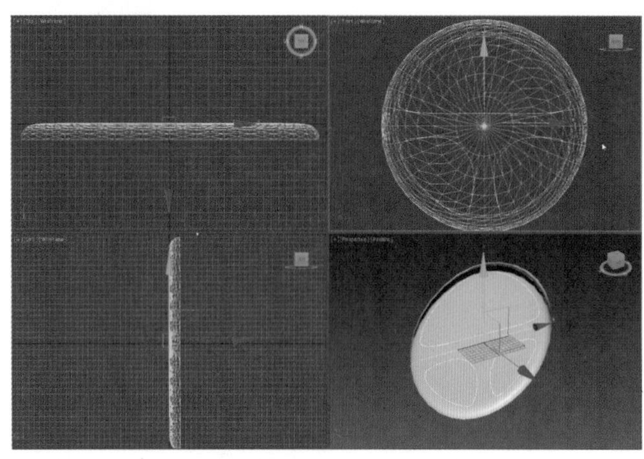

图 5-113　创建 3 条曲线

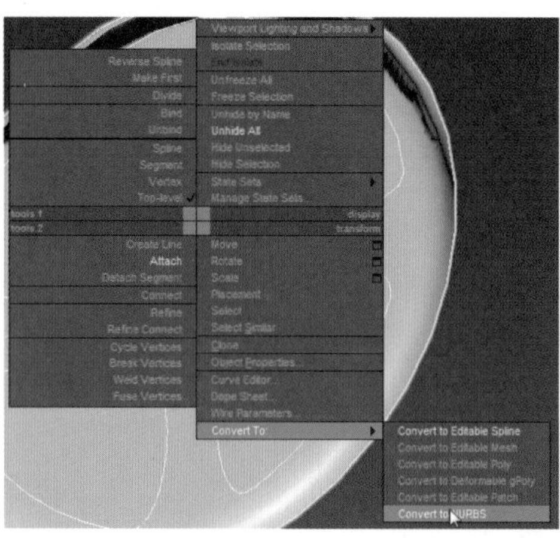

图 5-114　将创建的曲线转为 NURBS 曲线

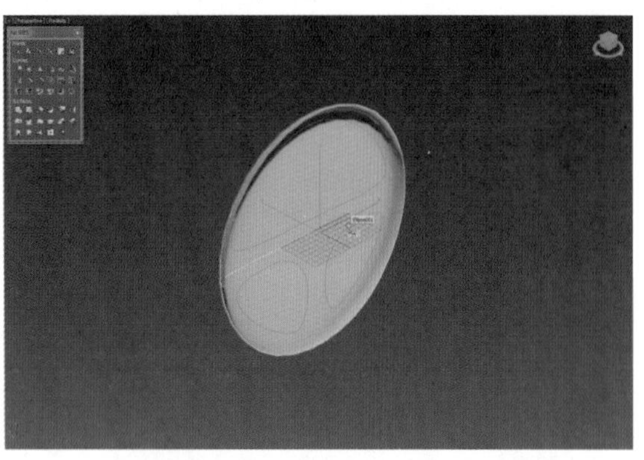

图 5-115　将曲线附加到一起

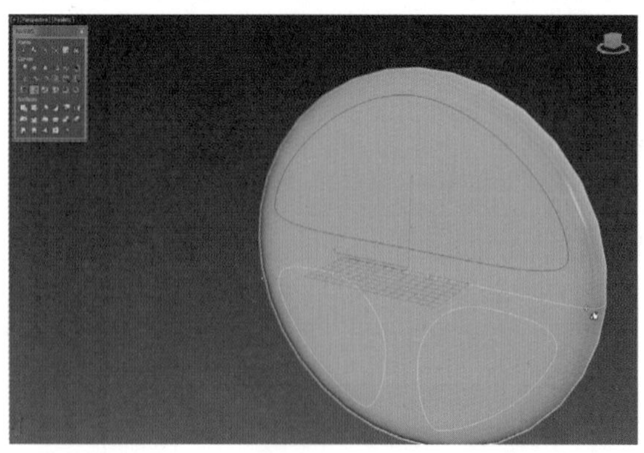

图 5-116　第一条曲线投影到实体对象

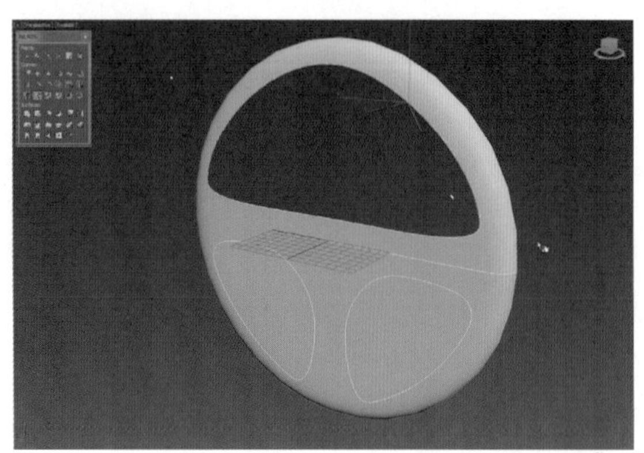

图 5-117　剪切效果

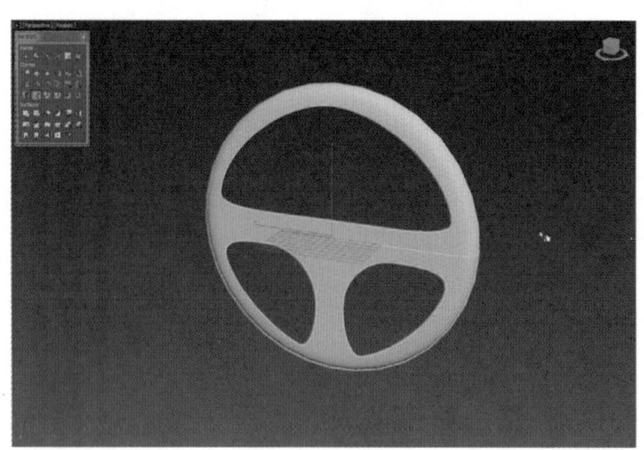

图 5-118　其他曲线投影后效果

（10）在修改器堆栈区选择 Curve 子对象，如图 5-119 所示。

（11）选中创建的曲线，如图 5-120 所示。在[Top]视图中向下克隆出曲线，如图 5-121 所示。

（12）在 NURBS 窗口中，选择（创建混合曲面）命令，依次单击投影出来的绿色曲线 / 克隆出来的曲线，如图 5-122 所示。创建效果如图 5-123 所示。

（13）调整 Blend Surface 卷展栏下参数，使曲面调整到合适的曲面轮廓，如图 5-124 所示。重复上述步骤，创建出其他曲面，如图 5-125 所示。

（14）单击鼠标右键，选择 Convert To:/Convert to Editable Poly，将实体对象塌陷为编辑多边形，如图 5-126 所示。在修改器堆栈区选择顶点层级，在视图中选中所有的顶点，再在窗口的右边单击 Weld 按钮，焊接所有的顶点。为实体添加 Symmetry 修改命令，如图 5-127 所示。

（15）最终模型效果如图 5-128 所示。

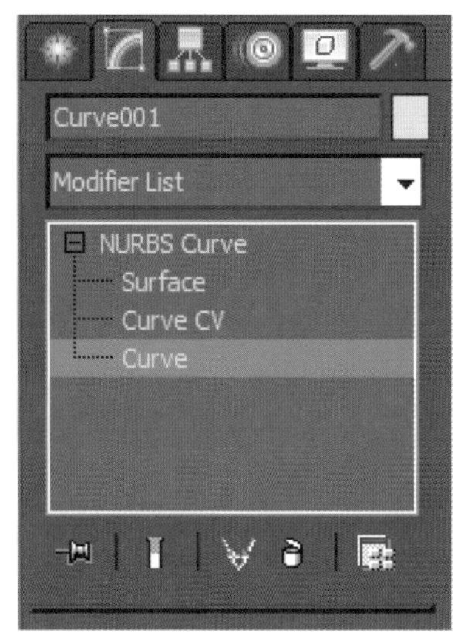

图 5-119　选择 Curve 子对象

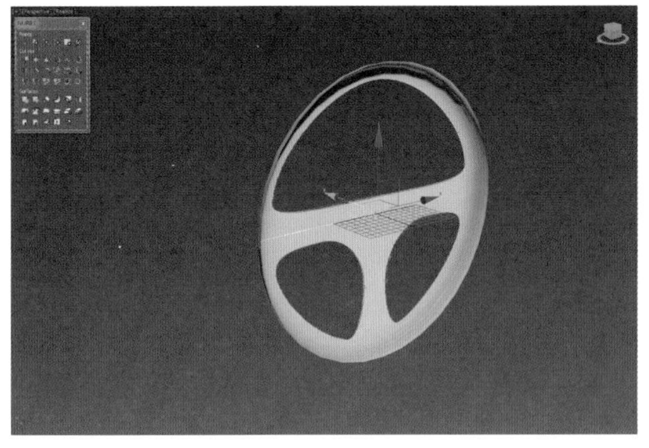

图 5-120　选中创建的曲线

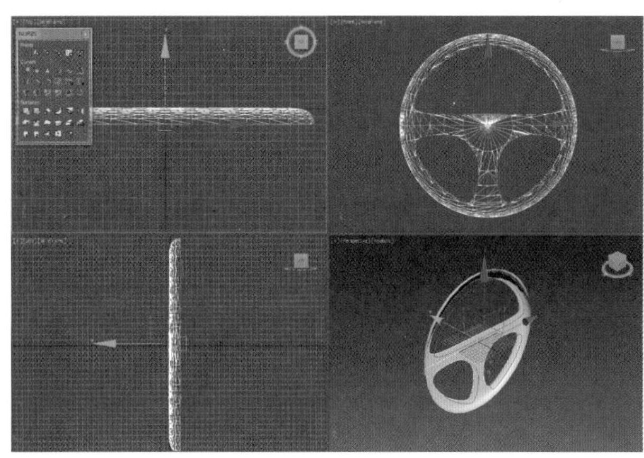

图 5-121　克隆曲线

图 5-122　创建混合曲面

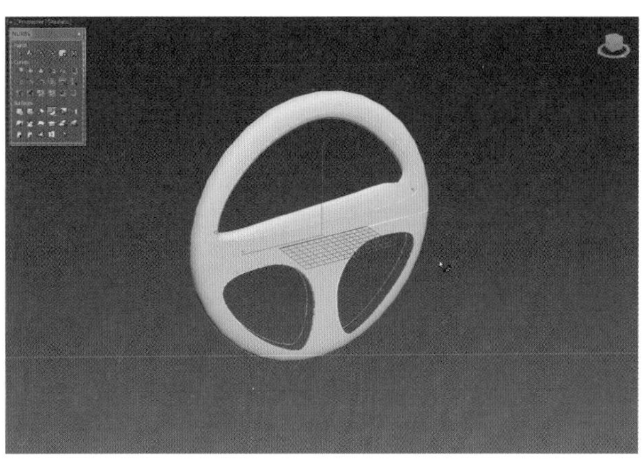

图 5-123　创建混合曲面效果

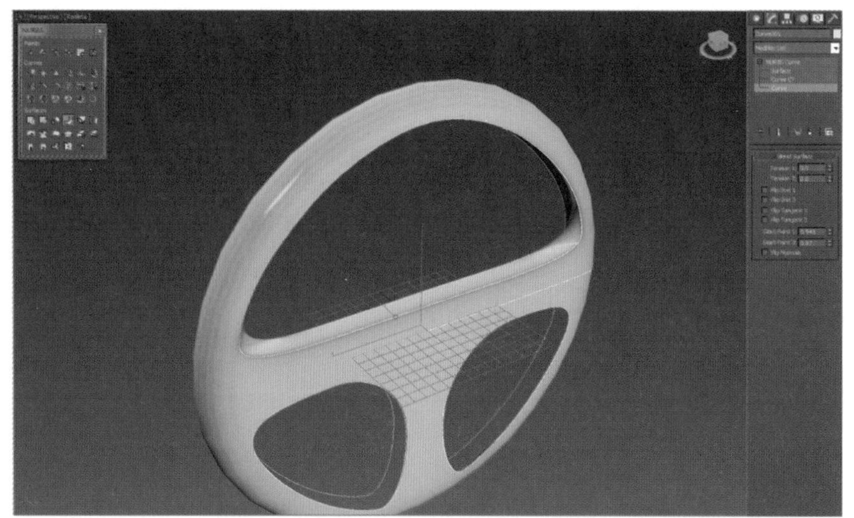

图 5-124　曲面调整

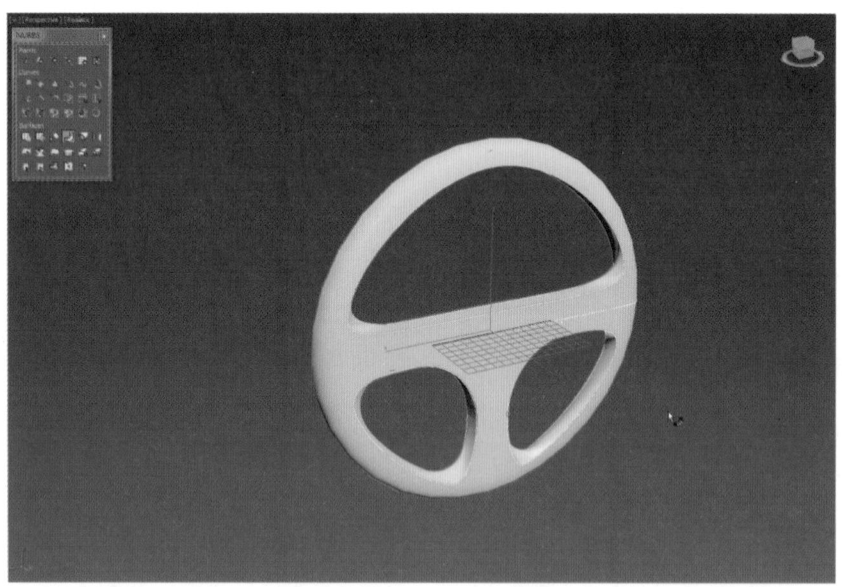

图 5-125　创建出其他曲面

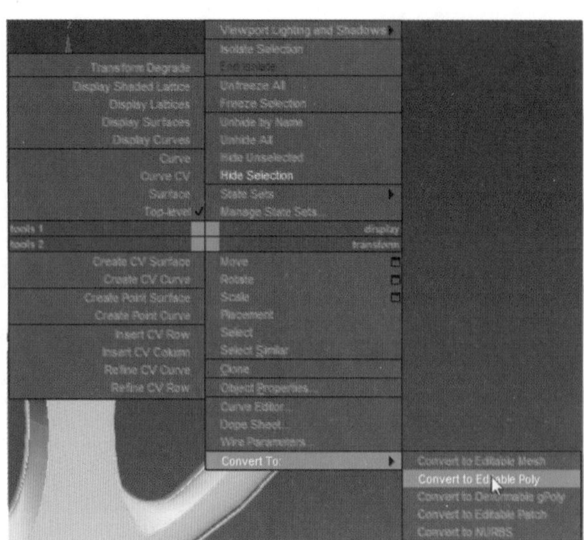

图 5-126　塌陷为编辑多边形

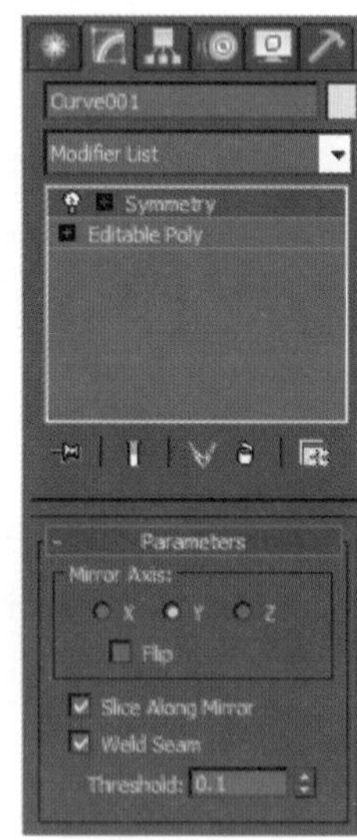

图 5-127　添加 Symmetry 修改命令

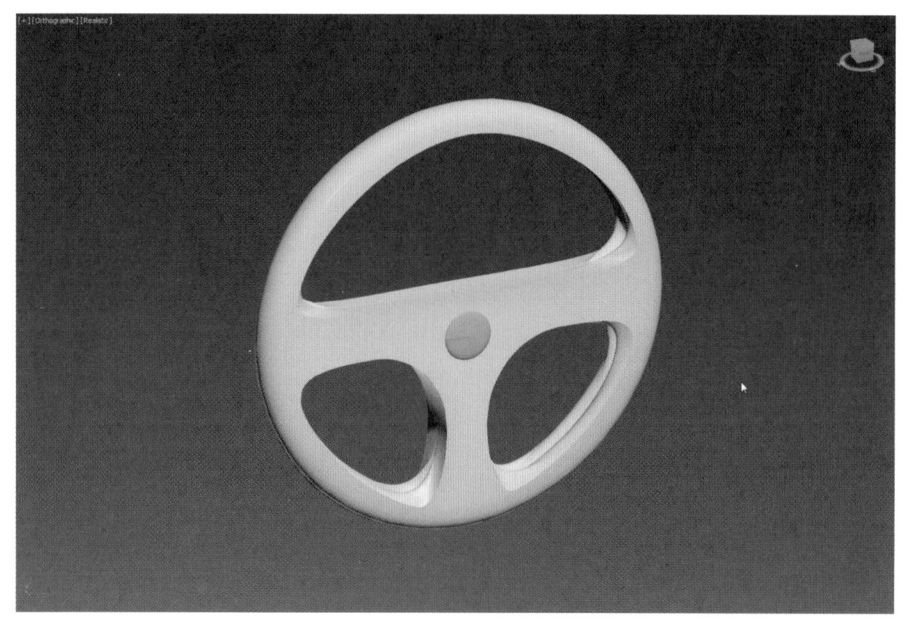

图 5-128　最终模型效果

【本章小结】

本章主要讲述了四种复杂物体的建模方法，分别是放样建模、Boolean 运算建模、Edit Mesh 物体建模、NURBS 建模。它们的建模方法都比较复杂，但都是常用的建模方法，所以必须熟练掌握。

放样建模是 2D 转 3D 建模的方法之一，在放样建模的过程中以截面与路径为学习此种建模方法的重点。

Boolean 运算建模在创建过程中可知其优点与缺点。在某些情况下，Boolean 运算会出现操作失败的现象，而且会破坏原物体的贴图坐标，因此要谨慎使用 Boolean 运算。

Edit Mesh 物体建模是最常用的建模方法，几乎能对 3ds Max 中的任一对象进行修改，是一个用途很广的修改功能。

NURBS 建模是本章所讲建模方法中功能最强大的，在创建过程中应注意曲线与曲面的关系，曲线的主要功能是搭建模型的轮廓，曲面的主要功能则是在此轮廓上进行蒙版，最后经点、线的精细调节得到最终模型。

【拓展练习】

一、选择题

（1）放样变形修改功能中，（　　）按钮是缩放变形。

A. Teeter　　B. Twist

C. Scale　　D. Bevel

（2）在三维布尔运算中，（　　）运算方式是交集运算。

A .Union　　B. Intersection

C. Subtraction（A-B）　　D. Subtraction

（3）（　　）按钮是 Edit Poly 修改命令中的边界的编辑。

A. ■　　B. ■

C. ■　　D. ■

（4）NURBS 曲线的点曲线是下面（　　）按钮。

A. Point Curve　　　　B. CV Curve

C. Point Surf　　　　D. CV Surf

二、填空题

（1）放样建模时，在修改命令面板中的 Deformations 卷展栏下的变形修改功能有_____、_____、_____、_____、_____。

（2）ProBoolean 运算建模的运算方式有_____、_____、_____、_____、_____、_____、_____。

三、实验

利用放样建模功能制作如图 5-129 所示的鼠标。

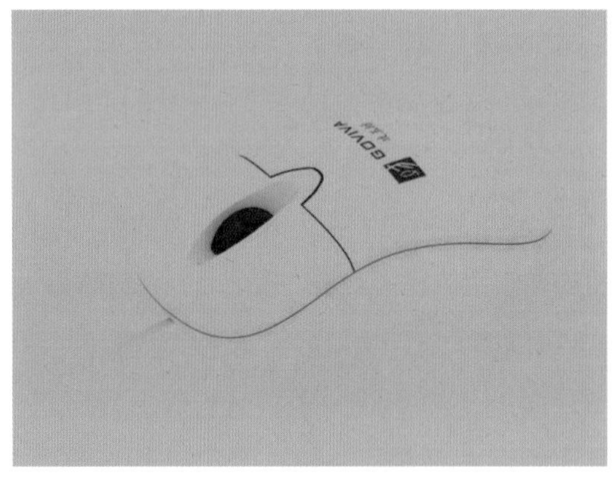

图 5-129　鼠标

鼠标视频教学资源

第6章 3ds Max三维建模案例实操

【学习要求】

（1）熟悉 3ds Max 软件的基本操作，例如 Rectangle(矩形)、Circle（圆）、Line（线）等基本创建命令的参数，Extrude（挤出）、Edit Mesh(编辑网格)、Edit Poly（编辑多边形）、Edit Spline（编辑样条线）、Shapemerge（形体合并）等常用修改器的用法。

（2）了解效果图的制作流程，掌握效果图的常用制作方法。

（3）了解 3ds Max 相机的调节方法，掌握通过参照物来确定大小和建筑基本参数的常用制作方法。

（4）充分理解 CAD 图中厂房的参数与构造形式，利用 3ds Max 软件协作建模，从而提高工作效率。

（5）掌握建筑建模的方式与流程，了解建筑的基本参数。

（6）了解地形效果图的制作流程，掌握地形效果图的常用构造。

（7）了解 CAD 标高的方式与不同物体的表现方式。

6.1 小品建模

前面我们学习了 3ds Max 的基本知识，对 3ds Max 有了初步的了解。接下来我们将学习小品的制作，进一步巩固 3ds Max 的相关知识。

本节主要熟悉 3ds Max 中 Rectangle(矩形)、Circle（圆）等基本创建命令参数，以及 Extrude（挤出）、Edit Mesh(编辑网格)、Edit Poly（编辑多边形）等常用修改器。

小品效果图如图 6-1~ 图 6-5 所示。

图 6-1　茶几效果图

茶几视频教学资源

图 6-2　书柜效果图

书柜视频教学资源

图 6-3　鞋柜效果图

鞋柜视频教学资源

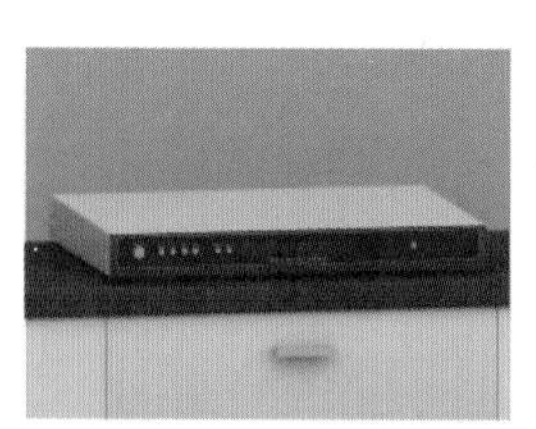

图 6-4 DVD 播放机效果图

DVD 播放机视频教学资源

本节使用了 3ds Max 的很多命令，这些都是一些基础的常用命令，在制作过程中，应慢慢理解文字说明，在遇到新的命令时，多进行尝试，熟练掌握使用方法。小品建模多运用于景观设计和室内设计。

图 6-5　音箱效果图

音箱视频教学资源

6.2　园亭建模

通过前几章的学习，大家对建筑效果图的制作流程有了粗略的了解，为了进一步加深大家对 3ds Max 的印象，本节来学习一个相对简单的园亭建模案例。

本节主要熟悉 3ds Max 中 Rectangle(矩形)、Circle (圆) 等基本创建命令参数，以及 Extrude (挤出)、Edit Mesh(编辑网格)、Edit Poly (编辑多边形) 等常用修改器。

园亭效果图如图 6-6 所示。

图 6-6　园亭效果图

园亭视频教学资源

在创建命令面板创建一个几何体后，在修改命令面板添加编辑网格、编辑多边形等命令，对照 CAD 效果图不断修改出模型的形状。要熟练掌握点、线、面命令的使用。园亭大多四面相同，因此建模时只需要建四分之一，节省建模的时间。有些小区的制作，就需要在花园内加上园亭。

6.3　看图建模

看图建模与对照 CAD 图建模不同，它没有固定的参数，全靠建模者根据图片猜测比例和对建筑基本参数的了解完成建模。所建模型只要与照片角度、形体相像，参数合理即可。

本节主要熟悉 3ds Max 中 Rectangle(矩形)、Circle (圆) 、Line (线) 等基本创建命令参数，以及 Extrude (挤出) 、Edit Mesh(编辑网格)、Edit Poly (编辑多边形) 等常用修改器。同时，还需要了解

3ds Max 相机的调节方法，掌握通过参照物来确定大小和建筑基本参数的常用制作手法。

本节以塔的建模为例，其实物图、效果图如图 6-7 所示。

图 6-7　塔实物图、效果图

塔视频教学资源

6.4　厂房建模

工业厂房的建设必须要走集约化用地之路，必须积极推广建设标准厂房。建设标准厂房不仅是工业的需要，也是发展的必然。

本节学习应能够充分理解 CAD 图中厂房的参数与构造形式，利用 3ds Max 软件协作建模，从而提高工作效率。

厂房效果图如图 6-8 所示。

图 6-8　厂房效果图

厂房视频教学资源

本节主要增加了瓦的制作和文字的运用相关知识，完成厂房外观的制作之后要添加一些室内墙，透过玻璃看到内部结构才更显得真实。类似卷闸门这样尺寸较大的门，在没有特殊要求的情况下，可以用 Box 代替。

6.5　学校建模

本节主要利用 3ds Max 充分结合 CAD 的参数进行建模。对于 CAD 中设计不足的细节及没有表现的部分，可结合建筑的基本参数进行补充设计。

学校效果图如图 6-9 所示。

图 6-9　学校效果图

学校视频教学资源

学校的建筑是很规范的，对于这类建筑，要学会如何更快地建模，主要就是成组的方式，体块多通过复制完成。本节也涉及楼梯的制作，会用到 FFD、编辑网格命令，以及用样条线做辅助。建模时要注意作图顺序，成组的体块，二维线要对齐。除此之外，还应学习人视图、鸟瞰图创建相机的方法。

6.6　平地形建模

陆地表面各种各样的形态总称为地形。地形是地物和地貌的统称。地形按其形态可分为山地、高原、平原、丘陵和盆地五种类型。接下来我们学习如何创建地形。

本节主要学习 3ds Max 中 Edit mesh(编辑网格) 命令的使用方法，应熟练掌握物体在点、线、面等次物体级别上的使用技巧。除此之外，应了解地形效果图的制作流程，掌握地形效果图的常用构造。

平地形效果图如图 6-10 所示。

地形的制作全部都是由样条线来控制的，并且做出来的模型不能塌陷，应保留原来的命令以便修改模型。平地形也不是完全平整的，只是没有太大的高差。地形制作也会涉及一些小品的制作，原本已经有的模型可以直接合并进去。

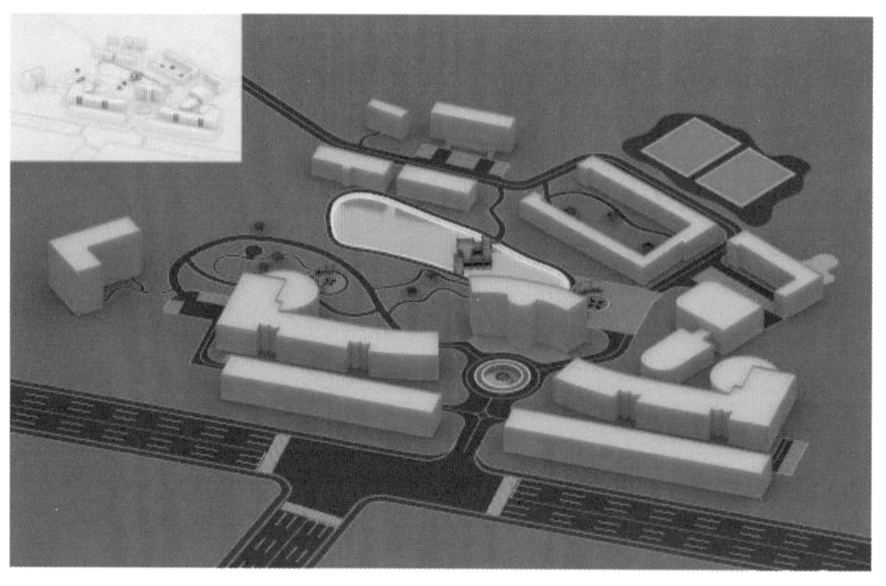

图 6-10　平地形效果图

平地形视频教学资源

6.7　高差地形建模

地形的高低、大小、比例、尺度、外观形态等方面的变化创造出丰富的地表特征，为景观变化提供了依托。下面我们一起学习如何创建高差地形。

本节主要熟悉 3ds Max 中 Line（线）基本创建命令参数，以及 Edit Spline（编辑样条线）、Extrude（挤出）、Shapemerge（形体合并）等常用修改器。除此之外，还要了解 CAD 标高的方式与不同物体的表现方式。

高差地形效果图如图 6-11 所示。

图 6-11　高差地形效果图

高差地形视频教学资源

高差地形的制作要求对样条线的控制更加熟练，还要充分理解 CAD 图的示意参数。本节也涉及新的命令 Shapemerge(图形合并)。注意: 高差地形上的房屋地基、体育场地、停车位等地块应该是平的，不能做成斜的;建筑要按照 CAD 图中的建筑轮廓线制作。

6.8 景观地形建模

地形是构成园林景观的骨架，是园林中所有景观元素与设施的载体，它为园林中其他景观要素提供了地基。园林景观设计应充分体现以人为本的设计理念，创造符合现代生活模式，适合各种人群行为及心理需要的室外休闲活动场所和交往空间。

本节主要熟悉 3ds Max 中 Line (线) 、Rectangle(矩形)、Circle (圆) 等基本创建命令参数，以及 Edit Spline (编辑样条线) 、Extrude (挤出) 、Edit Mesh(编辑网格)、Edit Poly (编辑多边形) 等常用修改器。除此之外，还应了解效果图的制作流程，掌握物体细节的制作方法。

景观地形效果图如图 6-12 所示。

景观地形的制作要求较高，很注重细节，在 CAD 图较为详细的时候，可按照 CAD 图建模，反之，则需要自行添加一些细节。景观地形内的小品都应精细地制作出来，因此理解 CAD 图，构想物件的结构很重要。

图 6-12　景观地形效果图

景观地形视频教学资源

【本章总结】

本章主要对小品建模、园亭建模、看图建模、厂房建模、学校建模以及不同地形的建模进行了讲解，结合教学视频，同学们可以较为容易地学习并掌握 3ds Max 中常用的创建命令参数和修改器。

【拓展练习】

（1）根据第 6.1 节所学内容，制作如图 6-13 所示小品。

（2）根据第 6.2 节所学内容，制作如图 6-14 所示牌楼。

（3）根据第 6.3 节所学内容和图 6-15，看图完成模型的创建。

（4）根据第 6.4 节所学内容及图 6-16，制作加工厂房的模型。

（5）根据第 6.5 节所学内容及如图 6-17，制作教学楼的模型。

（6）根据第 6.6 节所学内容及如图 6-18，制作平地形的模型。

（7）根据第 6.7 节所学内容及如图 6-19，制作高差地形模型。

图 6-13　小品

小品视频教学资源

图 6-14　牌楼

牌楼视频教学资源

图 6-15　廊架

廊架视频教学资源

图 6-16　加工厂房

加工厂房视频教学资源

图 6-17　教学楼

教学楼视频教学资源

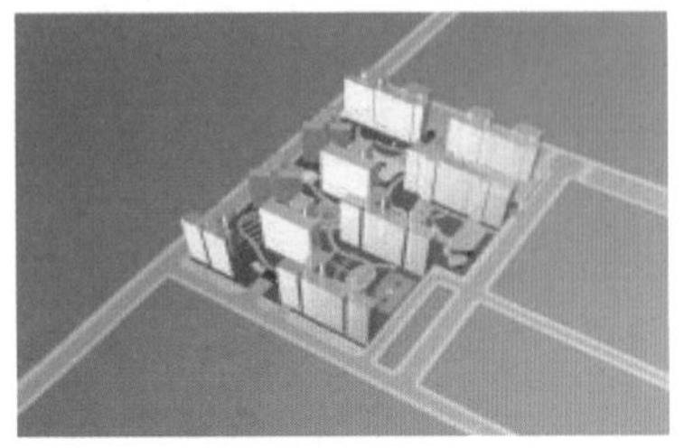

图 6-18　平地形

平地形视频教学资源

图 6-19　高差地形

高差地形视频教学资源